# 群の表現論序説

髙瀬幸一　*Koichi Takase*

# 群の表現論序説

岩波書店

菅野恒雄先生の思い出に

# まえがき

著しい対称性に彩られた群では，その表現それ自体が著しい対称性をもち，著しい調和に満ちた群では，その上の関数それ自体が著しく調和的な分解をもつ．

群をいくつかの階層に分けて考えよう．例えば，平面上に一つの円があるとして，その中心を動かさないように円に回転を施そう．そのような回転の全体は一つの群，2次元回転群をなす．その円に内接する正多角形を一つ固定して（下図），2次元回転群のなかで回転を施した結果，正多角形がもとの正多角形に重なるような回転だけを集めると，それは2次元回転群の有限部分群をなす．

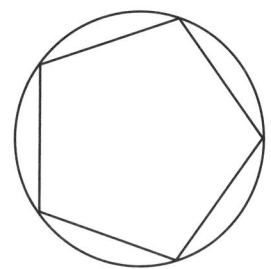

ところで2次元回転群は連続的な回転の全体だから有限群でないことは明らかだが，実はそれはコンパクト群である．より精密な言い方をすれば，2次元回転群とは，行列式が1である実係数2次正方行列 $g$ であって，$g$ とその転置行列の積が単位行列となるもの全体である．計算してみればわかる通り，そのような $g$ は $\begin{bmatrix} a & -c \\ c & a \end{bmatrix}$ の形をしていて $a^2+c^2=1$ を満たすものであるから[1]，実係数2次正方行列全体を4次元 Euclid 空間と同じものとみなせば，2次元回転群は4次元 Euclid 空間の有界閉集合となりコンパクトである．これを一般化して，行列式が1である実係数 $n$ 次正方行列 $g$ であって，$g$ とその転置行列の積が単位行列となるもの全体（それを $SO(n)$ と表す）は行列の積に関して群となり，実係数 $n$ 次正方行列の全体 $M_n(\mathbb{R})$ を $n^2$ 次元 Euclid 空間と同じものとみなせば，$SO(n)$ はその有界閉集合となるからコンパクトである．と

ころで行列式が 1 である実係数 $n$ 次正方行列全体(それを $SL_n(\mathbb{R})$ と表す)も行列の積に関して群となるが,コンパクト群ではない.実際,$n^2$ 次元 Euclid 空間 $M_n(\mathbb{R})$ は局所コンパクト空間であり,$SL_n(\mathbb{R})$ はその閉部分集合だから局所コンパクトとなるが,有界ではないからコンパクトではない.

このように群をその「大きさ」に従って有限群,コンパクト群,局所コンパクト群と階層付けすることができる.別の階層付けの基準として,抽象的な位相群なのか,それとも Lie 群の構造をもつのか,という見方がある.上で述べた $SO(n)$ や $SL_n(\mathbb{R})$ などは Lie 群の典型的な例であるが[2],それらは更に $n$ 次正方行列全体というアフィン空間の中で多項式系の共通零点の集合として定義され,群演算も座標の多項式として定義される.そのような群は代数群と呼ばれ,Lie 群の中でも特殊なクラスに属する.有限体 $\mathbb{F}$ に対して $SL_n(\mathbb{F})$ (即ち $\mathbb{F}$-係数の $n$ 次正方行列で行列式が 1 のもの全体)などは有限群でも特殊な部類(Lie 型の有限群)に属する.

このように抽象的な位相群,Lie 群,代数群という具合に構造がより豊かになれば,使える道具もより豊かになり,より精緻な理論を構築することができるだろう.反面,道具立てが大きくなれば解説は膨大となり,手ごろな大きさの書物には収まるまい.そこで本書では抽象的な局所コンパクト群に対象を限って,その表現論の最も基本的な部分を解説することにした.過度に豊かな構造を仮定せず,したがって使える道具が限られているなかで,Banach 環の表現論を応用して議論を展開することができる.局所コンパクト群という階層は Lie 群あるいは代数群を含むから,それら全体を俯瞰的に見渡す理論を構築することができて,更に進んで Lie 群あるいは代数群の精緻な表現論を学ぶ際に,自分の立ち位置を見失わずにすむであろう.一方,局所コンパクト群とい

---

[1] $a=\cos\theta, c=\sin\theta$ とおけば,高校の数学で学んだように原点を中心とした回転を表す行列 $\begin{bmatrix} \cos\theta & -\sin\theta \\ \sin\theta & \cos\theta \end{bmatrix}$ を得る.

[2] 例えば $SO(2)$ の元 $\begin{bmatrix} \cos\theta & -\sin\theta \\ \sin\theta & \cos\theta \end{bmatrix}$ を x-y 平面上の点 $(\cos\theta, \sin\theta)$ に対応させれば,$SO(2)$ は原点中心,半径 1 の円周と幾何学的には同じものとみなされる.このように群であると同時に実解析的な多様体であって,群の演算が多様体の実解析的写像となるものを Lie 群と呼ぶ.

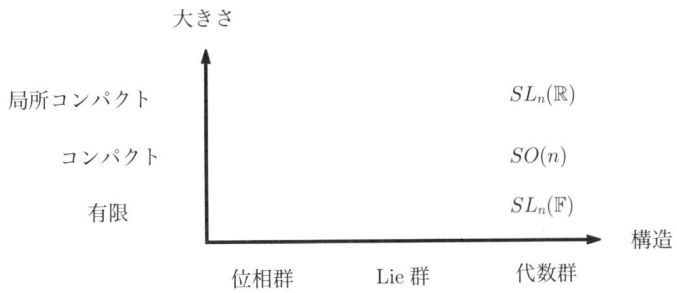

う階層はコンパクト群及び有限群の階層を含むから，これらの群に特有の表現論を見ることができるだろう．

そこで本書を次のように構成してみた．まず第 0 章は有限群の表現論の解説だが，ここでは有限次元ベクトル空間に関する線形代数のみで十分事足りる．これに対して第 1 章，第 2 章は第 3 章でコンパクト群の表現論を展開するのに必要な Banach 環の基礎を解説する．コンパクト群の表現論は有限群の表現論に類似していて，必要とする道具立てはそれほど大きくはない．しかし更に進んで第 5 章，第 6 章で一般の局所コンパクト群の表現論を展開するためには Banach 環の表現論について若干の準備が必要なので，それを第 4 章で解説する．有限群の場合を除いて無限次元の複素ベクトル空間上の表現を扱うことになるので，位相線形空間の基本事項を付録 A にまとめておいた．また，局所コンパクト空間上の測度を道具として活用するので，その基本事項を付録 B にまとめておいた．

ところで表現論の目的は何であろうか．様々な答えがあろうが，一つの目的は群上の関数の分析である．例えば実変数の連続関数 $f$ を考えてみよう．実数全体は加法に関して局所コンパクト群となるが，$f$ が足し算に関して不変であるとする．即ち任意の実数 $a$ に対して $f(x+a)=f(x)$ であるとすると，このような $f$ は定数関数のみだから，あまり面白くない．ところで整数全体は実数全体の部分群をなしている．そこで任意の整数 $a$ に対して $f(x+a)=f(x)$ を満たす $f$ を考えよう．要するに $f$ は周期 1 の連続周期関数であるから，$f$ が微分可能かつ導関数が連続と仮定すれば，Fourier 級数の理論から $f$ は三角関数の和として表される（[27, p.278]）．言い換えれば，三角関数は実数全体とい

う加法群と整数全体という部分群に関して最も基本的な関数である．

それでは三角関数はどのような由来で生ずるだろうか．それは実数全体を整数全体で割った剰余類群というコンパクト群のユニタリ表現から生ずる，というのが表現論の立場から見た答えである．別の言い方をすれば，特定の群上の最も基本的な関数は，その群のユニタリ表現という数学的に自然な物を通して見出すことができる，ということである．考える群がコンパクトでない場合には，関数は基本的な関数の積分(これも一種の和である)によって表される．例えば実変数の急減少関数の Fourier 変換と Fourier 逆変換がその典型的な例である．本書の第3章では一般のコンパクト群の場合に，その既約ユニタリ表現の行列係数，あるいは指標が最も基本的な関数であることを示す (Peter-Weyl の理論)．また，第6章では局所コンパクト群の帯球関数を最も基本的な関数と見て，Fourier 変換とその逆変換を論ずる．それは特殊な場合として，局所コンパクト可換群上の Fourier 変換とその逆変換を含む．

本書は幾通りかの読み方ができる．まず第0章のみを読めば，有限群の複素数体上の線形表現についての標準的な一般論を理解することができる．第1章から第3章を読めば，コンパクト群のユニタリ表現についての基本を理解することができるだろう．第4章と第5章を読めば，局所コンパクト群のユニタリ表現について最も簡単な部分を理解することができるだろうし，最後の第6章まで読めばもう少し立ち入った議論に接することができるだろう．

具体的な群の表現として，コンパクト複素ユニタリ群 $SU(2, \mathbb{C})$ についていくつかの演習問題で取り上げてある．また 5.6 節と 6.6 節では $SL_2(\mathbb{R})$ に関連して，また 6.7 節では $p$-進体 $\mathbb{Q}_p$ に対する $SL_2(\mathbb{Q}_p)$ に関して具体的な計算例を示した．6.6 節，6.7 節を読んで，二つの局所コンパクト群 $SL_2(\mathbb{R})$ と $SL_2(\mathbb{Q}_p)$ の間に著しい類似性が成り立つことに注目してほしい．あるいは群の表現論には触れずに，第1章，第2章，第4章のみを読むこともできて，Banach 環とその表現についての基本を理解することができるだろう．

岩波書店の吉田宇一氏には本書を執筆する機会を与えていただき，その後長きにわたりお世話をいただきました．心より御礼申し上げます．

2013 年 4 月

著　者

# 目　次

まえがき

## 第0章　表現ってなんですか？ … 1
- 0.1　表現について知りたいんですけど　1
- 0.2　既約表現って原子みたいなものですね！　5
- 0.3　指標って便利ですね！　7
- 0.4　既約表現っていくつあるんですか？　11
- 0.5　群の表現と環の表現って関係あるんですか？　15
- 0.6　周期関数のFourier級数展開も表現論なんですね！　17
- 0.7　もっと一般化するとどうなるんですか？　21

## 第1章　Banach環の基礎 … 37
- 1.1　Banach環, Banach $*$-環, $C^*$-環　37
- 1.2　Banach環の近似的な1　41
- 1.3　Banach環のスペクトラム　42
- 1.4　$C^*$-環のスペクトラム　44
- 1.5　Banach環の位相的零因子　45
- 1.6　可換Banach環とGelfand変換　46

## 第2章　コンパクト作用素 … 54
- 2.1　Hilbert空間上の有界作用素のなす$C^*$-環　54
- 2.2　Banach空間上のコンパクト作用素　58
- 2.3　Hilbert空間上のコンパクト作用素　61

## 第3章　コンパクト群の表現 … 70
- 3.1　コンパクト群の有限次元表現　70

## 目次

    3.2  Peter-Weyl の理論　76
    3.3  淡中の双対定理　82

### 第 4 章　Banach ∗-環の表現 …………………………………… 90
    4.1  von Neumann 環　91
    4.2  Banach ∗-環上の正値線形形式　94
    4.3  Banach ∗-環の ∗-表現　96
    4.4  Banach ∗-環に付随する $C^*$-環　105
    4.5  抽象的 Plancherel の定理　107

### 第 5 章　局所コンパクト群の表現 ……………………………… 113
    5.1  局所コンパクト群の表現と群環の表現　114
    5.2  ユニタリ表現の繋絡作用素　122
    5.3  正定値関数と巡回表現　125
    5.4  誘導表現　128
    5.5  二乗可積分表現　133
    5.6  $SL_2(\mathbb{R})$ の正則離散系列表現　136

### 第 6 章　局所コンパクト群上の帯球関数 ……………………… 143
    6.1  帯球関数　144
    6.2  クラス-1 表現と帯球関数　148
    6.3  帯球関数による Fourier 変換　153
    6.4  帯球関数の構成　162
    6.5  局所コンパクト可換群の場合；Pontryagin の双対定理　165
    6.6  $SL_2(\mathbb{R})$ 上の帯球関数　172
    6.7  $SL_2(\mathbb{Q}_p)$ 上の帯球関数　176

### 付録 A　位相線形空間の一般論 ………………………………… 184
    A.1  位相線形空間，局所凸空間　184
    A.2  Banach 空間　190
    A.3  Hilbert 空間上の非有界作用素　192

## 付録B　局所コンパクト空間上の測度 …………………………… 195
- B.1　局所コンパクト空間　195
- B.2　局所コンパクト空間上の測度　198
- B.3　Haar 測度　205

## 問題の略解　209
## 参考文献　227
## 索　引　231

# 第0章

## 表現ってなんですか？

## 0.1 表現について知りたいんですけど

とある晴れた日，学生が大学の研究室に質問に来た．先輩から「群の表現」とか「環の表現」とかの話を聞かされて，詳しいことが知りたくなったのだ．

学生：先生，群の表現ってなんですか？

教授：なかなかストレートな質問ですね．よろしい，まず基本的な言葉を確認しておきましょう．群の定義と群の準同型写像の定義を述べてみなさい．

学生：そうですね，まず集合 $G$ が群であるとは，$G$ の任意の二つの元 $x, y$ に対して，その積と呼ばれる $G$ の元 $xy$ が定まって，次の三つの条件を満たすことをいいます．即ち

(1) 任意の $x, y, z \in G$ に対して $(xy)z = x(yz)$ である，

(2) $G$ の全ての元 $x$ に対して $xe = ex = x$ となるような $G$ の元 $e$ が存在する，

(3) 任意の $x \in G$ に対して，$xy = yx = e$ となる $y \in G$ が存在する．

最初の条件は結合法則が成り立つということです．二つ目の条件で仮定した $e$ は，実は唯一存在することが示せます．実際，$e'$ がそのようなものだとすると $e' = ee' = e$ となりますから．そこで二つ目の条件で仮定した特別な元 $e$ を群 $G$ の単位元と呼び，1 とか $1_G$ とかと書くことにします．更に，三つ目の条件で，$x \in G$ に対して $xy = yx = e$ となる $y \in G$ は $x$ に対して唯一存在します．実際，$y' \in G$ がそのようなものだとすると $y' = y'e = y'(xy) = (y'x)y = $

$ey=y$ となりますから．そこで $x$ に対して唯一決まる $y$ を $x$ の**逆元**と呼び，$x^{-1}$ と書きます．群 $G$ で更に任意の $x,y\in G$ に対して $xy=yx$ が成り立つとき，$G$ を**可換群**とか**アーベル群**とかと呼びます．群 $G$ から群 $H$ への写像 $f$ が群の**準同型写像**であるとは，任意の $x,y\in G$ に対して $f(xy)=f(x)f(y)$ であることをいいます．このとき $f(1_G)=1_H$ 及び $f(x^{-1})=f(x)^{-1}$ $(x\in G)$ が成り立ちます．実際，$1_G 1_G=1_G$ だから $f(1_G)=f(1_G 1_G)=f(1_G)f(1_G)$ となり，最初の関係式が得られます．また，$xx^{-1}=1_G$ から $1_H=f(1_G)=f(xx^{-1})=f(x)f(x^{-1})$ となり，第二の関係式が得られます．

**教授**：具体的な例はどのようなものがありますか？

**学生**：例えば集合 $X$ から自分自身への全単射全体 $S(X)$ は写像の合成に関して群となります．単位元は $X$ 上の恒等写像，$\sigma\in S(X)$ の逆元は，全単射 $\sigma$ の逆写像です．$X$ が有限集合の場合，$X$ の元の個数を $n$ として $X$ の元に 1 から $n$ の番号をふれば，$X$ は 1 から $n$ までの自然数の集合としてよいけれど，このとき $S(X)$ を $S_n$ と書いて，**$n$ 次対称群**と呼びます．別の例としては，体 $F$ の 0 でない元全体 $F^\times$ は体の乗法に関して群となります．このとき単位元は 1，$x\in F^\times$ の逆元は $x$ の逆数です．これを体 $F$ の**乗法群**と呼びます．一般化して，体 $F$ の元を成分とする $n$ 次正則行列全体 $GL_n(F)$ は行列の積に関して群となります．このとき単位元は $n$ 次単位行列 $1_n$，$g\in GL_n(F)$ の逆元は，$n$ 次正則行列 $g$ の逆行列となります．行列式の基本的な性質の一つとして，$n$ 次正方行列 $A,B$ に対して $\det(AB)=\det A \det B$ となるから，$GL_n(F)$ から $F^\times$ への写像 $g\mapsto \det g$ は群の準同型写像となります．

**教授**：よろしい．最後の行列のなす群について別の言い方をしてみましょう．ベクトル空間のことは解っていますか？

**学生**：はい，一年の線形代数で勉強しました．大雑把に言えば，集合 $V$ が体 $F$ 上のベクトル空間であるとは，まず $V$ はベクトル和 $(u,v)\mapsto u+v$ に関して可換群であり，$\lambda\in F$ と $v\in V$ に対して定数倍 $\lambda v\in V$ が定義されていて，定数倍に関する結合法則と分配法則が成り立つことをいいます．

**教授**：そうですね．それでは体 $F$ 上のベクトル空間 $V$ に対して，$V$ から自分自身への $F$-線形同型写像の全体を $GL_F(V)$ と書くと，$GL_F(V)$ は写像の合成に関して群になります．言い換えれば $GL_F(V)$ は君が例として挙げた

$S(V)$ の部分群になりますね．$V$ の $F$ 上の基底に関する表現行列をとれば，$GL_F(V)$ は行列の群 $GL_n(F)$ と同型になりますね．ここで $n$ は $V$ の $F$ 上の次元です．さて，群の表現とは次のようなものです．群 $G$ があったとしましょう．このとき，体 $F$ 上のベクトル空間 $V$ に対して群の準同型写像 $\rho: G \to GL_F(V)$ が与えられたとき，$(\rho, V)$ を群 $G$ の **表現** と呼ぶのです．

学生：それだけですか？

教授：もちろんこれだけでは，たいした議論は展開できませんが，基本的な登場人物はこれだけです．いろいろな呼び方があって，$\rho$ のことを群 $G$ の $V$ 上の表現と呼んで，$V$ を表現 $\rho$ の **表現空間** と呼びます．あるいは $V$ 自体を群 $G$ の表現と呼ぶこともありますが，文脈によって様々に使い分けています．$F$ 上のベクトル空間 $V$ の次元 $\dim_F V$ を，表現 $(\rho, V)$（あるいは $\rho$）の次元と呼んで $\dim \rho$ と書くことにします．

学生：深い議論が展開できるのはどのような場合なんですか？

教授：一番手近なのは群 $G$ が有限群で $V$ が複素数体 $\mathbb{C}$ 上の有限次元ベクトル空間の場合です．もう少し一般的に $V$ が体 $F$ 上の有限次元ベクトル空間で $F$ の標数[1]が $G$ の位数を割り切らない場合には，複素数体上と同様の議論が展開できます．$F$ の標数が $G$ の位数を割り切る場合には状況が全く変わってしまって，難しくなりますが，深い議論を展開することができます．$G$ が有限群でない場合には，$G$ を **位相群** として議論を展開します．集合 $G$ が群であると同時に位相空間でもあって，群の演算 $(x, y) \mapsto xy$ と $x \mapsto x^{-1}$ が共に連続となるとき，$G$ は位相群であるといいます．どのような群でも離散位相に関して位相群となりますが，特に局所コンパクトな Hausdorff 位相が与えられた場合が標準的で，深い議論を展開することができます．一方，ベクトル空間 $V$ が有限次元でない場合には，単なるベクトル空間ではなくて，例えば複素 Hilbert 空間に限って議論することが重要です．このような場合には，群の準同型写像 $\rho$ に対しても何がしかの連続性を仮定する必要があります．特別な場合として $G$ がコンパクトな位相群の場合には，有限群の場合と同様な議論が成り立ちます．

---

[1] 整数環 $\mathbb{Z}$ から体 $F$ への環の準同型写像 $n \mapsto n \cdot 1$ の核は $\mathbb{Z}$ のイデアルだから $p\mathbb{Z}(0 \leq p \in \mathbb{Z})$ となるが，$p=0$ であるかまたは $p$ は素数である．$p$ を $F$ の標数と呼ぶ．

学生：なるほど，いろいろな段階があるんですね．それぞれの段階で使われる手法は違うんですか？

教授：そうですね，群が有限群で表現空間が複素数体上の有限次元ベクトル空間の場合には，主に代数的な方法だけで議論できるけれど，一般の局所コンパクト群の複素 Hilbert 空間上の表現となると，解析的な方法が不可欠になります．手始めに有限群の有限次元表現の場合を少し詳しく見てみましょう．

学生：その前に，有限次元表現の具体的な例を示してもらえませんか？

教授：そうですね，$G$ を有限群として，$G$ 上の複素数値関数全体を $L(G)$ としましょう．$\varphi, \psi \in L(G)$ に対して，ベクトル和 $\varphi + \psi$ を $(\varphi + \psi)(x) = \varphi(x) + \psi(x)$ により定義し，定数 $\lambda \in \mathbb{C}$ 倍 $\lambda \varphi$ を $(\lambda \varphi)(x) = \lambda \cdot \varphi(x)$ により定義することにより $L(G)$ は複素数体上のベクトル空間となります．$\dim_{\mathbb{C}} L(G) = |G|$ はすぐわかりますね．さて $G$ の $L(G)$ 上の表現 $\rho_l$ が

$$(\rho_l(g)\varphi)(x) = \varphi(g^{-1}x) \qquad (g \in G, \ \varphi \in L(G))$$

により定義できます．これを $G$ の**左正則表現**と呼びます．次のような例も面白いですね，

**例 0.1.1** $n$ 個の変数 $X_1, \cdots, X_n$ の $d$ 次複素係数多項式のなす複素ベクトル空間を $V_{n,d}$ として，$n$ 次対称群 $S_n$ の $V_{n,d}$ 上の表現 $\pi_{n,d}$ が $(\pi_{n,d}(\sigma)f)(X_1, \cdots, X_n) = f(X_{\sigma(1)}, \cdots, X_{\sigma(n)})$ により定義される．

**問題 0.1.1** $H$ を有限群 $G$ の部分群とし，$(\sigma, V)$ を $H$ の有限次元表現とする．任意の $h \in H$ に対して $\varphi(xh) = \sigma(h)^{-1}\varphi(x)$ なる関数 $\varphi: G \to V$ の全体を $E$ とすると，$\dim E = (G:H) \cdot \dim V$ で，$G$ の $E$ 上の表現 $\pi$ が $(\pi(g)\varphi)(x) = \varphi(g^{-1}x)$ により定義されることを示せ．こうして定義された $G$ の有限次元表現 $(\pi, E)$ を $(\sigma, V)$ から**誘導**された**誘導表現**と呼び，$\mathrm{Ind}_H^G \sigma$ と書く．

**問題 0.1.2** 有限群 $G$ が有限集合 $X$ に左から作用しているとする[2]．$X$ 上の複素数値関数の全体を $V$ とすると，$G$ の $V$ 上の表現 $\pi$ が $(\pi(g)\varphi)(x) = \varphi(g^{-1} * x)$ により定義されることを示せ．こうして定義された $G$ の表現 $(\pi, V)$ を $G$ の**置換表現**と呼ぶ．

## 0.2 既約表現って原子みたいなものですね！

教授：ここからしばらくの間は，有限群 $G$ の複素数体上の有限次元表現 $(\rho, V)$ を考えましょう．ところで $V$ の部分空間 $W$ であって，任意の $x \in G$ に対して $\rho(x)W = W$ となるものを，$V$ の $G$-部分空間と呼ぶことにしましょう．$V$ 全体と 0 ベクトルのみからなる部分空間 $\{0\}$ は当然 $V$ の $G$-部分空間となります．これら二つの $G$-部分空間を自明な $G$-部分空間と呼びます．さて $V$ の $G$-部分空間 $W$ があったとき，$x \in G$ に対して線形同型写像 $\rho(x) \in GL_{\mathbb{C}}(V)$ を $W$ に制限すると線形同型写像 $\rho|_W(x) \in GL_{\mathbb{C}}(W)$ が得られて，$(\rho|_W, W)$ は再び $G$ の表現となります．このとき $(\rho|_W, W)$ を $(\rho, V)$ の**部分表現**と呼びます．むしろ $W$ は $G$ の表現 $V$ の部分表現であると言ったほうが言いやすいように思います．

学生：このような考え方は数学ではよくすることですね．

教授：そうですね．同様に標準的な考え方ですが，$G$ の表現 $(\rho', V')$ をもう一つとってきて，$V$ から $V'$ への $\mathbb{C}$-線形写像 $T$ が，任意の $x \in G$ に対して $T \circ \rho(x) = \rho'(x) \circ T$ を満たすとき，$T$ を $V$ から $V'$ への $G$-線形写像と呼ぶことにします．このとき $T$ の像 $\mathrm{Im}\, T$ 及び $T$ の核 $\mathrm{Ker}\, T$ は，それぞれ $V', V$ の $G$-部分空間となります．一方，$V$ から $V'$ への $G$-線形写像 $T$ が $\mathbb{C}$-線形同型写像であるとき，$G$ の二つの表現 $(\rho, V)$ と $(\rho', V')$ は同型であるといい $T: (\rho, V) \xrightarrow{\sim} (\rho', V')$，あるいは $T: \rho \xrightarrow{\sim} \rho'$ と書くことにします．有限群 $G$ の表現論で基本的な問題は，$G$ の表現で互いに同型でないものはどのくらいあるかを知ること，また二つの表現が同型であることの適当な判定方法を見つけることです．

学生：なるほど．互いに同型な表現は，たとえ表現空間が違っていても同じも

---

[2] 即ち，$g \in G$ と $x \in X$ に対して $g * x \in X$ が定義されていて，任意の $x \in X$ に対して $1 * x = x$ かつ任意の $g, h \in G$ に対して $(gh) * x = g * (h * x)$ となる．

のとみなす訳ですね．

**教授**：その通り．ここで大切なことを一つ証明しましょう．即ち，$V$ の自明でない $G$-部分空間 $W$ に対して $V$ の $G$-部分空間 $W'$ があって $V=W\oplus W'$ なる直和分解が成り立ちます．実際，$V$ における $W$ の任意の補空間 $U$ をとって，直和分解 $V=W\oplus U$ による $V$ から $W$ への射影を $P$ とする，つまり $v=w+u\in V (w\in W, u\in U)$ に対して $P(v)=w$ とする．次に写像 $T:V\to V$ を $T(v)=\dfrac{1}{|G|}\sum_{x\in G}\rho(x)\circ P\circ\rho(x^{-1})v (v\in V)$ により定義すると，$T$ は $G$-線形写像であることがわかり，任意の $w\in W$ に対して $T(w)=w$ となることもわかります．したがって $W'=\mathrm{Ker}\,T$ は $V$ の $G$-部分空間となり，$W\cap W'=\{0\}$ となることはすぐわかります．一方，$\mathrm{Im}\,T\subset W$ だから $T\circ T=T$ となります．したがって，任意の $v\in V$ に対して $v-T(v)\in W'$ となり，$V=W\oplus W'$ なる直和分解が成り立ちます．

**学生**：なるほど，$G$-部分空間の補空間として $G$-部分空間がとれる，ということですね．

**教授**：その通り．ところで $G$-部分空間 $W$ や $W'$ が自明でない $G$-部分空間をもつときは，同様の議論を繰り返すことができます．一方，ベクトル空間 $V$ は有限次元だから，このような議論を無限に繰り返すことはもちろんできません．つまり，いつかは自明な $G$-部分空間をもたないような自明でない $G$-部分空間に到達することになります．そこで $G$ の 1 次元以上の表現であって，$G$-部分空間が自明なものにかぎられるとき，その表現を**既約表現**と呼びます．言い換えれば，有限群 $G$ の複素数体上の任意の有限次元表現 $(\rho,V)$ に対して $G$-部分空間 $W_i\subset V$ がとれて

$$V = W_1\oplus W_2\oplus\cdots\oplus W_r \tag{0.1}$$

かつ，部分表現 $(\rho|_{W_i}, W_i)$ は全て既約表現となるようにできます．

**学生**：なるほど，$G$ の既約表現を理解すれば，それらを組み合わせることで，$G$ の表現が全て把握できるわけですね．

**教授**：その通り．ついでに言っておくと，1 次元表現はいつでも既約表現です．

問題 **0.2.1** 3次対称群 $S_3$ の表現 $(\pi_{3,1}, V_{3,1})$ を既約分解せよ (例 0.1.1 参照).

## 0.3 指標って便利ですね！

教授：ここで，もう一つ重要な道具を定義しておこう．$(\rho, V)$ を有限群 $G$ の複素数体上の有限次元表現とする．一般に複素線形写像 $T \in \mathrm{End}_{\mathbb{C}}(V)$ に対して，$V$ のある $\mathbb{C}$-基底に関する $T$ の表現行列を $A_T$ としたとき，行列 $A_T$ 自身は基底の取り方に依存するが，その跡 $\mathrm{tr}\, A_T$ は基底の取り方に依存しないことに注意しよう．そこで $\mathrm{tr}\, T = \mathrm{tr}\, A_T$ と定義して，これを複素線形写像 $T$ の跡と呼ぶことにします．

学生：基底を取り替えると，表現行列 $A_T$ は適当な正則行列 $P$ に関して $P^{-1} A_T P$ に変わるから，$\mathrm{tr}(P^{-1} A_T P) = \mathrm{tr}\, A_T$ となるのですね．ここで行列の跡の性質 $\mathrm{tr}(AB) = \mathrm{tr}(BA)$ を用います．

教授：その通りだね．そこで $G$ の表現 $(\rho, V)$ に対して $G$ 上の複素数値関数 $\chi_\rho$ を $\chi_\rho(x) = \mathrm{tr}\, \rho(x)$ により定義して，これを表現 $(\rho, V)$ の**指標**と呼びます．結論から言えば，群の有限次元表現はその指標によって決定されます．

学生：待ってくださいよ．指標 $\chi_\rho(x)$ は複素線形写像 $\rho(x) \in \mathrm{End}_{\mathbb{C}}(V)$ の跡ですが，それは要するに $\rho(x)$ の表現行列の対角成分の和ですよね．それって随分もとの表現 $(\rho, V)$ の情報を落としていることになりませんか？　それでもとの表現が決まるんですか？

教授：そこが面白いところだね．まず注意することは，もとの表現といっても，表現の同型類が決まるだけだということです．例えば複素ベクトル空間 $V$ が具体的にどのようなものであるか，といった情報は確かに失われます．それでも，限られた情報から同型類が決まることは驚異的なことで，それは群の表現というものが，非常に対称性の高いものだということです．

学生：なるほど．つまり指標を決定することと表現を具体的に構成することは違うということですね．

教授：例えば $G$ の左正則表現 $(\rho_l, L(G))$ の指標を計算してみよう．まず複素ベクトル空間 $L(G)$ の基底 $\{\varphi_g\}_{g \in G}$ が

$$\varphi_g(x) = \begin{cases} 1 & : x = g \text{ のとき} \\ 0 & : x \neq g \text{ のとき} \end{cases}$$

により定義されます．$g, h \in G$ に対して $\rho_l(h)\varphi_g = \varphi_{hg}$ となることに注意して，この基底を用いて $\chi_{\rho_l}(x) = \operatorname{tr} \rho_l(x)$ を計算すると

$$\chi_{\rho_l}(x) = \begin{cases} |G| & : x = 1 \text{ のとき} \\ 0 & : x \neq 1 \text{ のとき} \end{cases} \tag{0.2}$$

となることがわかります．

**学生**：ああそうか，一般に有限群 $G$ の有限次元表現 $(\rho, V)$ に対して，$\chi_\rho(1) = \dim_{\mathbb{C}} V$ となりますね．

**教授**：その通り．さて既約表現から考えていきましょう．$(\rho, V)$ を有限群 $G$ の複素数体上の既約表現とします．ここで次の補題が重要です．この補題は **Schur の補題**と呼ばれるものですが，これから繰り返し使うので黒板に書いておきましょう；

**補題 0.3.1**
(1) $T \in \operatorname{End}_{\mathbb{C}}(V)$ が $G$-線形写像ならば，$T$ は定数倍写像である，即ち，$\lambda \in \mathbb{C}$ があって $T(v) = \lambda v$ $(v \in V)$ となる．
(2) $G$ の既約表現 $(\rho', V')$ が $(\rho, V)$ と同型でなければ，$G$-線形写像 $T: V \to V'$ は 0-写像である．

実際，$T \in \operatorname{End}_{\mathbb{C}}(V)$ の固有値の一つを $\lambda \in \mathbb{C}$ として $S(v) = T(v) - \lambda v$ $(v \in V)$ とおくと，$S \in \operatorname{End}_{\mathbb{C}}(V)$ は $G$-線形写像となる．ここで $\operatorname{Ker} S$ は $V$ の $G$-部分空間で $\{0\}$ ではないが，$(\rho, V)$ は既約表現だから $\operatorname{Ker} S = V$．即ち，$T$ は $\lambda$-倍写像である．一方，$G$-線形写像 $T: V \to V'$ が 0-写像でないとすると，$\operatorname{Ker} T$ は $V$ の $G$-部分空間で $V$ 全体ではない．よって $(\rho, V)$ が既約だから，$\operatorname{Ker} T = \{0\}$ となる．一方，$\operatorname{Im} T$ は $V'$ の $G$-部分空間で $\{0\}$ ではない．したがって $(\rho', V')$ が既約表現であることから $\operatorname{Im} T = V'$ となり，$G$-線形写像 $T$ は $V$ から $V'$ への線形同型写像となり，二つの表現 $\rho, \rho'$ は同型となる．

0.3 指標って便利ですね！　　　　　　　　　　　　　　　　　9

学生：一言で言えば，既約表現の間の $G$-線形写像は自明なものしかない，ということですね．

教授：その通り．ここで $\varphi, \psi \in L(G)$ に対して

$$(\varphi, \psi) = \frac{1}{|G|} \sum_{x \in G} \varphi(x) \psi(x^{-1})$$

とおくと，次の決定的な定理が成り立ちます．これは基本的だから黒板に書いておこう；

**定理 0.3.2**　有限群 $G$ の既約表現 $(\rho, V), (\rho', V')$ に対して

$$(\chi_\rho, \chi_{\rho'}) = \begin{cases} 1 & : \rho \text{ と } \rho' \text{ が同型のとき} \\ 0 & : \rho \text{ と } \rho' \text{ が同型でないとき} \end{cases}$$

学生：ふーん．$(\varphi, \psi)$ は $L(G)$ 上の内積みたいなものですよね，Hermite 内積じゃないけど．この関係式って既約表現の指標は正規直交系をなしているってことですか？

教授：標語的にはその通りだね．だからこの定理を**既約指標の直交関係**と呼びます．さて証明ですが，一般に複素線形写像 $F$ に対して，適当な基底に関する表現行列の成分を $F_{ij}$ などと書くことにします．そこで任意の複素線形写像 $f: V \to V'$ に対して $T = \sum_{x \in G} \rho'(x) \circ f \circ \rho(x^{-1})$ は $V$ から $V'$ への $G$-線形写像となります．まず $\rho$ と $\rho'$ が同型でないとします．このとき Schur の補題 0.3.1 から $T=0$ となるので，表現行列の成分に関して

$$\sum_{x \in G} \sum_{k=1}^{m} \sum_{l=1}^{n} \rho'(x)_{ik} f_{kl} \rho(x^{-1})_{lj} = 0 \quad (1 \leq i \leq m,\ 1 \leq j \leq n)$$

となる．ただし $m = \dim_{\mathbb{C}} V'$, $n = \dim_{\mathbb{C}} V$ です．ここで $f$ は任意の複素線形写像だから $\sum_{x \in G} \rho'(x)_{ik} \rho(x^{-1})_{lj} = 0 (1 \leq i, k \leq m,\ 1 \leq l, j \leq n)$ となり $\langle \chi_\rho, \chi_{\rho'} \rangle = \frac{1}{|G|} \sum_{x \in G} \sum_{i=1}^{m} \sum_{j=1}^{n} \rho(x)_{ii} \rho'(x^{-1})_{jj} = 0$ が得られます．一方，$\rho$ と $\rho'$ が同型の場合には $(\rho', V') = (\rho, V)$ としてよいが，再び Schur の補題 0.3.1 から $T$ は定数 $\lambda$-倍写像となる．両辺の跡をとれば $\lambda = |G| \cdot \mathrm{tr}(f) / \dim_{\mathbb{C}} V$ であることが

わかる．したがって

$$\sum_{x\in G}\sum_{k,l=1}^{n}\rho'(x)_{ik}f_{kl}\rho(x^{-1})_{lj} = \begin{cases} \dfrac{|G|}{\dim_{\mathbb{C}}V}\sum_{k=1}^{n}f_{kk} & : i=j \text{ のとき} \\ 0 & : i\neq j \text{ のとき} \end{cases}$$

となるが，$f$ は任意の複素線形写像だから

$$\sum_{x\in G}\rho'(x)_{ik}\rho(x^{-1})_{lj} = \begin{cases} \dfrac{|G|}{\dim_{\mathbb{C}}V} & : i=j \text{ かつ } k=l \text{ のとき} \\ 0 & : i\neq j \text{ または } k\neq l \text{ のとき} \end{cases}$$

となる．よって $(\chi_{\rho}, \chi_{\rho'}) = \dfrac{1}{|G|}\sum_{x\in G}\sum_{i,j=1}^{n}\rho(x)_{ii}\rho'(x^{-1})_{jj} = 1$ となります．

**学生**：なるほど，全ては Schur の補題 0.3.1 の簡単な応用ですね．

**教授**：次に一般の有限次元表現を見てみよう．$(\rho, V)$ を有限群 $G$ の有限次元表現とします．$V$ は (0.1) のように既約表現 $\rho_i = \rho|_{W_i}$ の直和に分解して，その指標は $\chi_{\rho} = \chi_{\rho_1} + \chi_{\rho_2} + \cdots + \chi_{\rho_r}$ と書けます．さて $G$ の一つの既約表現 $(\pi, W)$ に対して $(\chi_{\rho}, \chi_{\pi}) = \sum_{i=1}^{r}(\chi_{\rho_i}, \chi_{\pi})$ となるが，定理 0.3.2 から，$(\chi_{\rho}, \chi_{\pi})$ は既約表現 $\rho_i$ ($i=1, 2, \cdots, r$) の中で既約表現 $\pi$ に同型なものの個数に等しいことがわかる．つまり，指標 $\chi_{\rho}$ によって表現 $(\rho, V)$ を既約分解したときに現れる既約表現を決めることができるので，直ちに次の定理が成り立つことがわかる．これも基本的だから黒板に書いておこう；

**定理 0.3.3** 有限群 $G$ の有限次元表現 $\rho$, $\rho'$ が同型であるための必要十分条件は $\chi_{\rho} = \chi_{\rho'}$ となることである．

次の定理もすぐわかるから，ついでに黒板に書いておこう；

**定理 0.3.4** 有限群 $G$ の有限次元表現 $\rho$ が既約であるための必要十分条件は $(\chi_{\rho}, \chi_{\rho}) = 1$ となることである．

**問題 0.3.1** $G$ の部分群 $H$ の有限次元表現 $\sigma$ から誘導された $G$ の誘導表現を $\pi = \mathrm{Ind}_H^G \sigma$ とおいて，次を示せ；

(1) $\sigma$ の指標 $\chi_\sigma$ を $H$ の外側では恒等的に $0$ として $G$ 上の関数に延長すると, $\chi_\pi(x) = \sum_{g \in G/H} \chi_\sigma(g^{-1}xg) \ (x \in G)$ である.
(2) $G$ の有限次元表現 $\tau$ に対して $(\chi_\pi, \chi_\tau)_G = (\chi_\sigma, \chi_\tau|_H)_H$. これを有限群の **Frobenius 相互律**と呼ぶ.

**問題 0.3.2** 有限群 $G$ の部分群 $H$ の自明な 1 次元表現 $\mathbf{1}_H$ から誘導された $G$ の誘導表現 $\mathrm{Ind}_H^G(\mathbf{1}_H)$ の指標を $\mathbf{1}_H^G$ と書くと $\mathbf{1}_H^G(x) = \dfrac{|G|}{\sharp\{x\}_G} \cdot \dfrac{\sharp(\{x\}_G \cap H)}{|H|} \ (x \in G)$ であることを示せ. ただし $\{x\}_G$ は $x \in G$ の $G$-共役類である.

**問題 0.3.3** 有限群 $G$ が有限集合 $X$ に左から作用しているとき, 付随する置換表現を $\pi$ とする. 相異なる $G$-軌道の全体を $\Omega_i, \cdots, \Omega_r$ として $x_i \in \Omega_i$ の固定部分群を $H_i = \{g \in G | g * x_i = x_i\}$ とする. このとき次を示せ;
(1) $\chi_\pi = \mathbf{1}_{H_1}^G + \cdots + \mathbf{1}_{H_r}^G$,
(2) $\pi$ は $G$ の自明な 1 次元表現を重複度 $r$ で含む,
(3) $G$ が $X$ 上に二重可移[3]となる必要十分条件は $(\chi_\pi, \mathbf{1}_G) = 1$, $(\chi_\pi, \chi_\pi) = 2$ となることである($\mathbf{1}_G$ は $G$ の自明な 1 次元表現の指標).

## 0.4 既約表現っていくつあるんですか？

学生：だいぶ様子がわかってきましたが, 有限群の既約表現ってどのくらいあるんでしょうか？

教授：それでは, まず有限群 $G$ の左正則表現 $(\rho_l, L(G))$ を見てみましょう. $G$ の一つの既約表現 $(\pi, W)$ に対して (0.2) を用いると

$$(\chi_{\rho_l}, \chi_\pi) = \chi_\pi(1) = \dim \pi$$

となることが直ちにわかります. 言い換えれば $G$ の左正則表現を既約表現の直和に分解したとき, その中に $G$ の特定の既約表現 $\pi$ はちょうど $\dim \pi$ 個だけ現れるということです. 左正則表現の表現空間 $L(G)$ は有限次元だから, ここから有限群 $G$ の既約表現で互いに同型でないものは有限個に限ら

---

[3] 即ち, 任意の $x, x', y, y' \in X$ に対して $g*x = x'$ かつ $g*y = y'$ なる $g \in G$ が存在する.

れることがわかります．そこで $G$ の既約表現で互いに同型でないものの全体を $(\pi_i, W_i)(i=1,2,\cdots,r)$ として，記号が煩雑にならないように $\pi_i$ の指標を $\chi_i$ と書きましょう．一方，任意の $x, y \in G$ に対して $\varphi(xy)=\varphi(yx)$ となる $\varphi \in L(G)$ の全体のなす部分空間を $L_{\mathrm{cent}}(G)$ と書くことにします．$L_{\mathrm{cent}}(G)$ の次元はちょうど $G$ の共役類の個数に等しいことはすぐわかりますね．

**学生**：$G$ の元 $g$ に対して $\{g\}_G=\{xgx^{-1}|x \in G\}$ を $g$ の $G$-共役類と呼ぶんでしたね．$g$ の中心化群 $Z_G(g)=\{x \in G | xgx^{-1}=g\}$ は $G$ の部分群で，$\{g\}_G$ に含まれる元の個数は群指数 $(G:Z_G(g))$ に等しいのでした．

**教授**：その通り．実は次の定理が成り立つのです．これは基本的なことだから黒板に書いておこう；

**定理 0.4.1**　$\{\chi_i\}_{i=1,2,\cdots,r}$ は $L_{\mathrm{cent}}(G)$ の基底である．

つまり有限群 $G$ の既約表現で互いに同型でないものはちょうど $G$ の共役類の個数だけあります．$\{\chi_i\}_{i=1,2,\cdots,r} \subset L_{\mathrm{cent}}(G)$ であって，指標の直交関係 0.3.2 から，それらは $\mathbb{C}$ 上 1 次独立であることはすぐにわかりますね．あとは $\{\chi_i\}_{i=1,2,\cdots,r}$ が $L_{\mathrm{cent}}(G)$ を $\mathbb{C}$ 上で張っていることを示せばよいが，そのためには $(\varphi, \chi_i)=0(i=1,2,\cdots,r)$ なる $\varphi \in L_{\mathrm{cent}}(G)$ は $\varphi=0$ に限ることを示せば十分です．まず $\varphi \in L_{\mathrm{cent}}(G)$ と $G$ の任意の既約表現 $(\pi, W)$ に対して Schur の補題 0.3.1 から

$$\sum_{x \in G} \varphi(x)\pi(x^{-1}) = \frac{|G|}{\dim \pi}(\varphi, \chi_\pi)\text{-倍写像}$$

となることがわかります．したがって $(\varphi, \chi_i)=0(i=1,2,\cdots,r)$ とすると，$G$ の左正則表現の既約分解の様子から $\sum_{x \in G}\varphi(x)\rho_l(x^{-1})=0$ となる．これを $L(G)$ の基底 $\{\varphi_g\}_{g \in G}$ に作用させると $\sum_{x \in G}\varphi(x)\varphi_{x^{-1}g}=0(g \in G)$ となり，両辺の $1 \in G$ における値を見ると $\varphi(g)=0(g \in G)$，即ち $\varphi=0$ となることがわかります．

**学生**：なるほど，有限群 $G$ の既約表現の個数は，一般には $|G|$ 以下で，それが $|G|$ に等しくなる必要十分条件は $G$ が可換群であることですね．一方，既約表現 $(\pi_i, W_i)$ の次元を $n_i$ とすると，$G$ の左正則表現の既約分解の様子

から $n_1^2+n_2^2+\cdots+n_r^2=|G|$ となりますから，$n_i$ が全て 1 であることと $r=|G|$ は同値です．したがって，$G$ が可換群であることと $G$ の既約表現は全て 1 次元であることは同値ということになりますね．

教授：そういうことですね．さて $G$ の共役類の全体を $C_1, C_2, \cdots, C_r$ として，代表元 $g_k \in C_k$ をとっておきます．一方，互いに同型でない既約表現の全体を $\pi_1, \pi_2, \cdots, \pi_r$ として，$\pi_i$ の指標を $\chi_i$ としましょう．$\chi_i(yxy^{-1})=\chi_i(x)$ $(x, y \in G)$ に注意すると，既約指標の直交関係は

$$\sum_{k=1}^{r} |Z_G(g_k)|^{-1} \chi_i(g_k) \chi_j(g_k^{-1}) = \begin{cases} 1 & : i=j \\ 0 & : i \neq j \end{cases} \quad (1 \leq i, j \leq r)$$

と書き直すことができます．ここで $(i,j)$-成分が $\chi_i(g_j)$ である $r$ 次正方行列を $A$ とし，$(i,j)$-成分が $|Z_G(g_j)|^{-1}\chi_i(g_j^{-1})$ の $r$ 次正方行列を $B$ とすると，上の式は行列の積として $AB=1_r$ を意味しています．したがって $A$ は正則行列で $B$ はその逆行列となり，$BA=1_r$ が成り立ちます．これを成分で書くと

$$\sum_{k=1}^{r} |Z_G(g_i)|^{-1} \chi_k(g_i^{-1}) \chi_k(g_j) = \begin{cases} 1 & : i=j \\ 0 & : i \neq j \end{cases} \quad (1 \leq i, j \leq r)$$

となります．したがって次の定理が成り立ちます．これも大切だから黒板に書いておきましょう；

**定理 0.4.2** $g, h \in G$ に対して

$$\sum_{i=1}^{r} \chi_i(g) \chi_i(h^{-1}) = \begin{cases} |Z_G(g)| & : \{g\}_G = \{h\}_G \text{ のとき} \\ 0 & : \{g\}_G \neq \{h\}_G \text{ のとき} \end{cases}$$

この定理を既約指標の**第二直交関係**と呼びます．

**問題 0.4.1**
(1) 3 次対称群 $S_3$ の共役類は次の 3 個であることを示せ；

$$A = \left\{ \begin{pmatrix} 1 & 2 & 3 \\ 1 & 2 & 3 \end{pmatrix} \right\}, \quad B = \left\{ \begin{pmatrix} 1 & 2 & 3 \\ 2 & 1 & 3 \end{pmatrix}, \begin{pmatrix} 1 & 2 & 3 \\ 3 & 2 & 1 \end{pmatrix}, \begin{pmatrix} 1 & 2 & 3 \\ 1 & 3 & 2 \end{pmatrix} \right\},$$

$$C = \left\{ \begin{pmatrix} 1 & 2 & 3 \\ 2 & 3 & 1 \end{pmatrix}, \begin{pmatrix} 1 & 2 & 3 \\ 3 & 1 & 2 \end{pmatrix} \right\},$$

(2) 3次対称群 $S_3$ は1次元の自明な表現 **1**, $\sigma \in S_3$ に対してその符号 $\text{sign}(\sigma)$ を対応させる1次元表現 sign の他に既約な表現 $\pi$ が一つあり，次のような指標の表が得られることを示せ；

|  | $A$ | $B$ | $C$ |
|---|---|---|---|
| **1** | 1 | 1 | 1 |
| sign | 1 | $-1$ | 1 |
| $\pi$ | 2 | 0 | $-1$ |

**問題 0.4.2** 4次対称群 $S_4$ について以下を示せ；
(1) $S_4$ の共役類の代表元と各共役類の元の個数は

| 共役類 | $A$ | $B$ | $C$ |
|---|---|---|---|
| 代表元 | $\begin{pmatrix} 1 & 2 & 3 & 4 \\ 1 & 2 & 3 & 4 \end{pmatrix}$ | $\begin{pmatrix} 1 & 2 & 3 & 4 \\ 2 & 1 & 3 & 4 \end{pmatrix}$ | $\begin{pmatrix} 1 & 2 & 3 & 4 \\ 2 & 1 & 4 & 3 \end{pmatrix}$ |
| 元の個数 | 1 | 6 | 3 |

| 共役類 | $D$ | $E$ |
|---|---|---|
| 代表元 | $\begin{pmatrix} 1 & 2 & 3 & 4 \\ 3 & 1 & 2 & 4 \end{pmatrix}$ | $\begin{pmatrix} 1 & 2 & 3 & 4 \\ 4 & 1 & 2 & 3 \end{pmatrix}$ |
| 元の個数 | 8 | 6 |

(2) $S_4$ の表現 $(\pi_{4,1}, V_{4,1})$ と $(\pi_{4,2}, V_{4,2})$ の既約分解を求めよ（例 0.1.1 参照），
(3) $S_4$ は自明な1次元表現 **1**, $\sigma \in S_4$ に対してその符号 $\text{sign}(\sigma)$ を対応させる1次元表現 sign の他に3個の既約表現 $\pi_1, \pi_2, \pi_3$ を持ち，次のような指標の表が得られる；

|        | $A$ | $B$ | $C$ | $D$ | $E$ |
|--------|-----|-----|-----|-----|-----|
| **1**  | 1   | 1   | 1   | 1   | 1   |
| sign   | 1   | $-1$ | 1   | 1   | $-1$ |
| $\pi_1$ | 3   | 1   | $-1$ | 0   | $-1$ |
| $\pi_2$ | 2   | 0   | 2   | $-1$ | 0   |
| $\pi_3$ | 3   | $-1$ | $-1$ | 0   | $-1$ |

## 0.5　群の表現と環の表現って関係あるんですか？

学生：「環の表現」ということを聞いたのですが，これはどういうものですか？　それから，群の表現との関係も説明してください．

教授：表現論との関係で話すときには，体 $F$ に対する $F$-代数を考えたほうが良いでしょう．$F$-代数とはどのようなものか説明できますか？

学生：体 $F$ 上のベクトル空間 $A$ に対して，$A \times A$ から $A$ への $F$-双線形写像 $(x, y) \mapsto xy$ が結合法則 $(ab)c = a(bc)$ を満たすとき，$A$ を $F$-代数と呼びます．任意の $a, b \in A$ に対して $ab = ba$ が成り立つとき $A$ は可換であるといい，任意の $a \in A$ に対して $a1 = 1a = a$ となるような $1 \in A$ が存在するとき $A$ は単位的であるとか 1 を持つとかいいます．ついでに言うと，$F$-代数 $A$ から $F$-代数 $B$ への $F$-線形写像 $f$ が $f(xy) = f(x)f(y)$ $(x, y \in A)$ を満たすとき，$f$ を $F$-代数の準同型写像と呼びます．$A, B$ が共に単位的な場合には，更に $f(1) = 1$ であることも条件に加えます．

教授：例としてはどのようなものがありますか？

学生：まず，体 $F$ 自身は $F$-代数となります．別の例としては，体 $F$ の元を成分とする $n$ 次正方行列の全体 $M_n(F)$ は行列の加法と乗法に関して単位的な $F$-代数となります．この場合 1 は単位行列 $1_n$ です．$n > 1$ ならば非可換です．もう少し一般的に体 $F$ 上のベクトル空間 $V$ に対して，$V$ から自分自身への $F$-線形写像の全体 $\mathrm{End}_F(V)$ は，写像の合成を乗法とし，$S, T \in \mathrm{End}_F(V)$ に対して $(S+T)(v) = S(v) + T(v)$ $(v \in V)$ により加法 $(S, T) \mapsto S + T$ を定義すると，単位的な $F$-代数となります．この場合 1 は $V$ 上の恒等写像

です．$\dim_F V > 1$ ならば非可換となり，$\dim_F V = n$ が有限ならば，$V$ の $F$ 上の基底に関する表現行列をとることにより $\mathrm{End}_F(V)$ は $F$ の元を成分とする $n$ 次正方行列のなす $F$-代数 $M_n(F)$ と同型となります．

**教授**：よろしい．$F$-代数 $A$ と $F$-ベクトル空間 $V$ 及び $F$-代数の準同型写像 $\rho : A \to \mathrm{End}_F(V)$ があったとき，$(\rho, V)$ を $F$-代数 $A$ の表現と呼びます．このとき $a \in A$ と $v \in V$ に対して $av = \rho(a)v$ と書けば，$V$ は $A$-加群となります．$A$-加群というのは，大雑把に言えば，体 $F$ 上のベクトル空間の定義で，体 $F$ を環 $A$ に取り替えたものです．

**学生**：この場合も深い議論を展開するためには，いろいろ条件を付けなければならないようですね．

**教授**：その通りですね．特に $V$ が無限次元の場合には複素 Hilbert 空間を考えるのが自然だし，$\rho$ もなにか連続性を仮定する必要があります．

**学生**：わかりました．今まで議論してきた有限群の表現論との関係を説明してください．

**教授**：それでは再び有限群 $G$ を一つ固定して考えましょう．まず $G$ 上の複素数値関数の全体のなす複素ベクトル空間 $L(G)$ は自然に $\mathbb{C}$-代数の構造をもちます．つまり $\varphi, \psi \in L(G)$ に対して，その積 $\varphi * \psi \in L(G)$ を

$$(\varphi * \psi)(x) = \sum_{y \in G} \varphi(xy^{-1}) \psi(y) \quad (x \in G)$$

により定義することができます．別の書き方をすると，$G$ の元を基底とする複素ベクトル空間を $\mathbb{C}[G]$ と書いて，$\mathbb{C}[G]$ の元 $a = \sum_{x \in G} a_x \cdot x$ と $b = \sum_{x \in G} b_x \cdot x$ の積を $ab = \sum_{x, y \in G} a_x b_y \cdot xy$ により定義すると，$\mathbb{C}[G]$ は $\mathbb{C}$-代数となります．このとき $\varphi \mapsto \sum_{x \in G} \varphi(x) \cdot x$ により $L(G)$ は $\mathbb{C}[G]$ と $\mathbb{C}$-代数として同型となりますから，これにより $L(G) = \mathbb{C}[G]$ と同一視して，これを有限群 $G$ の $\mathbb{C}$ 上の**群環**と呼びます．さて，$G$ の表現 $(\rho, V)$ が与えられたとき，$\varphi \in L(G)$ と $v \in V$ に対して $\rho(\varphi)v = \sum_{x \in G} \varphi(x) \rho(x) v$ とおくと $\rho : L(G) \to \mathrm{End}_F(V)$ は $\mathbb{C}$-代数 $L(G)$ の表現となります．あるいは $\varphi \cdot v = \rho(\varphi)v (\varphi \in L(G), v \in V)$ により $V$ は左 $L(G)$-加群となります．逆に左 $L(G)$-加群 $V$ が与えられたら，$g \in G$ と $v \in V$ に対して $\rho(g)v = \varphi_g \cdot v$ とおくことにより，$G$ の表現 $(\rho, V)$ が得られます．このようにして $G$ の表現と $\mathbb{C}$-代数 $L(G)$ の表現，あるいは同じことで

すが，左 $L(G)$-加群が対応するのです．

**学生**：有限群の表現論を一通り説明していただきましたが，自分で勉強するのになにか良い参考書を紹介していただけますか？

**教授**：有限群の表現論一般でしたら Serre の教科書 [23] が標準的でしょう．特殊な有限群として対称群の表現が重要ですが，それについては岩堀 [12] が読み易いと思います．

**問題 0.5.1**
(1) 有限群 $G$ の互いに同値でない既約表現の指標の全体 $\{\chi_1,\cdots,\chi_r\}$ は $G$ の群環 $L(G)$ の中心 $Z(L(G))$ の基底であることを示せ．
(2) $g\in G$ に対して $\alpha_g\in L(G)$ を $\alpha_g(x)=\begin{cases} 1 & :x\in\{g\}_G \\ 0 & :x\notin\{g\}_G \end{cases}$ により定義すると，$\alpha_g\in Z(L(G))$ であることを示せ．
(3) $g\in G$ に対して $\alpha_g\in Z(L(G))$ を $\{\chi_1,\cdots,\chi_r\}$ の 1 次結合で書くことにより，指標の第二直交関係を導け．

**問題 0.5.2** 有限群 $G$ の部分群 $H$ に対して自然な $\mathbb{C}[H]\subset\mathbb{C}[G]$ に対応して $L(H)\subset L(G)$ とすると，$L(G)$ は右 $L(H)$-加群となる．$H$ の有限次元表現 $(\sigma,V)$ から $G$ に誘導された誘導表現を $(\pi,E)$ とすると(問題 0.1.1 参照)，左 $L(G)$-加群としての同型 $L(G)\otimes_{L(H)}V \overset{\sim}{\to} E$ が $\varphi\otimes v\mapsto\Phi_{\varphi,v}$ $(\Phi_{\varphi,v}(x)=\varphi(x)v)$ により与えられることを示せ．

## 0.6 周期関数の Fourier 級数展開も表現論なんですね！

**教授**：群の表現を少し別の視点から見てみよう．$G$ を有限アーベル群として，群演算は加法的に書いておきましょう．$G$ の既約表現は全て 1 次元だから，その全体，つまり $G$ から複素数体の乗法群 $\mathbb{C}^\times$ への群の準同型写像全体を $G^\wedge$ と書きましょう．ここで特徴的なことは，第一に任意の $\alpha\in G^\wedge$ の値は絶対値 1 の複素数となること，第二に $G^\wedge$ が再び加法群となることです．即ち，$\alpha,\beta\in G^\wedge$ の和 $\alpha+\beta$ を $(\alpha+\beta)(x)=\alpha(x)\beta(x)$ $(x\in G)$ により定義するわけです．ここで $x\in G$, $\alpha\in G^\wedge$ に対して $\langle x,\alpha\rangle=\alpha(x)$ とおきましょう．定理 0.4.1 から，$G^\wedge$ の元は $L(G)$ の正規直交基底をなすから，$\varphi\in L(G)$ に対して

$$\widehat{\varphi}(\alpha) = (\varphi, \alpha) = \frac{1}{|G|} \sum_{x \in G} \varphi(x) \langle -x, \alpha \rangle \qquad (\alpha \in G^{\wedge}) \tag{0.3}$$

とおくと

$$\varphi(x) = \sum_{\alpha \in G^{\wedge}} \widehat{\varphi}(\alpha) \langle x, \alpha \rangle \qquad (x \in G) \tag{0.4}$$

となります．言い換えれば $G^{\wedge}$ の元は $G$ 上の関数とみれば格別に性質の良いものですが，それを用いて $G$ 上の全ての関数を表すことができる，ということです．更に $\alpha \mapsto \langle x, \alpha \rangle$ は $G^{\wedge}$ から $\mathbb{C}^{\times}$ への群の準同型写像，即ち $G^{\wedge\wedge}=(G^{\wedge})^{\wedge}$ の元を与えて，$x \mapsto \langle x, * \rangle$ は $G$ から $G^{\wedge\wedge}$ への群の同型写像を与えます．実際，$G$ の異なる二元 $x \neq y$ に対して $\varphi(x) \neq \varphi(y)$ なる $\varphi \in L(G)$ が存在するから，(0.4) より，$x \mapsto \langle x, * \rangle$ は単射となります．一方，$|G^{\wedge\wedge}|=|G^{\wedge}|=|G|$ だから全射となります．

**学生**：(0.4) の式を見ていると，Fourier 級数を連想するんですが．

**教授**：それは良いところに気がつきましたね．例えば $\mathbb{R}$ 上の周期関数の Fourier 級数展開を考えてみましょう．簡単のために $\varphi$ は $\mathbb{R}$ 上の複素数値関数で $\varphi(x+1)=\varphi(x)$ なる周期関数で微分可能かつ導関数も連続だとします．Fourier 級数の一般論から

$$a_n = \int_0^1 \varphi(x) e^{-2\pi\sqrt{-1}nx} dx \qquad (n \in \mathbb{Z}) \tag{0.5}$$

とおくと，$\mathbb{R}$ 上で絶対かつ一様に収束する Fourier 級数展開

$$\varphi(x) = \sum_{n \in \mathbb{Z}} a_n e^{2\pi\sqrt{-1}nx} \qquad (x \in \mathbb{R}) \tag{0.6}$$

が成り立ちます[4]．

**学生**：[27] の第 6 章では Fourier 級数展開は $\sin x$ と $\cos x$ を用いていますが，Euler の公式 $e^{\sqrt{-1}x}=\cos x+\sqrt{-1}\sin x$ を用いれば，上のように書くことができるのですね．

**教授**：その通りですね．さてこれを群論的に見てみましょう．まず実数全体 $\mathbb{R}$ は実数の加法に関して加法群となります．それだけではなくて，実数の

---

[4] 問題 3.2.3 を見よ．

## 0.6 周期関数の Fourier 級数展開も表現論なんですね！

自然な位相に関して局所コンパクト群となります．そこで $\mathbb{R}$ から絶対値 1 の複素数のなす乗法群 $\mathbb{C}^1$ への連続な群の準同型写像全体を $\mathbb{R}^\wedge$ と書きましょう．$\mathbb{R}^\wedge$ が再び加法群の構造をもつことは，上で見た有限アーベル群の場合と同様です．さて $\alpha \in \mathbb{R}^\wedge$ を具体的に決定してみよう．$\alpha(x) = e^{2\pi\sqrt{-1}\psi(x)}$ と書いて，$\psi$ は $\mathbb{R}$ 上の実数値連続関数で，$\alpha(0)=1$ だから $\psi(0)=0$ としてよい．$\alpha(x+y) = \alpha(x)\alpha(y)$ より，任意の $x, y \in \mathbb{R}$ に対して，$\psi(x+y) - \psi(x) - \psi(y) \in \mathbb{Z}$ である．任意の $y \in \mathbb{R}$ に対して

$$f_y(x) = \psi(x+y) - \psi(x) - \psi(y) \qquad (x \in \mathbb{R})$$

は $\mathbb{R}$ 上の整数値連続関数で $f_y(0)=0$ だから，$f_y$ は $\mathbb{R}$ 上で恒等的に 0 となる．即ち $\psi$ は $\mathbb{R}$ から $\mathbb{R}$ への連続な群の準同型写像である．よって適当な $a \in \mathbb{R}$ をとれば $\psi(x)=ax$ と書ける．即ち，$a \in \mathbb{R}$ に対して $\langle a, x \rangle = e^{2\pi\sqrt{-1}ax}$ とおくと，$a \mapsto \alpha_a = \langle a, * \rangle$ は $\mathbb{R}$ から $\mathbb{R}^\wedge$ への群の同型写像を与えることがわかります．

**学生**：なるほど，$\alpha \in \mathbb{R}^\wedge$ に連続性を仮定しないと，$\alpha$ を具体的に決定するときに困ってしまいますね．$\mathbb{R}$ 上の周期関数はどう考えたらよいんでしょうか．

**教授**：$\varphi$ が $\mathbb{R}$ 上の連続関数で $\varphi(x+1) = \varphi(x)$ を満たすとすると，$\varphi$ は剰余類群 $\mathbb{R}/\mathbb{Z}$ 上の連続関数とみなせます．つまり $\dot{x} \in \mathbb{R}/\mathbb{Z}$ に対して $\dot{\varphi}(\dot{x}) = \varphi(x)$ により $\mathbb{R}/\mathbb{Z}$ 上の連続関数 $\dot{\varphi}$ を定義するわけです．一方，$\mathbb{R}/\mathbb{Z}$ から $\mathbb{C}^1$ への連続な群の準同型写像全体を $(\mathbb{R}/\mathbb{Z})^\wedge$ と書くと，これが加法群の構造をもつことは $\mathbb{R}$ や有限アーベル群の場合と同様です．ここで $\mathbb{R}^\wedge$ の元 $\alpha$ で $\alpha(x+1) = \alpha(x)$ なるもの全体を $(\mathbb{R}^\wedge : \mathbb{Z})$ と書くと，これは $\mathbb{R}^\wedge$ の部分群で $\alpha \mapsto \dot{\alpha}$ は $(\mathbb{R}^\wedge : \mathbb{Z})$ から $(\mathbb{R}/\mathbb{Z})^\wedge$ への群の同型写像を与えます．一方，$n \mapsto \alpha_n$ は $\mathbb{Z}$ から $(\mathbb{R}^\wedge : \mathbb{Z})$ への群の同型を与えるから，結局 $n \mapsto \dot{\alpha}_n$ により群の同型 $\mathbb{Z} \xrightarrow{\sim} (\mathbb{R}/\mathbb{Z})^\wedge$ が与えられることになります．したがって，$\mathbb{R}$ 上の連続周期関数の Fourier 級数展開(0.6)は $\mathbb{R}/\mathbb{Z}$ 上の連続関数に関して，有限アーベル群の場合の(0.4)と同様の結果が得られることを意味しています．ただし，有限アーベル群の場合の有限和であった(0.3)が積分(0.5)に置き換わっていますが，でも積分というのは一種の和ですから，ほとんど違いはありませんね．

**学生**：有限アーベル群の場合と同様に，$\mathbb{R}/\mathbb{Z}$ 上の任意の連続関数が非常に特

殊な関数 $\hat{\alpha}_n (n \in \mathbb{Z})$ を用いて全て表すことができるというわけですね．しかも，その非常に特殊な関数を群論的な背景，あるいは表現論的な背景から決めることができる，というのは面白いですね．

**教授**：(0.3) と (0.4) は $\mathbb{R}$ 上の Fourier 変換と Fourier 逆変換の類似とも見られます．$f \in L^1(\mathbb{R})$ に対して

$$\hat{f}(y) = \int_{-\infty}^{\infty} f(x) e^{-2\pi\sqrt{-1}xy} dx \qquad (y \in \mathbb{R}) \tag{0.7}$$

を $f$ の Fourier 変換と呼びます．これは (0.3) が連続和になったものですね．さて $f$ が十分よい関数ならば $\hat{f}$ は再び $L^1(\mathbb{R})$ の元となり

$$f(x) = \int_{-\infty}^{\infty} \hat{f}(y) e^{2\pi\sqrt{-1}xy} dx \qquad (x \in \mathbb{R})$$

となる，というのが Fourier 逆変換の理論です．そもそも，このようなことは Fourier が熱方程式

$$\frac{\partial^2 u}{\partial x^2} = \frac{\partial u}{\partial t}, \qquad u(x,0) = f(x)$$

を解こうとして編み出した方法ですね．つまり $u$ を $x$ に関して Fourier 変換して

$$\hat{u}(y,t) = \int_{-\infty}^{\infty} u(x,t) e^{-2\pi\sqrt{-1}xy} dy \qquad (y \in \mathbb{R})$$

とおくと，部分積分を用いて $\dfrac{\partial \hat{u}}{\partial t} = -(2\pi y)^2 \cdot \hat{u}$ を得るから，$\hat{u}(y,t) = A(y) \cdot e^{-4\pi^2 y^2 t}$ と書けるであろう．$t=0$ とおけば $A(y) = \hat{f}(y)$ であることがわかるから，Fourier 逆変換を行って

$$u(x,t) = \int_{-\infty}^{\infty} \hat{f}(y) e^{-4\pi^2 y^2 t} e^{2\pi\sqrt{-1}xy} dy$$

となるであろう，というのが Fourier のアイデアだったわけです．(0.7) は $K(x,y) = e^{-2\pi\sqrt{-1}xy}$ を積分核とする積分変換と見ることもできますが，積分核 $K(x,y)$ の由来は局所コンパクト加法群 $\mathbb{R}$ の 1 次元表現にあると考えることができます．

## 0.7 もっと一般化するとどうなるんですか？

学生：これまでの説明で，有限群の表現についてはある程度まとまったことがわかりましたし，有限群でない場合にも面白いことが成り立つことがわかりましたが，もっと一般の群ではどうなのでしょうか．例えば $GL_n(\mathbb{R})$ を考えてみましょう．$M_n(\mathbb{R})$ を $n^2$ 次元 Euclid 空間 $\mathbb{R}^{n^2}$ と同一視すれば $GL_n(\mathbb{R})$ はその開集合となりますから，行列の積に関して局所コンパクト Hausdorff 位相群となりますが，このような群の表現論はどうなっているんでしょうか？

教授：それは非常に良い質問です．$GL_n(\mathbb{R})$ は単に位相群というだけではなくて，$M_n(\mathbb{R})=\mathbb{R}^{n^2}$ の開集合であることから実解析的多様体でもあって，その群演算は実解析的写像になっている，一言で言えば，$GL_n(\mathbb{R})$ は実 Lie 群になっています．更に $GL_n(\mathbb{R})$ は行列式を用いて代数的に定義されて，群演算は成分の多項式で表されるから，いわゆる代数群になっています．このように $GL_n(\mathbb{R})$ は非常に豊かな構造をもっています．この豊かな構造を利用して，非常に深い議論が展開できるのですが，構造が豊かなだけに，それを取り扱うための道具立てが大掛かりになってきて，ちょっとやそっとでは説明しきれません．それは有限群の場合も同様なのです．今まで説明したように，有限群の表現論の一般論は比較的わかり易いのですが，具体的な群，例えば $\mathbb{F}$ を有限体としたときの $GL_n(\mathbb{F})$ は有限群になりますが，このような有限群の既約表現を全て具体的に構成せよ，というのは非常に難しい問題になります．$GL_n(\mathbb{R})$ や $GL_n(\mathbb{F})$ といった群の精密な表現論は最先端の研究分野なのです．だから，有限群の一般論がわかり易かったように，一般の局所コンパクト群で成り立つ一般的な表現論を見て，全体の大雑把な様子を見ておいたほうが，個別の群の精密な理論の位置づけが見やすくなると思うわけです．

学生：なるほど，着眼は大局的に，着手は局所的に，というわけですね．着眼がなければ着手もありませんからね．

教授：表現空間は，無限次元の場合も含めて，複素 Hilbert 空間で考えます

が，ここでは少し一般化して複素 Banach 空間まで広げて考えることにします．Banach 空間のことは理解していますか？

学生：そうですね，関数解析の講義で少しやりました．まず $H$ が複素ノルム空間であるとは，$H$ は複素ベクトル空間であって，ノルムが定義されていることです．$H$ 上の実数値関数 $u \mapsto |u|$ がノルムであるとは

(1) 任意の $\lambda \in \mathbb{C}$ と $u \in H$ に対して $|\lambda u|=|\lambda||u|$,

(2) 任意の $u, v \in H$ に対して $|u+v| \leq |u|+|v|$,

(3) 任意の $u \in H$ に対して $|u| \geq 0$ で，$|u|=0$ ならば $u=0$

を満たすことです．$H$ が**複素 Banach 空間**であるとは，$H$ は複素ノルム空間であって，ノルムから決まる $H$ 上の距離 $d(u,v)=|u-v|$ に関して完備距離空間となることです．ついでに $H$ が**複素 Hilbert 空間**であるとは，$H$ 上の **Hermite 内積** $(u,v)(u,v \in H)$ が定義されていて，そこから決まるノルム $|u|=(u,u)^{1/2}$ に関して複素 Banach 空間となることです．$H$ 上の Hermite 内積とは，直積集合 $H \times H$ 上の複素数値関数 $(,): H \times H \to \mathbb{C}$ であって，条件

(1) 任意の $v \in H$ に対して $u \mapsto (u,v)$ は複素線形写像である，

(2) 任意の $u, v \in H$ に対して $\overline{(u,v)}=(v,u)$,

(3) 任意の $u \in H$ に対して $(u,u) \geq 0$ で，$(u,u)=0$ ならば $u=0$

を満たすことです．

教授：ノルム空間の間の連続線形写像についてはどうですか？

学生：複素ノルム空間 $X, Y$ に対して，$X$ から $Y$ への複素線形写像 $T$ が連続である必要十分条件は $|T|= \sup\limits_{0 \neq u \in X} |Tu|/|u| < \infty$ となることです．$X$ から $Y$ への連続な複素線形写像の全体を $\mathcal{L}(X,Y)$ とすると，これは $T \mapsto |T|$ をノルムとする複素ノルム空間となります．$Y$ が複素 Banach 空間ならば $\mathcal{L}(X,Y)$ も複素 Banach 空間となります．

教授：よろしい．それでは $G$ を局所コンパクト群としましょう．これからは局所コンパクトといったら，特に断らない限り Hausdorff 性は仮定することにします．$H$ を複素 Banach 空間として，$H$ から自分自身への複素線形同型写像 $T$ であって，$T$ とその逆写像 $T^{-1}$ が共に連続となるもの全体を $GL(H)$ と書くことにしましょう．$GL(H)$ は写像の合成に関して群となり

ます．任意の $u \in H$ に対して $T \mapsto Tu$ が連続となる最弱の位相に関して $GL(H)$ は Hausdorff 空間となりますが，一般には位相群になりません． $GL(H)$ の部分群 $\mathrm{Aut}(H)$ を，任意の $u \in H$ に対して $|Tu|=|u|$ となる $T \in GL(H)$ の全体とすると，$\mathrm{Aut}(H)$ は $GL(H)$ からの相対位相に関して位相群となります．さて $G$ から $GL(H)$ への群の準同型写像 $\pi$ に対して次の三条件は同値です；

(1) $\pi \colon G \to GL(H)$ は連続写像である，

(2) 任意の $u \in H$ に対して $G$ から $H$ への写像 $x \mapsto \pi(x)u$ は連続である，

(3) 直積集合 $G \times H$ から $H$ への写像 $(x,u) \mapsto \pi(x)u$ は連続写像である．

この三つの同値な条件を満たすとき，$(\pi,H)$ を $G$ の **Banach 表現** と呼びます．$\pi$ を $G$ の Banach 表現と呼び，$H$ を Banach 表現 $\pi$ の表現空間と呼んだりします．(1)と(2)が同値であることは $GL(H)$ の位相の定義から明らかですね．(3)が(2)を導くことも明らかだから，(2)を仮定して(3)を示します．任意の $(x,u) \in G \times H$ と任意の $\varepsilon > 0$ をとります．$G$ の単位元 1 の開近傍 $V$ であって $\overline{V}$ がコンパクトとなるものを選んで，任意の $y \in V$ に対して $|\pi(y)u - u| < \varepsilon$ となるようにできます．一方，任意の $v \in H$ に対して $\{\pi(y)v \mid y \in \overline{V}\}$ は $H$ のコンパクト部分集合だから $\sup_{y \in V} |\pi(y)v| < \infty$ です．ここで次の **Banach-Steinhaus** の定理を使います；

**定理 0.7.1** 複素 Banach 空間 $X$ と複素ノルム空間 $Y$ 及び部分集合 $S \subset \mathcal{L}(X,Y)$ をとる．任意の $u \in X$ に対して $\sup_{T \in S} |Tu| < \infty$ ならば $\sup_{T \in S} |T| < \infty$ である．

証明は後回しにして，この定理から $0 < C = \sup_{y \in V} |\pi(y)| < \infty$ が得られます．よって任意の $y \in xV$ と $|v-u| < \varepsilon/C$ なる任意の $v \in H$ に対して $|\pi(y)v - \pi(x)u| < 2|\pi(x)|\varepsilon$ となります．

学生：うーん，定義するだけでも結構手が込んでいますね．

教授：Banach-Steinhaus の定理は次のように証明されます．$n=1,2,3,\cdots$ に対して，任意の $T \in S$ に対して $|Tv| \leq n$ なる $v \in X$ の全体 $F_n$ は $X$ の閉部分集合で $X = \bigcup_{n=1}^{\infty} F_n$ となります．完備距離空間は Baire の性質をもつから，

ある番号 $N$ に対して $F_N$ は内点をもちます．即ち，適当な $u \in F_N$ と $r>0$ をとれば，$\{v \in X | |v-u| \leq r\} \subset F_N$ となる．よって $|v| \leq r$ なる任意の $v \in X$ と任意の $T \in S$ に対して

$$|Tv| \leq |T(v+u)| + |Tu| \leq 2N$$

となるから，$|T| \leq 2N/r$ となります．

**学生**：表現空間が Hilbert 空間の場合にはどうなるのでしょうか？

**教授**：複素 Hilbert 空間は特殊な複素 Banach 空間だから，上で述べたことはそのまま成り立ちますが，Hilbert 空間は Hermite 内積をもつので，それとの関係で述べると次のようになります．$G$ から $\mathrm{Aut}(H)$ への群の準同型写像 $\pi$ に対して次の三条件は同値である；

(1) $\pi: G \to \mathrm{Aut}(H)$ は連続写像である，

(2) 任意の $u, v \in H$ に対して $G$ 上の複素数値関数 $x \mapsto (\pi(x)u, v)$ は連続である[5]，

(3) 任意の $u \in H$ に対して $G$ 上の複素数値関数 $x \mapsto (\pi(x)u, u)$ は連続である．

この条件が満たされるとき，$(\pi, H)$ を $G$ の**ユニタリ表現**と呼びます．今までと同様に $\pi$ を $G$ のユニタリ表現と呼び，$H$ をユニタリ表現 $\pi$ の表現空間と呼んだりします．上に述べたことから (1) が (2) を導くことは明らかです．逆に，$u \in H$ と $x, y \in G$ に対して

$$|\pi(x)u - \pi(y)u|^2 = |\pi(y^{-1}x)u - u|^2$$
$$= 2 \cdot (u, u) - 2 \cdot \mathrm{Re}(\pi(y^{-1}x)u, u)$$

だから，(3) から (1) が従います．

**学生**：Banach 表現あるいはユニタリ表現が同型ならば同じものとみなすわけですよね．

**教授**：Banach 空間や Hilbert 空間は単なるベクトル空間ではなくてノルムが入っていますから，それも込めて同型と言う必要があります．詳しくいえ

---

[5] $G$ 上の関数 $x \mapsto (\pi(x)u, v)$ をユニタリ表現 $(\pi, H)$ の**行列係数**と呼ぶ．

ば，$G$ の二つの Banach 表現 $(\sigma,E)$, $(\tau,F)$ に対して，複素線形同型写像 $T: E \xrightarrow{\sim} F$ であって，任意の $u \in E$ に対して $|Tu|=|u|$ となるものがあるとき，$G$ の Banach 表現 $(\sigma,E)$, $(\tau,F)$ は**ユニタリ同型**，または**ユニタリ同値**であるといい，$T$ を**ユニタリ同値写像**と呼びます．

学生：有限群の表現論に倣うと，次は部分表現の定義ということになりますが．

教授：そうですね．我々は完備な表現空間のみを考えますから，単なる複素部分空間ではなくて，同時に閉集合となっているもの，即ち閉部分空間を考える必要があります．つまり $(\pi,H)$ を $G$ の Banach 表現としたとき，任意の $x \in G$ に対して $\pi(x)W=W$ なる閉部分空間 $W \subset H$ を考えます．このような $W$ を $G$ の作用で不変な閉部分空間，あるいは $H$ の $G$-閉部分空間と呼びましょう．このとき $\pi(x) \in GL(H)$ を $W$ に制限した写像 $\pi|_W(x) = \pi(x)|_W$ は $GL(W)$ の元を与えて，$(\pi|_W, W)$ は $G$ の Banach 表現となりますので，これを $(\pi,H)$ の**部分表現**と呼ぶわけです．$(\pi,H)$ がユニタリ表現の場合には部分表現 $(\pi|_W, W)$ もユニタリ表現となります．$H$ 全体と $\{0\}$ は $H$ の自明な $G$-閉部分空間ですね．それ以外に $G$-閉部分空間をもたないとき，$(\pi,H)$ は $G$ の**既約**な Banach 表現，あるいは既約なユニタリ表現といいます．

学生：とりあえず表現の定義はできましたが，ここからどのように議論が進むんでしょうか．

教授：有限群の場合を思い出して欲しいんですが，有限群 $G$ 上の和をとるということを何度も利用しました．ところが一般の局所コンパクト群 $G$ は有限群とは限らないから，単純に $G$ 上の和をとることなどできません．そこで $G$ 上での積分を考えるわけです．簡単のために局所コンパクト群 $G$ は可算個のコンパクト集合の和集合であると仮定しておきましょう．このとき $G$ 上の測度 $\mu$ があって，任意の $x \in G$ と任意の可測集合 $A \subset G$ に対して $\mu(xA)=\mu(A)$ となるものが定数倍を除いて唯一存在します．これを $G$ の**左 Haar 測度**と呼びます．

学生：その Haar 測度に関する積分を考えるわけですか．でも積分となると，収束性とかいろいろ神経を使うところがでてきますね．でも有限群の場合には離散位相に関して局所コンパクト群だと思うと，Haar 測度の積分という

のは群上の和と同じものか，その定数倍ですよね．だから一応一般化になっていますね．

**教授**：局所コンパクト群 $G$ 上の左 Haar 測度 $\mu$ を一つ固定しておきます．任意の $g \in G$ に対して，$G$ 上の測度 $A \mapsto \mu(Ag)$ は再び $G$ の左 Haar 測度となりますから，ある正の実数 $\Delta_G(g)$ があって $\mu(Ag) = \Delta_G(g)\mu(A)$ と書けます．$\Delta_G(g)$ は左 Haar 測度の選択には依存せず，$g \mapsto \Delta_G(g)$ は $G$ から乗法群 $\mathbb{R}^\times$ への連続な群の準同型写像であることが示せます．$\Delta_G$ を $G$ のモジュラー関数と呼びます．記号的に書けば $d\mu(xg) = \Delta_G(g) d\mu(x)$ ということです．更に積分公式

$$\int_G \varphi(x^{-1}) d\mu(x) = \int_G \varphi(x) \Delta_G(x)^{-1} d\mu(x)$$

も示せます．記号的に書けば $d\mu(x^{-1}) = \Delta_G(x)^{-1} d\mu(x)$ ですね．

**学生**：$G$ が可換群ならば，$Ag = gA$ だから $G$ のモジュラー関数は恒等的に 1 ですね．

**教授**：可換群以外にもモジュラー関数が恒等的に 1 となる場合があります．例えば $G$ がコンパクト群の場合です．一般にモジュラー関数が恒等的に 1 である局所コンパクト群を**ユニモジュラー群**と呼びます．先ほど話題になった実 Lie 群でユニモジュラーになる場合があるので，少し説明しておきましょう[6]．一般に実 Lie 群 $G$ に対して実 Lie 環 $\mathfrak{g}$ と指数写像 $\exp: \mathfrak{g} \to G$ が定まって，任意の $X \in \mathfrak{g}$ に対して $t \mapsto \exp(tX)$ が加法群 $\mathbb{R}$ から $G$ への実 Lie 群の準同型写像(即ち，実解析的な群の準同型写像)となるようにできます．更に指数写像は $\mathfrak{g}$ の 0 の開近傍と $G$ の単位元の開近傍の間の実解析的同型写像を与えます．また，$G$ の閉部分群は自動的に $G$ の実解析的部分多様体となり，$H$ 自身が実 Lie 群となります．このとき $H$ の Lie 環 $\mathfrak{h}$ は，任意の $t \in \mathbb{R}$ に対して $\exp(tX) \in H$ となる $X \in \mathfrak{g}$ の全体となり，指数写像は $G$ の指数写像を $\mathfrak{h}$ に制限したものになります．実 Lie 群でもう一つ大切なことは，実 Lie 群 $G, H$ に対して，連続な群の準同型写像 $f: G \to H$ は自動的に実解析的写像となり，実 Lie 環の準同型写像 $df: \mathfrak{g} \to \mathfrak{h}$ (即ち，任意の $X, Y \in \mathfrak{g}$ に

---

[6] Lie 群の一般論は [11], [24] などが参考になる．

対して $df[X,Y]=[df(X),df(Y)]$ となる実線形写像)が次の図式が可換となるように定義できるということです；

$$\begin{array}{ccc} \mathfrak{g} & \xrightarrow{df} & \mathfrak{h} \\ \exp \downarrow & & \downarrow \exp \\ G & \xrightarrow{f} & H \end{array}$$

$df$ を $f$ の**微分写像**と呼びます．例えば，$G=GL_n(\mathbb{R})$ の Lie 環 $\mathfrak{g}=\mathfrak{gl}_n(\mathbb{R})$ は実ベクトル空間 $M_n(\mathbb{R})$ を $[X,Y]=XY-YX$ により実 Lie 環としたものであり，指数写像は $\exp X = \sum_{n=0}^{\infty} \dfrac{X^n}{n!}$ です．$X \in M_n(\mathbb{R})$ が 0 に近ければ，$\exp$ の逆写像として $\log(1_n - X) = \sum_{n=1}^{\infty} \dfrac{X^n}{n}$ が収束しますので，指数写像が $\mathfrak{g}=\mathfrak{gl}_n(\mathbb{R})$ の 0 の開近傍から $GL_n(\mathbb{R})$ の単位元の開近傍への実解析的同型写像を与えることがわかるでしょう．ここで $\det \exp X = e^{\operatorname{tr} X}$ ですから，$GL_n(\mathbb{R})$ の閉部分群 $SL_n(\mathbb{R})$ の Lie 環 $\mathfrak{sl}_n(\mathbb{R})$ は，$\operatorname{tr} X = 0$ なる $X \in \mathfrak{gl}_n(\mathbb{R})$ の全体です．また $GL_n(\mathbb{R})$ から乗法群 $\mathbb{R}^\times$ への準同型写像 $g \mapsto \det g$ の微分写像は $X \mapsto \operatorname{tr} X$ となります．さて，一般の実 Lie 群に話をもどして，任意の $Y \in \mathfrak{g}$ に対して $[X,Y]=0$ となる $X \in \mathfrak{g}$ の全体を $Z(\mathfrak{g})$ とし，$\{[X,Y] | X, Y \in \mathfrak{g}\}$ で張られる $\mathfrak{g}$ の部分空間を $[\mathfrak{g},\mathfrak{g}]$ と書くことにします．$Z(\mathfrak{g})$ は $G$ の中心 $Z(G)$ の Lie 環です．このとき次の定理が成り立ちます．

**定理 0.7.2** $\mathfrak{g}=Z(\mathfrak{g})+[\mathfrak{g},\mathfrak{g}]$ ならば，実 Lie 群 $G$ はユニモジュラーである．

実際，連続な群の準同型写像 $\Delta_G : G \to \mathbb{R}^\times$ の微分写像を $\delta_G : \mathfrak{g} \to \mathbb{R}$ とすると，$\delta_G([\mathfrak{g},\mathfrak{g}])=0$ です．一方，任意の $g \in Z(G)$ に対しては $\Delta_G(g)=1$ だから，$\delta_G(Z(\mathfrak{g}))=0$ です．したがって $\delta_G=0$ となり，$G$ の単位元を含む連結成分 $G^0$ 上で $\Delta_G=1$ となります．$G^0$ は $G$ の閉正規部分群で，$G/G^0$ は有限群だから，$G$ 上で $\Delta_G=1$ となります．

**学生**：なるほど．例えば $\mathfrak{g}=\mathfrak{gl}_n(\mathbb{R})$ の場合，$Z(\mathfrak{g})=\{\lambda 1_n | \lambda \in \mathbb{R}\}$ だから $\mathfrak{g} = Z(\mathfrak{g}) \oplus \mathfrak{sl}_n(\mathbb{R})$ となりますね．$[\mathfrak{sl}_n(\mathbb{R}), \mathfrak{sl}_n(\mathbb{R})] = \mathfrak{sl}_n(\mathbb{R})$ ですから，$GL_n(\mathbb{R})$

も $SL_n(\mathbb{R})$ もユニモジュラーになりますね.

**教授**：Lie 群についてもう一つ大切なことを説明しておきましょう. 実 Lie 群 $G$ の Lie 環 $\mathfrak{g}$ の元 $X \in \mathfrak{g}$ は, $G$ 上の $C^\infty$-関数 $\varphi$ に

$$(X \cdot \varphi)(x) = \left. \frac{d}{dt} \varphi(x \cdot \exp tX) \right|_{t=0} \quad (x \in G)$$

により微分作用素として作用します. 定義から直ちにわかるとおり, この微分作用素は $G$ の左作用に対して不変です. 即ち, $g \in G$ に対して $(g \cdot \varphi)(x) = \varphi(g^{-1}x)$ とおくと, $X(g \cdot \varphi) = g \cdot (X\varphi)$ となります. 更に $X, Y \in \mathfrak{g}$ に対して $[X, Y]\varphi = (XY - YX)\varphi$ となることも示せます. このようにして, $G$ の Lie 環を $G$ 上の左不変な微分作用素(あるいは微分幾何学の言葉で言えば, ベクトル場)のなすベクトル空間と見ることもできるわけです.

**学生**：微分を考えるには多様体の構造が必要だから, ここは一般の局所コンパクト群とは明らかに違うところですね.

**教授**：Lie 群にもう少し条件を付けるともっと面白いことが言えます. 実 Lie 環 $\mathfrak{g}$ の元 $X \in \mathfrak{g}$ に対して $\mathfrak{g}$ 上の実線形写像 $\mathrm{ad}(X) \in \mathrm{End}_\mathbb{R}(\mathfrak{g})$ を $\mathrm{ad}(X)Y = [X, Y]$ により定義して, $\mathfrak{g}$ 上の実双線形形式 $B_\mathfrak{g}(X, Y) = \mathrm{tr}(\mathrm{ad}(X) \circ \mathrm{ad}(Y))$ を $\mathfrak{g}$ の **Killing** 形式と呼びます. $\mathfrak{g}$ の Killing 形式が非退化のとき, 即ち任意の $Y \in \mathfrak{g}$ に対して $B_\mathfrak{g}(X, Y) = 0$ となる $X \in \mathfrak{g}$ は $X = 0$ に限るとき, $\mathfrak{g}$ は**半単純**であるといいます. 例えば $SL_n(\mathbb{R})$ の Lie 環 $\mathfrak{sl}_n(\mathbb{R})$ に対しては, $B_\mathfrak{g}(X, Y) = 2(n-1)\mathrm{tr}(XY)$ となって非退化なので $\mathfrak{sl}_n(\mathbb{R})$ は半単純です. 一般に実 Lie 群 $G$ の Lie 環 $\mathfrak{g}$ が半単純ならば, $\mathfrak{g} = [\mathfrak{g}, \mathfrak{g}]$ となるから(問題 0.7.6), $G$ はユニモジュラーとなります. 更に半単純実 Lie 環 $\mathfrak{g}$ の基底 $\{X_1, \cdots, X_r\}$ に対して $B_\mathfrak{g}(X_i, Y_j) = \delta_{ij}$ なる $\mathfrak{g}$ の基底 $\{Y_1, \cdots, Y_r\}$ がとれるから, $G$ 上の微分作用素 $\Omega = \sum_{i=1}^r X_i Y_i$ を考えます. これを $G$ の **Casimir** 作用素と呼びます. $\Omega$ は $\mathfrak{g}$ の基底の選択には依存しません. ここで大切なことは, 任意の $X \in \mathfrak{g}$ に対して $[X, \Omega] = 0$ となることです. もし $G$ が連結ならば, これは $\Omega$ が微分作用素として左不変であると同時に右不変でもあることを意味します. つまり $g \in G$ と $G$ 上の $C^\infty$-関数 $\varphi$ に対して $(\varphi \cdot g)(x) = \varphi(xg^{-1})$ とおくと, $\Omega(\varphi \cdot g) = (\Omega\varphi) \cdot g$ となるということです. このようにして, Lie 環が半単純である Lie 群(つまり半単純 Lie 群)では, 非常に特殊な微分作用

素を利用することができて，そこから面白い微分方程式が現れたりします．
学生：なるほど，半単純 Lie 群で考えると，微分幾何学も関係するし微分方程式も関係するし，そうなると数学のほとんどあらゆる分野が関係することになりそうですね．
教授：そういうことですね．以前に説明しきれないと言ったのはそういうことなのです．さて一般の局所コンパクト群 $G$ にもどって，$G$ の左 Haar 測度 $d_G(x)$ を一つ固定しておいて，$G$ 上の $L^1$-空間 $L^1(G)$ を考えましょう．即ち $L^1(G)$ は $G$ 上の複素数値可測関数 $\varphi$ であって

$$|\varphi|_1 = \int_G |\varphi(x)| d_G(x) < \infty$$

なるもの全体のなす複素ベクトル空間(正確に言えば，それを $|\varphi|_1=0$ なる $\varphi$ のなす部分空間で割った商空間)で，$\varphi \mapsto |\varphi|_1$ をノルムとする複素 Banach 空間になります．更に $\varphi, \psi \in L^1(G)$ に対して

$$\int_G \left( \int_G |\varphi(xy)\psi(y^{-1})| d_G(y) \right) d_G(x) = |\varphi|_1 |\psi|_1 < \infty$$

だから $(\varphi * \psi)(x) = \int_G \varphi(xy)\psi(y^{-1}) d_G(y)$ は殆ど至る所の $x \in G$ に対して絶対収束して $L^1(G)$ の元を定めます．ここで著しいことは $L^1(G)$ は $(\varphi, \psi) \mapsto \varphi * \psi$ を積として $\mathbb{C}$-代数となり，$|\varphi * \psi|_1 \leq |\varphi|_1 |\psi|_1$ が成り立ちます．即ち $L^1(G)$ は複素 Banach 環となります．更に $\varphi \in L^1(G)$ に対して $\varphi^*(x) = \overline{\varphi(x^{-1})} \Delta_G(x^{-1})$ $(x \in G)$ とおくと，$\varphi \mapsto \varphi^*$ は $L^1(G)$ 上の反複素線形写像で

$$(\varphi * \psi)^* = \psi^* * \varphi^*, \quad (\varphi^*)^* = \varphi, \quad |\varphi^*|_1 = |\varphi|_1$$

が成り立ちます．つまり $\varphi \mapsto \varphi^*$ は $L^1(G)$ 上の対合になっています．このような複素 Banach 環を Banach $*$-環と呼びます．
学生：$G$ が有限群の場合には，$G$ の群環 $L(G)$ を考えるのと同じことですね．でも有限群の場合には対合までは考えませんでしたね．
教授：さて $(\pi, H)$ を局所コンパクト群 $G$ のユニタリ表現としましょう．このとき任意の $\varphi \in L^1(G)$ と $u \in H$ に対して

$$\left| \int_G \varphi(x)(\pi(x)u, v) d_G(x) \right| \leq |\varphi|_1 \|u\| \|v\| \qquad (v \in H)$$

だから $v\mapsto \int_G \varphi(x)(\pi(x)u,v)d_G(x)$ は $H$ 上の連続な反複素線形写像である．したがって Riesz の表現定理から

$$(\pi(\varphi)u,v) = \int_G \varphi(x)(\pi(x)u,v)d_G(x) \qquad (v\in H)$$

なる $\pi(\varphi)u\in H$ が唯一定まり，$H$ は $L^1(G)$-加群となります．

**学生**：何か簡単な例を示してください．

**教授**：具体的に Banach 表現やユニタリ表現を構成する際に，次の二つの命題は便利です．ちょっと黒板に書いておきますが

**命題 0.7.3** 複素 Banach 空間 $H$ と群の準同型写像 $\pi\colon G\to GL(H)$ に対して，二条件
  (1) $G$ の単位元を含む開集合 $W$ があって $\sup\limits_{x\in W}|\pi(x)|<\infty$ となり，
  (2) $H$ の稠密な部分集合 $M$ があって，任意の $u\in M$ に対して $G$ から $H$ への写像 $x\mapsto \pi(x)u$ は連続である

が満たされるならば，$(\pi,H)$ は $G$ の Banach 表現である．

**命題 0.7.4** 複素 Hilbert 空間 $H$ と群の準同型写像 $\pi\colon G\to \mathrm{Aut}(H)$ に対して，$H$ の稠密な部分集合 $M$ があって，任意の $u,v\in M$ に対して $G$ から $\mathbb{C}$ への写像 $x\mapsto (\pi(x)u,v)$ が連続ならば，$(\pi,H)$ は $G$ のユニタリ表現である．

証明は難しくないから演習問題にしておきましょう．さて $1\leq p<\infty$ として複素 Banach 空間 $L^p(G)$ を考えます．$x\in G$ と $f\in L^p(G)$ に対して $(x\cdot f)(y)=f(x^{-1}y)$ あるいは $(f\cdot x)(y)=\Delta_G(x)^{1/p}f(yx)$ とおけば，$x\cdot f, f\cdot x\in L^p(G)$ で $|x\cdot f|_p=|f|_p$, $|f\cdot x|_p=|f|_p$ です．$G$ 上の複素数値連続関数で台がコンパクトなもの全体 $C_c(G)$ は $L^p(G)$ の稠密な部分空間となるから，それに上の命題を用います．つまり任意の $\varphi\in C_c(G)$ に対して，$\varphi$ が $G$ 上で一様連続[7]であることから，$x\mapsto x\cdot\varphi$ あるいは $x\mapsto \varphi\cdot x$ が $G$ から $L^p(G)$ への連続写像で

---

[7] 任意の $\varepsilon>0$ に対して $G$ の単位元の近傍 $V$ で $\overline{V}$ がコンパクトかつ $xy^{-1}\in V$ なる任意の $x,y\in G$ に対して $|\varphi(x)-\varphi(y)|<\varepsilon$ となるものが存在する．命題 B.1.1 参照．

あることが示せます．これも演習問題としておきましょう．というわけで次のような例ができます；

**例 0.7.5** $x \in G$ と $f \in L^p(G)$ に対して $\pi_{l,p}(x)f = x \cdot f$, $\pi_{r,p}(x)f = f \cdot x$ とおくと，$(\pi_{l,p}, L^p(G))$, $(\pi_{r,p}, L^p(G))$ は $G$ の Banach 表現である．特に $(\pi_{l,2}, L^2(G))$, $(\pi_{r,2}, L^2(G))$ は $G$ のユニタリ表現となり，これらを $G$ の**左正則表現**，および**右正則表現**と呼ぶ．

学生：$G$ の表現から Banach 環 $L^1(G)$ の表現ができることはわかりましたが，逆に $L^1(G)$-加群から $G$ の表現を作るのはどうするんでしょうか．何か連続性の条件が必要だろうし，そもそも群 $G$ の作用はどう定義されるんでしょうか．

教授：一々もっともな疑問ですが，局所コンパクト群の表現論についてこれ以上詳しい話をしようとすると，いろいろ準備が大変になります．幸い最近，そのような主題で本を出そうと思って書いた原稿がありますから，これを読んでみてください．

学生：有難うございます．

教授：ざっと内容を説明しておきましょう．群の表現論という意味では，第3章と第5章，それから第6章が話の中心です．論理的な構成からみると，第3章までの前半部分と，第4章以下の後半部分に分けることができるでしょう．第3章でコンパクト群の表現論を解説し，第5章で一般の局所コンパクト群の表現論を解説してあります．第6章はそれらの応用です．

　コンパクト群の表現論は有限次元ユニタリ表現を扱う限りでは有限群の場合とほとんど同様に議論を進めることができます．有限でないコンパクト群の場合に最初にぶつかる問題は，コンパクト群の各元を分離するだけの充分に沢山の有限次元既約表現が存在すること(定理 3.1.4)の証明です．そのために複素 Hilbert 空間上のコンパクト作用素を利用しますので，第2章でその一般論を解説しました．そのような一般論を展開するためには，複素 Hilbert 空間 $H$ 上の連続線形写像のなす複素 Banach 環 $\mathcal{L}(H)$ の性質を利用しますので，そのために第1章で複素 Banach 環の基礎を解説してあり

ます．この章は第4章以下でも使う基本的な道具立ての解説です．コンパクト群の表現論は淡中の双対定理(定理 3.3.1)としてまとめることができます．淡中の双対定理は，大雑把に言うと，コンパクト群はその既約ユニタリ表現の様子によって決定される，というものです．本書の前半はこのような構成になっていますので，まず第3章から始めて，必要に応じてさかのぼって読むこともできるでしょう．

後半の第4章以下では，複素 Banach 環の表現論(第4章)と，それの局所コンパクト群の表現論への応用(第5章，第6章)を解説してあります．第5章では局所コンパクト群の表現の一般事項，例えば，局所コンパクト群はその各元を分離するだけの充分に沢山の既約ユニタリ表現を持つ(定理 5.1.7)ことなどを解説します．局所コンパクト群 $G$ の表現論を複素 Banach 環の表現論と効果的に結びつけるために，複素 Banach 環 $L^1(G)$ と同時に，$G$ 上の有界な複素測度のなす複素 Banach 環を利用します．そこで局所コンパクト空間上の複素測度について基本事項を付録 B にまとめておきました．紙数の関係上，詳しい証明を欠くところもありますが，文献を明示してありますので，参考にしてください．

ところでコンパクト群の場合に議論を進める上で重要な事実の一つが，ユニタリ表現の行列係数は常に二乗可積分となるということでした．ところが一般の局所コンパクト群の場合にはもはやそのようなことは成り立たず，行列係数が二乗可積分となる既約ユニタリ表現は特別なクラスをなします．既約ユニタリ表現全体の中でどの程度特別なものか，そもそもそのような既約ユニタリ表現が存在するか，という問題はかなり難しくて本書では扱えませんが，基本的な性質を 5.5 節で示し，一例として $SL_2(\mathbb{R})$ の場合に具体的に構成してみます．

第6章では局所コンパクト群上の帯球関数を扱いますが，それは本書の総まとめみたいな章です．具体的には局所コンパクト群 $G$ とそのコンパクト部分群 $K$ を考えて，$G$ 上の連続関数 $\omega$ で両側 $K$-不変なもの，即ち任意の $k, k' \in K$ に対して $\omega(kxk')=\omega(x)$ となるものを扱います．幾何学的にい

## 0.7 もっと一般化するとどうなるんですか？

うと，例えば $G$ として実直交群 $SO(3, \mathbb{R})$[8]をとると，$SO(3, \mathbb{R})$ は原点中心の球面を原点の周りに回転させるように作用しますが，北極を動かさない回転全体が $SO(2, \mathbb{R})$ と同型な部分群 $K$ をなします．したがって右側 $K$-不変な $G$ 上の関数とは球面上の関数を意味します．更に左側 $K$-不変ということは，球面上の関数が地軸の周りの回転に関して不変であることを意味します．帯球関数という名前の由来はこのようなところにあるのだろうと思います．いずれにしても，局所コンパクト群上の帯球関数による Fourier 変換の理論を解説するのがこの章の目標です．

複素 Banach 環の表現論からみれば，1.6 節の可換 Banach 環の Gelfand 変換と 4.5 節の抽象的 Plancherel の定理の直接的な応用です．特殊な場合として，局所コンパクト加法群上の Fourier 変換の一般論を導くことができて(6.5 節)，そこから Pontryagin の双対定理(定理 6.5.5)が証明されます．非可換な局所コンパクト群については，具体的な例として実 Lie 群 $SL_2(\mathbb{R})$ の場合(6.6 節)と $p$-進 Lie 群 $SL_2(\mathbb{Q}_p)$ の場合(6.7 節)に，その帯球関数を具体的に決定します．

学生：局所コンパクト群上の良い関数を探求する旅，といったところですね．

教授：そうですね．そのために複素 Banach 環の表現と局所コンパクト群の表現を手掛かりにしようというわけです．あれあれ，すっかり日も暮れてしまいましたね．歩いて帰りましょうか．

学生：ご一緒します．

少し歩くと海岸に出た．すぐ脇の道を行きかう車の多さから街の近いことが知れるが，それがなければ全く人里はなれた風情の海岸に打ち寄せる波の音が静かに響く．沖合い遠く，夕日を背に蒼く浮かぶ島影が幻想的である．

学生：ずっと気になっていたんですが，先生の研究室にかけてある赤い富士山の絵，なんか迫力ありますね．

教授：あー，あれは横山操の絵です．うちの奥さんが好きでね，展覧会に連れ

---

[8] ${}^t gg = 1_3$ なる $g \in SL_3(\mathbb{R})$ の全体．

て行ってもらったことがあるんですよ．ショックでしたね．桜島を画いた絵があって，かなり大きな絵なんですけど，圧倒的な迫力なんですよ．ほとんど黒だけで書いてあるんですけどね．それ以来，私も横山が好きになってしまってね．

学生：あれホンモノですか？

教授：そうですよ．

学生：そうですか．僕は絵を見てもあまりピンときたことがなかったんですけど，あの絵は何か迫力を感じちゃうというか，ギクッとしちゃいました．

教授：そうですね，私も学生の頃，ガールフレンドのお父さんが画壇の審査員だったりして，絵を見にいったりしていたんですが，絵を見てもあまりピンとこなくて，一生懸命綺麗なところを探したりしていたことがあるんですよ．でもあるときミレーの「晩鐘」を見て，初めて良い絵とはどういうものかがわかった気がしました．もう一目見た瞬間にわかりました．何も考えなくてもわかったんです．それまでは絵の美しさを探していたんですね．でも美しい絵があるだけだったんです．有名な評論家が言うように「美しい花がある，花の美しさというようなものはない」というわけです．

学生：面白い言い方ですね．それっていろんなことに使えそうな台詞ですね．例えば「力強く生きる人間がいる，生きる力というようなものはない」，だから「生きる力」なぞ学校で教えることなんかできない，とか．

教授：なるほど言えてますね．

学生：これって，何事も具体的に表現されて初めて存在するようになる，と言っているんでしょうか．フランスの哲学者が「実存は本質に優先する」とか言っているのと同じようなことなんでしょうか．

教授：うーん，どうなのかな，それほど大袈裟なことは言っていないと思うけれど，よくわかりませんね．

学生：群とか環とかの表現について説明していただきましたが，それも群とか環とかは表現があって初めて存在するようになる，ということなんでしょうか．

教授：どうでしょうね．$GL_n(\mathbb{R})$ なんかはそれだけで十分存在しているように思えますが．でも別の見方もできるかもしれません．任意の有限群は適当な

対称群 $S_n$ の部分群と同型である，という定理がありますが，群論が始まった頃には，群というのは対称群の部分群のことだったようです．その後，抽象的に群を定義するようになったけれど，それが以前から考えられていた群と同等であることが示されて，抽象的な群も具体的な「存在」として認められたのかもしれません．

学生：それでは，美しい数学がある，数学の美しさというようなものはない，というのはどうですか？

教授：それは言えているかもしれませんね．でも，新潟出身のある作家が美しい花云々の台詞を批判して，それは要するに鑑賞者の台詞に過ぎない，作家の台詞ではないと言っています．だから，あなたの言い方はこれから数学を学ぼうという人間には正しい認識でしょう．でも研究者の台詞ではありません．研究者は美しかろうとなかろうと，ただ自分の疑問に対する答えを追究するだけですから……．

すっかり暗くなり，行きかう車もなく，波の音が響くだけの浜辺の所々に外灯が光を投げかけるなか，一組のカップルがいる．愛を語らうのか，嗚呼，幸福な人々がいる，確かに幸福というようなものはある．

家に帰ると，学生は早速，原稿を読み始めた．

学生：ふーん，Banach 環の元のスペクトラムか……．

**問題 0.7.1** $H$ を複素 Banach 空間として，上で説明した $GL(H)$ を考える．任意の $S, S' \in GL(H)$ に対して $T \mapsto S \circ T \circ S'$ は $GL(H)$ から自分自身への連続写像であることを示せ．

**問題 0.7.2** $(\pi, H)$ を局所コンパクト群 $G$ のユニタリ表現とする．複素 Banach 空間 $H' = \mathcal{L}(H, \mathbb{C})$ (ノルム $|\alpha| = \sup\limits_{0 \neq v \in H} |\alpha(v)|/|v|$ による) 上の $G$ の Banach 表現 $\pi'$ が $\langle v, \pi'(x)\alpha \rangle = \langle \pi(x)^{-1}v, \alpha \rangle$ ($v \in H, \alpha \in H'$) により定義されることを示せ．ただし $\langle v, \alpha \rangle = \alpha(v)$ とおく．$(\pi', H')$ を $(\pi, H)$ の反傾表現と呼ぶ．任意の $\alpha \in H'$ は $\alpha = (*, u)$ ($u \in H$) と書けるから (Riesz の表現定理)，$H'$ は自然に複素 Hilbert 空間となり，$(\pi', H')$ は $G$ のユニタリ表現となる．

**問題 0.7.3**  局所コンパクト群 $G_i(i=1,2)$ のユニタリ表現 $(\pi_i, H_i)$ に対して，直積群 $G_1 \times G_2$ は局所コンパクト群である．テンソル積 $H_1 \widehat{\otimes}_{\mathbb{C}} H_2$ 上の $G_1 \times G_2$ のユニタリ表現 $\pi_1 \boxtimes \pi_2$ が $(\pi_1 \boxtimes \pi_2)(g_1, g_2)(u_1 \otimes u_2) = (\pi_1(g_1)u_1) \otimes (\pi_2(g_2)u_2)$ $(u_i \in H_i)$ により定義されることを示せ．$(\pi_1 \boxtimes \pi_2, H_1 \widehat{\otimes}_{\mathbb{C}} H_2)$ を $(\pi_i, H_i)(i=1,2)$ の**外部テンソル積表現**と呼ぶ(Hilbert 空間のテンソル積については 2.3 節を参照)．

**問題 0.7.4**  局所コンパクト群 $G$ のユニタリ表現 $(\pi_i, H_i)(i=1,2)$ に対して $(\pi_1 \otimes \pi_2)(x) = (\pi_1 \boxtimes \pi_2)(x, x)$ $(x \in G)$ により $G$ の $H_1 \widehat{\otimes}_{\mathbb{C}} H_2$ 上のユニタリ表現 $\pi_1 \otimes \pi_2$ が定義されることを示せ．これを $(\pi_i, H_i)(i=1,2)$ の**テンソル積表現**と呼ぶ．

**問題 0.7.5**  実 Lie 環 $\mathfrak{g}$ の部分空間 $\mathfrak{a}$ が $[\mathfrak{g}, \mathfrak{a}] \subset \mathfrak{a}$ を満たすとき，$\mathfrak{a}$ を $\mathfrak{g}$ の**イデアル**と呼ぶ．このとき $\mathfrak{g}$ の Killing 形式を一般化して，$B_{\mathfrak{a}}(X, Y) = \mathrm{tr}(\mathrm{ad}(X) \circ \mathrm{ad}(Y)|_{\mathfrak{a}})$ $(X, Y \in \mathfrak{g})$ とおくと，任意の $X \in \mathfrak{g}, Y \in \mathfrak{a}$ に対して $B_{\mathfrak{a}}(X, Y) = B_{\mathfrak{g}}(X, Y)$ であることを示せ．

**問題 0.7.6**  半単純実 Lie 環 $\mathfrak{g}$ について，以下を示せ；
(1) $\mathfrak{g}$ のイデアル $\mathfrak{a}$ が $[\mathfrak{a}, \mathfrak{a}] = \{0\}$ ならば $\mathfrak{a} = \{0\}$ である，
(2) $\mathfrak{g}$ のイデアル $\mathfrak{a}$ に対して，$\mathfrak{a}^{\perp} = \{X \in \mathfrak{g} | B_{\mathfrak{g}}(\mathfrak{a}, X) = 0\}$ も $\mathfrak{g}$ のイデアルとなる，
(3) $\mathfrak{g}$ のイデアル $\mathfrak{a} \neq \{0\}$ に対して，$\mathfrak{b} \subset \mathfrak{a}$ なる $\mathfrak{g}$ のイデアルが $\{0\}$ と $\mathfrak{a}$ 自身に限るとき，$\mathfrak{a}$ は $\mathfrak{g}$ の**単純イデアル**であるという．このとき $\mathfrak{g} = \mathfrak{a} \oplus \mathfrak{a}^{\perp}$ である，
(4) $\mathfrak{g}$ はいくつかの単純イデアルの直和である，
(5) $\mathfrak{g} = [\mathfrak{g}, \mathfrak{g}]$ である．

# 第1章

# Banach環の基礎

　この章の目標は本書全体を通して用いられる基本的な道具であるBanach環の元のスペクトラムと可換Banach環のGelfand変換を紹介することである．

　Banach環の元のスペクトラムとは，複素正方行列の固有値に相当する概念である．$n$次複素正方行列の全体$M_n(\mathbb{C})$は行列の加法と乗法に関して$\mathbb{C}$-代数となるが，$\lambda\in\mathbb{C}$が$x\in M_n(\mathbb{C})$の固有値であるとは$x-\lambda\cdot 1_n$が$M_n(\mathbb{C})$の可逆元でないことと定義できる．これと同様のことをBanach環で考えるのである．正方行列の固有値は固有多項式の根として特徴付けられるが，一般のBanach環においてはスペクトラムの存在自体が自明ではない(定理1.3.1)．応用上重要な$C^*$-環の場合には，スペクトラムを利用して$C^*$-環の基本的な性質が示される(1.4節)．可換Banach環を局所コンパクト空間上の連続関数のなす可換Banach環と結びつけるのがGelfand変換である(1.6節)．特に1をもつ可換$C^*$-環の圏はコンパクト空間の圏と圏同値である(定理1.6.6)．Gelfand変換は可換でない$C^*$-環にも活用される．例えば$C^*$-環の自己共役な元で生成された$C^*$-部分環は可換となるので，これにGelfand変換を用いるのが有用である．

## 1.1　Banach環，Banach $*$-環，$C^*$-環

　$\mathbb{C}$-代数$A\supsetneq\{0\}$が同時にノルム$x\mapsto|x|$に関して複素Banach空間であって，任意の$x,y\in A$に対して$|xy|\leq|x||y|$であるとき，$A$を**複素Banach環**と呼ぶ．

$A$ は必ずしも 1 をもつとは限らない．典型的な例として

**例 1.1.1** 0.7 節で見たように，局所コンパクト群 $G$ に対して $L^1(G)$ は畳込み積に関して複素 Banach 環となる．一般に $L^1(G)$ は 1 をもたない．

**例 1.1.2** 複素 Banach 空間 $X$ に対して，$X$ から自分自身への連続複素線形写像の全体 $\mathcal{L}(X)$ は $|T|=\sup_{|x|=1}|Tx|$ をノルムとし，写像の合成を積とする複素 Banach 環である．$X$ の恒等写像が $\mathcal{L}(X)$ の 1 である．

**例 1.1.3** 局所コンパクト空間 $X$ 上の複素数値有界連続関数の全体 $C(X)$ は $|\varphi|=\sup_{x\in X}|\varphi(x)|$ をノルムとして，複素 Banach 環である．$X$ 上の複素数値連続関数で無限遠で 0 となるもの全体 $C_0(X)$ (195 頁参照) は $C(X)$ の複素 Banach 部分環である．$X$ 上で恒等的に 1 になる関数は $C(X)$ の 1 であるが，$X$ がコンパクトでなければ $C_0(X)$ は 1 をもたない．

必ずしも 1 をもたない $\mathbb{C}$-代数 $A$ から $A$ への**反複素線形写像** $x\mapsto x^*$ (即ち，$(x+y)^*=x^*+y^*$ かつ $(\lambda x)^*=\bar{\lambda}x^*$) が $(x^*)^*=x$ かつ $(xy)^*=y^*x^*$ を満たすとき，$A$ を**対合的 $\mathbb{C}$-代数**と呼び，$x\mapsto x^*$ を $A$ 上の**対合**と呼ぶ．複素 Banach 環 $A$ が連続な対合 $x\mapsto x^*$ をもつとき，$A$ を **Banach $*$-環**と呼ぶ．複素 Banach 環 $A$ が対合 $x\mapsto x^*$ をもち $|xx^*|=|x|^2$ を満たすとき，$A$ を $C^*$-**環**と呼ぶ．このとき $|x|^2=|xx^*|\leq|x||x^*|$ より $|x|\leq|x^*|$ であり $x^{**}=x$ だから $|x^*|=|x|$ となる．特に $A$ が $C^*$-環ならば $A$ は Banach $*$-環である．上で与えた典型的な複素 Banach 環はいずれも Banach $*$-環または $C^*$-環となる；

**例 1.1.4** 局所コンパクト群 $G$ に対して $L^1(G)$ は畳込み積に関して複素 Banach 環であって，$\varphi\in L^1(G)$ に対して $\varphi^*(x)=\overline{\varphi(x^{-1})}\Delta_G(x^{-1})\,(x\in G)$ とおくと，$\varphi\mapsto\varphi^*$ を対合とする Banach $*$-環である．

**例 1.1.5** 複素 Hilbert 空間 $X$ に対して，$\mathcal{L}(X)$ は複素 Banach 環であって，$T\in\mathcal{L}(X)$ の共役写像を $T^*\in\mathcal{L}(X)$ とすると，$T\mapsto T^*$ を対合とする $C^*$-環とな

る．実際，$|Tx|^2=|(T^*\circ Tx,x)|\leq|T^*\circ T||x|^2\,(x\in X)$ より $|T|^2\leq|T^*\circ T|\leq|T^*||T|=|T|^2$.

**例 1.1.6** 局所コンパクト空間 $X$ 上の複素数値有界連続関数の全体 $C(X)$ は複素 Banach 環であって，$\varphi\in C(X)$ に対して $\varphi^*(x)=\overline{\varphi(x)}\,(x\in X)$ とおくと，$\varphi\mapsto\varphi^*$ を対合とする $C^*$-環である．このとき $X$ 上の複素数値連続関数で無限遠で $0$ となるもの全体 $C_0(X)$ は $C(X)$ の $C^*$-部分環である．

上の例で見たとおり，応用上重要と思われる多くの Banach 環は 1 をもたないのだが，やはり 1 をもたないような Banach 環は扱いにくいので，1 をもたない Banach 環に無理やり 1 を付け加えて考えることにしよう．

まず複素 Banach 環 $A$ が 1 をもたないとき，複素ベクトル空間 $A_e=A\times\mathbb{C}$ 上の乗法とノルムを

$$(x,\alpha)\cdot(y,\beta)=(xy+\beta x+\alpha y,\alpha\beta),\qquad |(x,\alpha)|=|x|+|\alpha|$$

により定義すると，$A_e$ は $(0,1)$ を 1 とする複素 Banach 環となり，$x\in A$ と $(x,0)\in A_e$ を同一視することにより $A$ は $A_e$ の複素 Banach 部分環となる．複素 Banach 環 $A$ が 1 をもつ場合には記号上 $A_e=A$ とする．

次に $C^*$-環 $A$ が 1 をもたない場合を考えてみよう．このとき $\mathcal{L}(A)$ は $|T|=\sup\limits_{0\neq x\in A}|Tx|/|x|$ をノルムとする複素 Banach 環である．$a\in A$ に対して $T_a\in\mathcal{L}(A)$ を $T_a x=ax\,(x\in A)$ により定義すると

$$|a|=|T_a a^*|/|a^*|\leq|T_a|\leq\sup_{0\neq x\in A}|ax|/|x|\leq|a|$$

より $|T_a|=|a|$ となる．そこで $a\in A$ と $T_a\in\mathcal{L}(A)$ を同一視することにより $A$ を $\mathcal{L}(A)$ の複素 Banach 部分環とみなせば

$$\widetilde{A}=\{a+\lambda\cdot 1\in\mathcal{L}(A)\mid a\in A,\ \lambda\in\mathbb{C}\}$$

は $\mathcal{L}(A)$ の 1 をもつ複素 Banach 部分環となる．更に $\widetilde{A}$ 上の対合を

$$(a+\lambda\cdot 1)^*=a^*+\overline{\lambda}\cdot 1$$

により定義すると，$\widetilde{A}$ は $C^*$-環となる；実際，$T=a+\lambda\cdot 1\in\widetilde{A}\subset\mathcal{L}(A)$ に対して $|Tx|^2=|(Tx)^*Tx|=|x^*T^*Tx|\leq|T^*T||x|^2$ ($x\in A$) だから $|T|^2\leq|T^*T|\leq|T^*||T|=|T|^2$ となり，$|T^*T|=|T|^2$ を得る．言い換えれば，次の命題を得る；

**命題 1.1.7** $C^*$-環 $A$ が 1 をもたないとき，$A_e$ はノルム $|(a,\lambda)|=\sup\limits_{0\neq x\in A}|ax+\lambda x|/|x|$ 及び対合 $(a,\lambda)^*=(a^*,\overline{\lambda})$ に関して $C^*$-環となる．

複素 Banach 環 $A$ が 1 をもつならば，$x\in A$ が $A$ の**可逆元**であるとは，$xy=yx=1$ なる $y\in A$ が存在することをいい，$A$ の可逆元全体 $A^\times$ は乗法に関して群をなし，$A$ の**乗法群**と呼ぶ．ところで一般の複素 Banach 環 $A$ は 1 をもつとは限らないので，その場合に乗法群の代替物を次のように考えよう．まず $x,y\in A$ に対して $x\circ y=x+y-xy$ (即ち，$A_e$ において $(1-x)(1-y)=1-x\circ y$) とおいて，$x\circ y=y\circ x=0$ なる $y\in A$ が存在する $x\in A$ の全体を $U(A)$ とする．即ち，$U(A)$ は $1-x$ が $A_e$ の乗法群 $A_e^\times$ の元となる $x\in A$ の全体であり，$(x,y)\mapsto x\circ y$ を群演算とする群となる．$x\in U(A)$ の逆元を $x^\circ$ と書く．$|x|<1$ なる $x\in A$ に対して $y=-\sum\limits_{n=1}^\infty x^n\in A$ は収束して $x\circ y=y\circ x=0$ となるから

$$\{x\in A \mid |x|<1\}\subset U(A) \tag{1.1}$$

である．特に $U(A)$ は $A$ の開部分集合となるが，更に $A$ からの相対位相に関して位相群となる；実際，$x\mapsto x^\circ$ が連続であることを示せば十分である．$x\in U(A)$ をとって $r=(1+|x^\circ|)^{-1}$ とおく．$|y|<r$ なる $y\in A$ に対して，$u=y-yx^\circ\in A$ とおくと $|u|<1$ だから $u\in U(A)$ となり $x+y=u\circ x\in U(A)$ である．ここで $(x+y)^\circ-x^\circ=u^\circ-u^\circ x^\circ$ に注意すると，$u^\circ=-\sum\limits_{n=1}^\infty u^n$ より

$$|(x+y)^\circ-x^\circ|\leq|u^\circ|(1+|x^\circ|)\leq\frac{|y|}{r(r-|y|)}$$

となり，$x\mapsto x^\circ$ は連続である．

$A$ が 1 をもてば，$x\mapsto 1-x$ は $U(A)$ から $A^\times$ への群の同型写像であり位相同型写像でもある．$A$ が 1 をもたない場合には，位相群の直積 $\mathbb{C}^\times\times U(A)$ から $A_e^\times$ への同様の同型写像が $(\lambda,x)\mapsto\lambda(1-x)$ により与えられる．したがって $A_e^\times$ は $A_e$ の開部分集合であり，相対位相に関して位相群となる．

## I.2 Banach 環の近似的な 1

複素 Banach 環が 1 をもたない場合でも，それに近いものが存在することがある．それを近似的 1 と呼ぶ．

まず言葉の準備をする．集合 $\Lambda$ 上に二項関係 $\leq$ が定義されていて，(1) $\alpha \leq \alpha$, (2) $\alpha \leq \beta$, $\beta \leq \gamma$ ならば $\alpha \leq \gamma$, (3) $\alpha \leq \beta$ かつ $\beta \leq \alpha$ ならば $\alpha = \beta$, (4) 任意の $\alpha, \beta \in \Lambda$ に対して $\alpha \leq \gamma$ かつ $\beta \leq \gamma$ なる $\gamma \in \Lambda$ が存在するとき，組 $(\Lambda, \leq)$ あるいは簡単に $\Lambda$ は有向集合であるという．位相空間 $X$ と有向集合 $\Lambda$ に対して，写像 $\Lambda \to X$, 即ち点列 $\{x_\lambda\}_{\lambda \in \Lambda} \subset X$ を $X$ 上の有向点列と呼ぶ．適当な $\lambda_0 \in \Lambda$ をとれば $\{x_\lambda | \lambda_0 \leq \lambda\} \subset A$ となる $X$ の部分集合 $A$ の全体 $(x_\lambda | \lambda \in \Lambda)$ は $X$ 上のフィルターとなるから (197 頁の脚注参照)，それが収束する $x \in X$ の全体を $\lim_{\lambda \in \Lambda} x_\lambda$ と書く．$X$ が Hausdorff 空間ならば，$\lim_{\lambda \in \Lambda} x_\lambda$ の元は高々一個である．

さて複素 Banach 環 $A$ に対して，$A$ 上の有向点列 $\{u_\lambda\}_{\lambda \in \Lambda}$ であって，任意の $\lambda \in \Lambda$ に対して $|u_\lambda| \leq 1$ かつ任意の $x \in A$ に対して

$$\lim_{\lambda \in \Lambda} u_\lambda x = \lim_{\lambda \in \Lambda} x u_\lambda = x$$

となるものが存在するとき，$A$ は強い意味で近似的 1 をもつといい，$\{u_\lambda\}_{\lambda \in \Lambda}$ を $A$ の強い意味での近似的 1 と呼ぶ．これに対して，任意の $x \in A$ と任意の $\varepsilon > 0$ に対して $|u| \leq 1$, $|ux - x| \leq \varepsilon$ かつ $|xu - x| \leq \varepsilon$ なる $u \in A$ が存在するとき，$A$ は弱い意味で近似的 1 をもつという．次の定理は典型的な一例である；

**定理 1.2.1** 局所コンパクト群 $G$ に対して，複素 Banach 環 $L^1(G)$ は強い意味で近似的 1 をもつ．

［証明］ $G$ の単位元の開基本近傍系 $\mathbb{U}$ を一つとって，$\mathbb{U}$ 上の順序 $U \leq V$ を $U \supset V$ により定義すると $\mathbb{U}$ は有向集合となる．各 $V \in \mathbb{U}$ に対して，$G$ 上の非負実数値連続関数 $u_V$ であって，$x \notin V$ ならば $u_V(x) = 0$ かつ $\int_G u_V(x) dG(x) = 1$ なるものをとる．任意の $f \in L^1(G)$ と $\varepsilon > 0$ をとると，正則表現 $(\pi_{l,1}, L^1(G))$, $(\pi_{r,1}, L^1(G))$ (例 0.7.5 参照) の連続性から，$U \in \mathbb{U}$ を選んで，任意の $y \in U$ に対して $|y \cdot f - f|_1 < \varepsilon$ かつ $|f \cdot y^{-1} - f|_1 < \varepsilon$ とできる．このとき $U \leq V$ なる任意の $V$

$\in \mathbb{U}$ に対して
$$|u_V * f - f|_1 \leq \int_G u_V(y)|y \cdot f - f|_1 dG(y) < \varepsilon,$$
$$|f * u_V - f|_1 \leq \int_G u_V(y)|f \cdot y^{-1} - f|_1 dG(y) < \varepsilon$$
となるから，$\lim_{V \in \mathbb{U}} u_V * f = \lim_{V \in \mathbb{U}} f * u_V = f$ となる．∎

## 1.3 Banach 環のスペクトラム

以下 $A$ を複素 Banach 環とする．$x \in A$ に対して，$x - \lambda \cdot 1 \in A_e^{\times}$ となる $\lambda \in \mathbb{C}$ の全体を $r_A(x)$ と書き，$\mathbb{C}$ における $r_A(x)$ の補集合を $\sigma_A(x)$ と書く．$r_A(x)$，$\sigma_A(x)$ をそれぞれ $x \in A$ の $A$ におけるレゾルベント，スペクトラムと呼ぶ．簡単のために $\sigma_A^{\times}(x) = \sigma_A(x) \cap \mathbb{C}^{\times}$ とおく．

次の定理が基本的である；

**定理 1.3.1** 任意の $x \in A$ に対して $\sigma_A(x)$ は $\{\lambda \in \mathbb{C} | |\lambda| \leq |x|\}$ に含まれる空でないコンパクト集合である．

［証明］ $\mathbb{C}$ から $A_e$ への連続写像 $\lambda \mapsto x - \lambda \cdot 1$ による開部分集合 $A_e^{\times}$ の逆像である $r_A(x)$ は $\mathbb{C}$ の開部分集合である．$|\lambda| > |x|$ なる $\lambda \in \mathbb{C}$ に対して，(1.1) より $\lambda^{-1} x \in U(A)$ だから $\lambda \in r_A(x)$ である．よって $\sigma_A(x)$ は $\{\lambda \in \mathbb{C} | |\lambda| \leq |x|\}$ に含まれる閉部分集合，したがってコンパクトである．$A$ が 1 をもたない場合には $0 \in \sigma_A(x)$ だから，$A$ が 1 をもつと仮定して $\sigma_A(x)$ が空集合でないことを示す．$\lambda \in r_A(x)$ に対して $x_\lambda = (x - \lambda \cdot 1)^{-1} \in A$ とおくと，$\lambda \mapsto x_\lambda$ は $r_A(x)$ から $A$ への連続写像である．ここで $|\lambda| > |x|$ とすると $\lambda \in r_A(x)$ で
$$x_\lambda = \lambda^{-1}(\lambda^{-1}x - 1)^{-1} = \lambda^{-1}\{(\lambda^{-1}x)^\circ - 1\}, \quad (\lambda^{-1}x)^\circ = -\sum_{n=1}^{\infty}(\lambda^{-1}x)^n$$
だから $|x_\lambda| \leq |\lambda|^{-1}\{(1 + |\lambda^{-1}x|/(1 - |\lambda^{-1}x|)\}$ となり，$\lambda \to \infty$ のとき $x_\lambda \to 0$ である．ここで $\sigma_A(x) = \emptyset$ と仮定すると，$1 \in r_A(x)$ だから特に $x_1 \neq 0$，したがって Hahn-Banach の定理から $\varphi(x_1) \neq 0$ なる連続複素線形形式 $\varphi: A \to \mathbb{C}$ が存在する．一方 $x_\lambda - x_\mu = (\lambda - \mu) x_\lambda x_\mu$ $(\lambda, \mu \in r_A(x) = \mathbb{C})$ だから，$f(\lambda) = \varphi(x_\lambda)$ は $\mathbb{C}$ 上の正則関数である．ところが $\lambda \to \infty$ のとき $x_\lambda \to 0$，したがって $f(\lambda) \to 0$ と

なるから，Liouville の定理から $f=0$ となって $f(1)=\varphi(x_1)\neq 0$ に反する． ∎

この定理から直ちに次が言える；

**系 1.3.2**(Gelfand-Mazur)　複素 Banach 環 $A$ が 1 をもち，$|1|=1$ かつ $A^{\times}=\{0\neq x\in A\}$ ならば，$\lambda\mapsto\lambda\cdot 1$ はノルム環の同型 $\mathbb{C}\xrightarrow{\sim} A$ を与える．

[証明]　任意の $x\in A$ に対して，定理 1.3.1 より $\lambda\in\sigma_A(x)$ がとれて $x-\lambda\cdot 1\notin A^{\times}$，即ち，$x=\lambda\cdot 1$ となる．よって $\lambda\mapsto\lambda\cdot 1$ は全射である．他は明らか． ∎

複素 Banach 環 $A$ の元 $x\in A$ に対して $|x|_{\mathrm{sp}}=\sup\{|\lambda||\lambda\in\sigma_A(x)\}$ を $x$ の**スペクトル・ノルム**と呼ぶ．定理 1.3.1 から $|x|_{\mathrm{sp}}\leq|x|$ である．一方，$k<n$ なる正の整数に対して $n=mk+l(l=1,2,\cdots,k,\ m=1,2,\cdots)$ とおくと

$$|x^n|^{1/n}\leq\left\{|x^k|^m|x^l|\right\}^{1/n}=|x^k|^{1/k}\left\{|x^k|^{-l/k}|x^l|\right\}^{1/n}\leq|x^k|^{1/k}\leq|x|$$

となるから $\lim_{n\to\infty}|x^n|^{1/n}\leq|x|$ は収束するが，実は次の定理が成り立つ；

**定理 1.3.3**　複素 Banach 環 $A$ の元 $x\in A$ に対して $|x|_{\mathrm{sp}}=\lim_{n\to\infty}|x^n|^{1/n}$ である．

[証明]　問題 1.3.1 より $|x^n|_{\mathrm{sp}}=|x|_{\mathrm{sp}}^n$ だから $|x|_{\mathrm{sp}}\leq\lim_{n\to\infty}|x^n|^{1/n}$ は明らか．逆の不等式を示すために，$0\neq x\in A$ をとって $D=\{\lambda\in\mathbb{C}||\lambda|\leq|x|_{\mathrm{sp}}^{-1}\}$ とおく ($|x|_{\mathrm{sp}}=0$ のときには $D=\mathbb{C}$ である)．任意の $\lambda\in D$ に対して $\lambda x\in U(A)$ である．そこで任意の $\alpha\in\mathcal{L}(A,\mathbb{C})$ に対して $f_{\alpha}(\lambda)=\alpha((\lambda x)^{\circ})(\lambda\in D)$ とおくと，$f_{\alpha}$ は $D$ 上の正則関数となり(定理 1.3.1 の証明参照)，$f_{\alpha}(0)=0$ である．そこで $f_{\alpha}(\lambda)=\sum_{n>0}a_n\lambda^n\ (\lambda\in D)$ とおく．$|\lambda|<|x|^{-1}\ (\lambda\in D)$ ならば $(\lambda x)^{\circ}=-\sum_{n>0}(\lambda x)^n$ だから $f_{\alpha}(\lambda)=-\sum_{n>0}\alpha(x^n)\lambda^n$ となるから，$a_n=-\alpha(x^n)(n=1,2,\cdots)$ である．よって任意の $\alpha\in\mathcal{L}(A,\mathbb{C})$ と $\lambda\in D$ に対して $\{|\alpha((\lambda x)^n)||n=1,2,\cdots\}$ は有界，したがって Banach-Steinhaus の定理 0.7.1 より，任意の $\lambda\in D$ に対して $\{|(\lambda x)^n||n=1,2,\cdots\}$ は有界となる．よって $\lambda>|x|_{\mathrm{sp}}$ ならば $\lambda^{-1}\in D$, したがって $\lim_{n\to\infty}|x^n|^{1/n}\leq\lambda$ となるから，$\lim_{n\to\infty}|x^n|^{1/n}\leq|x|_{\mathrm{sp}}$ を得る． ∎

**問題 1.3.1** 複素 Banach 環 $A$ と定数項が $0$ の複素係数多項式 $p(t)$ に対して $\sigma_A(p(x))=\{p(\lambda)|\lambda\in\sigma_A(x)\}$ $(x\in A)$ であることを示せ．

## 1.4 $C^*$-環のスペクトラム

$C^*$-環のスペクトラムに関して，次の定理が基本的である；

**定理 1.4.1** $C^*$-環 $A$ の元 $x\in A$ に対して，$x^*=x$ ならば $\sigma_A(x)\subset\mathbb{R}$ かつ $|x|_{\mathrm{sp}}=|x|$ である．

［証明］ $\sigma_A(x)=\sigma_{A_e}(x)$ だから $A$ は $1$ をもつと仮定してよい．$\lambda=a+\sqrt{-1}b$ $\in\sigma_A(x)$ とする．任意の $c\in\mathbb{R}$ に対して，$\lambda+\sqrt{-1}c\in\sigma_A(x+c\sqrt{-1}\cdot 1)$ だから $|\lambda+c\sqrt{-1}|\leq|x+c\sqrt{-1}\cdot 1|_{\mathrm{sp}}\leq|x+c\sqrt{-1}\cdot 1|$ となり

$$|\lambda+c\sqrt{-1}|^2 \leq |x+c\sqrt{-1}\cdot 1|^2 = |(x+c\sqrt{-1}\cdot 1)^*(x+c\sqrt{-1}\cdot 1)|$$
$$= |x^2-c^2\cdot 1| \leq |x|^2+|c|^2$$

したがって $a^2+b^2+2bc\leq|x|^2$ となる．よって $b=0$．一方，$|x^{2^r}|=|x|^{2^r}$ だから，任意の $0<n\in\mathbb{Z}$ に対して $n+m=2^r$ なる $0<m\in\mathbb{Z}$ をとれば

$$|x|^{n+m} = |x^{n+m}| \leq |x^n||x^m| \leq |x^n||x|^m$$

より $|x^n|=|x|^n$ となる．よって定理 1.3.3 より $|x|_{\mathrm{sp}}=|x|$ を得る．∎

$C^*$-環 $A$ において，$0\neq x\in A$ をとって $y=x^*x\in A$ とおくと，$y^*=y\neq 0$ だから $|y|_{\mathrm{sp}}=|y|>0$，したがって $\sigma_A(y)\supsetneq\{0\}$ となる．よって次の系を得る；

**系 1.4.2** $C^*$-環 $A$ に対して $U(A)\subsetneq A$ である．

定理 1.4.1 の別の応用として次の命題を示そう；

**命題 1.4.3** Banach $*$-環 $A$ から $C^*$-環 $B$ への $\mathbb{C}$-代数準同型写像 $T$ で $T(x^*)=T(x)^*$ $(x\in A)$ なるものは連続で，$|T|^2\leq \sup\limits_{0\neq x\in A} |x^*|/|x|$ である．

[証明] 任意の $x\in A$ に対して $\sigma_B(T(x))\subset\sigma_A(x)$ だから，$x^*=x$ とすると定理 1.4.1 より $|T(x)|=|T(x)|_{\mathrm{sp}}\leq|x|_{\mathrm{sp}}\leq|x|$ となる．よって $C=\sup_{0\neq x\in A}|x^*|/|x|$ とおけば任意の $x\in A$ に対して $|T(x)|^2=|T(x^*x)|\leq|x^*x|\leq C\cdot|x|^2$ より $|T(x)|\leq C^{1/2}|x|$ となる．∎

## 1.5 Banach 環の位相的零因子

この節では次の定理を証明する；

**定理 1.5.1** $B\subset A$ を $C^*$-環 $A$ の $C^*$-部分環とすると，任意の $x\in B$ に対して $\sigma_B(x)=\sigma_A(x)$ である．

そのために Banach 環の位相的零因子というものを用いると便利である．複素 Banach 環 $A$ の元 $x\in A$ に対して

$$|x|_l=\inf_{0\neq y\in A}|xy|/|y|,\qquad |x|_r=\inf_{0\neq y\in A}|yx|/|y|$$

とおくと $|x|_l\leq|x|,|x|_r\leq|x|$ で，任意の $x,y\in A$ に対して

$$||x|_l-|y|_l|\leq|x-y|,\qquad ||x|_r-|y|_r|\leq|x-y|$$
$$|x|_l|y|_l\leq|xy|_l\leq|x||y|_l,\qquad |x|_r|y|_r\leq|xy|_r\leq|x|_r|y|$$

である．$|x|_l=0$ (あるいは $|x|_r=0$) なる $x\in A$ の全体を $D_l(A)$ (あるいは $D_r(A)$) と書く．$x\in D_l(A)$ (または $x\in D_r(A)$) とすると $\lim_{n\to\infty}xx_n=0$ (または $\lim_{n\to\infty}x_nx=0$) かつ $|x_n|=1$ なる $x_n\in A$ が存在するから $x$ を**左位相的零因子** (または**右位相的零因子**) と呼ぶ．$D(A)=D_l(A)\cup D_r(A)$ とおく．次の命題が示すように，位相的零因子は $A$ の単数群と密接な関係にある；

**命題 1.5.2** Banach 環 $A$ が 1 をもつとすると
(1) 境界 $\partial(A^\times)=\overline{A^\times}\setminus A^\times$ は $D_l(A)\cap D_r(A)$ に含まれる，
(2) 更に $A$ が $C^*$-環ならば $A=A^\times\cup D(A)$ かつ $A^\times\cap D(A)=\emptyset$ である．

[証明] (1) $z\in\partial(A^\times)$ とすると，$\lim_{n\to\infty}x_n=z$ なる $x_n\in A^\times$ があり，$x_ny_n=$

$y_n x_n = 1$ なる $y_n \in A$ がある．ここで $\lim_{n\to\infty} |y_n| < \infty$ とすると，
$$\lim_{n\to\infty} |1-y_n z| \leq \lim_{n\to\infty} |y_n||x_n-z| = 0, \qquad \lim_{n\to\infty} |1-zy_n| = 0$$
より十分大きな $n$ に対して $|1-y_n z|<1, |1-zy_n|<1$ となるから $y_n z, zy_n \in A^\times$，したがって $z \in A^\times$ となって矛盾する．よって $\lim_{n\to\infty} |y_n| = \infty$ である．よって
$$|x_n|_l \leq |x_n y_n|/|y_n| = |y_n|^{-1}, \qquad |x_n|_r \leq |y_n x_n|/|y_n| = |y_n|^{-1}$$
より $|z|_l = \lim_{n\to\infty} |x_n|_l = 0, |z|_r = \lim_{n\to\infty} |x_n|_r = 0$ となり $z \in D_l(A) \cap D_r(A)$ である．
(2) $x \in A^\times$ とすると $xy=yx=1$ なる $y \in A$ が存在するから
$$1 = |yx|_l \leq |y||x|_l, \qquad 1 = |xy|_r \leq |x|_r |y|$$
となり $x \notin D(A)$ である．逆に $x^* = x$ なる $x \in A$ に対して $x \notin A^\times$ とすると，定理 1.4.1 より $\sigma_A(x) \subset \mathbb{R}$ だから $n^{-1}\sqrt{-1} \notin \sigma_A(x) (0<n\in\mathbb{Z})$，よって $x_n = x - n^{-1}\sqrt{-1}\cdot 1 \in A^\times$ で $\lim_{n\to\infty} x_n = x$ だから $x \in \partial(A^\times) \subset D_l(A) \cap D_r(A)$．一般に $x \in A \setminus A^\times$ とすると，$xx^* \notin A^\times$ または $x^*x \notin A^\times$ だから $xx^*$ または $x^*x$ が $D_l(A) \cap D_r(A)$ に含まれる．よって $x \in D_r(A)$ または $x \in D_l(A)$ である． ∎

**系 1.5.3** $C^*$-環 $A$ が 1 をもち，$C^*$-部分環 $B \subset A$ が $A$ の 1 を含むならば，$B^\times = B \cap A^\times$ である．

［証明］ $x \in B$ に対して，$x \notin B^\times$ ならば $x \in D(B) \subset D(A)$ だから $x \notin A^\times$． ∎

最後に冒頭で述べた定理 1.5.1 を証明しよう．$B$ は $C^*$-環 $A$ の $C^*$-部分環とする．$\lambda \in \mathbb{C}$ に対して，$\lambda \notin \sigma_B(x)$ とすると $x - \lambda\cdot 1 \in B_e^\times \subset A_e^\times$ だから $\lambda \notin \sigma_A(x)$．逆に $\lambda \notin \sigma_A(x)$ とすると $x - \lambda\cdot 1 \in B_e \cap A_e^\times = B_e^\times$ だから $\lambda \notin \sigma_B(x)$ となる．

## 1.6 可換 Banach 環と Gelfand 変換

いよいよ可換 Banach 環の Gelfand 変換について説明しよう．Gelfand 変換は本書全体を通じて最も基本的な方法である．それは可換 $C^*$-環を特徴付けるばかりではなく，局所コンパクト可換群の場合に適用すれば，その上の

## 1.6 可換 Banach 環と Gelfand 変換

Fourier 変換に対応するものであり，更に一般の Banach $*$-環や一般の局所コンパクト群の表現論においても重要な働きをするのである．

まず，$\mathbb{C}$-代数 $A \supsetneq \{0\}$ の複素部分空間 $\mathfrak{a} \subset A$ が $A$ のイデアルであるとは，任意の $x, y \in A$ に対して $x\mathfrak{a}y \subset \mathfrak{a}$ が成り立つことをいう．$A$ のイデアル $\mathfrak{a} \subsetneq A$ に対して $A/\mathfrak{a}$ は自然に $\mathbb{C}$-代数となる．ここで更に $\mathbb{C}$-代数 $A/\mathfrak{a}$ が 1 をもつとき，$\mathfrak{a}$ を $A$ の正則イデアルと呼ぶ．$\mathfrak{a}$ が $A$ の正則イデアルならば $\mathfrak{a} \subset \mathfrak{b}$ なる $A$ のイデアル $\mathfrak{b} \subsetneq A$ は全て正則イデアルとなる．よって Zorn の補題から，$A$ の正則イデアル $\mathfrak{a} \subsetneq A$ に対して $\mathfrak{a} \subset \mathfrak{m}$ なる $A$ の極大正則イデアル $\mathfrak{m} \subsetneq A$ が存在する．$A$ の極大正則イデアル全体を $\mathrm{Max}(A)$ と書くことにする．

ここで複素 Banach 環に関して次の事実に注意しよう；

**命題 1.6.1** 複素 Banach 環 $A$ において
(1) $\mathfrak{a} \subsetneq A$ が正則イデアルならば $\overline{\mathfrak{a}} \subsetneq A$ である，したがって特に $A$ の極大正則イデアルは $A$ の閉部分集合である，
(2) $\mathbb{C}$-代数の準同型写像 $\alpha: A \to \mathbb{C}$ に対して $\sup_{0 \neq x \in A} |\alpha(x)|/|x| \leq 1$ である．

［証明］ (1) 任意の $x \in A$ に対して $xu - x \in \mathfrak{a}$ かつ $ux - x \in \mathfrak{a}$ なる $u \in A$ の全体を $X \neq \emptyset$ とする．$X \cap U(A) \neq \emptyset$ とすると $v \circ u = 0$ なる $u \in X$, $v \in A$ が存在するが，これは $u = vu - v \in \mathfrak{a}$ を意味し，したがって $\mathfrak{a} = A$ を意味するから $X \cap U(A) = \emptyset$ である．$u \in X$ とすると $u + \mathfrak{a} \subset X$ で，$U(A)$ は開部分集合だから $u + \overline{\mathfrak{a}} \cap U(A) = \emptyset$ となり，$\overline{\mathfrak{a}} \subsetneq A$ を得る．

(2) 複素線形形式 $\alpha: A \to \mathbb{C}$ が連続でないとすると，$n = 1, 2, \cdots$ に対して $\alpha(a_n) \in \mathbb{R}$ かつ $\alpha(a_n) \geq n \cdot |a_n| > 0$ なる $a_n \in A$ が存在する．そこで $x_n = \alpha(a_n)^{-1} a_n \in A$ とおくと，$|x_n| \leq n^{-1}$ かつ $\alpha(x_n) = 1$．ここで $\lim_{n \to \infty} x_n = 0 \in U(A)$ で，$U(A)$ は $A$ の開部分集合だから，十分大きな $n$ に対して $x_n \in U(A)$ となる．よって $x_n + x_n^\circ = x_n x_n^\circ$ より $1 + \alpha(x_n^\circ) = \alpha(x_n^\circ)$ となり矛盾する．よって複素線形形式 $\alpha$ は連続である．ここで $|\alpha(a)| > |a|$ なる $a \in A$ が存在したと仮定する．適当な定数倍をとれば $0 < \alpha(a) \in \mathbb{R}$ としてよい．$x = \alpha(a)^{-1} a$ とおくと，$\alpha(x) = 1$．一方 $|x| < 1$ だから $x \in U(A)$ となり $x + x^\circ = xx^\circ$ となるが，これは $1 + \alpha(x^\circ) = \alpha(x^\circ)$ を意味するから矛盾．∎

さて複素 Banach 環 $A$ に対して, $\mathbb{C}$-代数の全射準同型写像 $\alpha: A \to \mathbb{C}$ 全体を $\Delta(A)$ とおく. 命題 1.6.1 より $\Delta(A)$ の元は全て連続であり, $\alpha \mapsto \mathrm{Ker}\,\alpha$ は $\Delta(A)$ から $\mathrm{Max}(A)$ への単射を与える. 更に $A$ が可換ならば, 上の命題と系 1.3.2 より, この対応は全単射となる. 一般に $\Delta(A)$ が空集合でないという保証はないが, 次の例が典型的である;

**例 1.6.2** $G$ を局所コンパクト群とすると, $L^1(G)$ は複素 Banach $*$-環である (29 頁参照). $\alpha(f) = \int_G f(x) d_G(x)\,(f \in L^1(G))$ とおくと $\alpha \in \Delta(L^1(G))$ である. 更に $\alpha(f^*) = \overline{\alpha(f)}\,(f \in L^1(G),\ f^*(x) = \overline{f(x^{-1})}\Delta_G(x^{-1}))$ である.

さて $\Delta(A)$ に, 任意の $x \in A$ に対して $\alpha \mapsto \alpha(x)$ が連続となる最弱の位相を与えよう. すると

**命題 1.6.3** $\Delta(A)$ は局所コンパクト Hausdorff 空間である. $A$ が 1 をもてば $\Delta(A)$ はコンパクト Hausdorff 空間となる. $A$ が高々可算個の元からなる強い意味での近似的 1 をもてば, $\Delta(A)$ は高々可算個のコンパクト集合の和集合である.

[証明] $\mathbb{C}$-代数の準同型写像 $\alpha: A \to \mathbb{C}$ 全体の集合を $\Delta_0(A)$ として, 任意の $x \in A$ に対して $\alpha \mapsto \alpha(x)$ が連続となる最弱の位相を与える. $a \in A$ に対して $D_a = \{\lambda \in \mathbb{C} \mid |\lambda| \leq |a|\}$ とおくと, 命題 1.6.1 から, $\alpha \in \Delta_0(A)$ と $(\alpha(a))_{a \in A} \in \prod_{a \in A} D_a$ を同一視することにより, $\Delta_0(A)$ は直積位相空間 $\prod_{a \in A} D_a$ の部分空間と同一視される. 更に $\Delta_0(A)$ は $\prod_{a \in A} D_a$ の閉部分集合であることもわかる. Tikhonov の定理から直積空間 $\prod_{a \in A} D_a$ はコンパクトだから $\Delta_0(A)$ もコンパクトであり, $\Delta(A) = \Delta_0(A) \setminus \{0\}$ は局所コンパクト空間である. $A$ が 1 をもつ場合, $\alpha \in \Delta_0(A)$ に対して $\alpha(1) = 0, 1$ だから $\Delta(A) = \{\alpha \in \Delta_0(A) \mid \alpha(1) = 1\}$ である. よって $\Delta(A)$ は $\Delta_0(A)$ の閉部分空間となりコンパクト空間となる. $\{u_n\}_{n=1,2,\cdots}$ を $A$ が高々可算個の元からなる強い意味での近似的 1 とすると, 任意の $\alpha \in \Delta(A)$ に対して, $\alpha(a) \neq 0$ なる $a \in A$ があるから, $\lim_{n \to \infty} u_n a = a$ より $\lim_{n \to \infty} \alpha(u_n a) = \alpha(a)$, したがって $\lim_{n \to \infty} \alpha(u_n) = 1$ である. よって $\Delta(A)$ はコンパクト集合

## 1.6 可換 Banach 環と Gelfand 変換

$$\{\alpha \in \Delta_0(A) \mid |\alpha(u_n)-1| \leq 1/n\} \qquad (n=2,3,\cdots)$$

の和集合である． ∎

局所コンパクト Hausdorff 空間 $\Delta(A)$ 上の無限遠で 0 なる複素数値連続関数全体 $C_0(\Delta(A))$ は可換な $C^*$-環である(例 1.1.6)．ここで $a \in A$ に対して $\Delta(A)$ 上の複素数値関数 $\hat{a}$ を $\hat{a}(\alpha) = \alpha(a)$ により定義すると $\hat{a} \in C_0(\Delta(A))$ である；実際，$\hat{a}$ が $\Delta(A)$ 上の連続関数となることは $\Delta(A)$ の位相の定義から明らか．一方，任意の $\varepsilon > 0$ に対して，命題 1.6.3 の証明の記号を用いれば

$$\{\alpha \in \Delta(A) \mid |\hat{a}(\alpha)| \geq \varepsilon\} = \{\alpha \in \Delta_0(A) \mid |\alpha(a)| \geq \varepsilon\}$$

はコンパクトとなる．そこで $\hat{a} \in C_0(\Delta(A))$ を $a \in A$ の **Gelfand 変換** と呼ぶ．複素 Banach 環が可換な場合には，Gelfand 変換と $A$ のスペクトラムとは次のように関係している；

**命題 1.6.4** 可換複素 Banach 環 $A$ に対して $\Delta(A) \neq \emptyset$ ならば

(1) $U(A)$ は $\hat{a}$ が $\Delta(A)$ 上で値 1 をとらないような $a \in A$ の全体である，

(2) 任意の $a \in A$ に対して $\{0 \neq \lambda \in \sigma_A(x)\} \subset \hat{a}(\Delta(A)) \subset \sigma_A(a)$，

(3) $A$ が 1 をもつならば，任意の $a \in A$ に対して $\sigma_A(a) = \hat{a}(\Delta(A))$．

［証明］ (1) $a \in U(A)$ に対して $\hat{a}(\alpha) = 1 (\alpha \in \Delta(A))$ とすると，$\mathfrak{m} = \mathrm{Ker}\,\alpha \in \mathrm{Max}(A)$ で，$\dot{a} \in A/\mathfrak{m}$ が 1 である．ところが $a = aa^\circ - a^\circ \in \mathfrak{m}$ となるから $\mathfrak{m} = A$ となり矛盾する．逆に $a \in A \setminus U(A)$ とすると，$\mathfrak{a} = \{ax - x \mid x \in A\}$ は $A$ の正則イデアルとなり ($\dot{a} \in A/\mathfrak{a}$ が 1)，$\mathfrak{a} \subset \mathfrak{m}$ なる $\mathfrak{m} \in \mathrm{Max}(A)$ をとる．系 1.3.2 から，$\lambda \mapsto \lambda \dot{a}$ は複素 Banach 環の同型 $\mathbb{C} \xrightarrow{\sim} A/\mathfrak{m}$ を与える．その逆写像と自然写像 $A \to A/\mathfrak{m}$ の合成写像を $\alpha: A \to \mathbb{C}$ とおくと，$\alpha \in \Delta(A)$ で $\hat{a}(\alpha) = 1$ となる．

(2) $0 \neq \lambda \in \mathbb{C}$ に対して $\lambda \in \sigma_A(a)$ は $\lambda^{-1}a \notin U(A)$ と同値で，それは(1)より $\lambda^{-1}\hat{a}(\alpha) = 1$ なる $\alpha \in \Delta(A)$ が存在することと同値である．$A$ が 1 をもたなければ $0 \in \sigma_A(a)$ である．$A$ が 1 をもつばあい，$\hat{a}(\alpha) = 0$ なる $\alpha \in \Delta(A)$ が存在すれば，$\mathfrak{m} = \mathrm{Ker}\,\alpha \in \mathrm{Max}(A)$ に対して $a \in \mathfrak{m}$，よって $a \notin A^\times$ だから $0 \in \sigma_A(a)$ である．

(3) $0\in\sigma_A(a)$ とすると $a\notin A^\times$ だから $a\in\mathfrak{m}$ なる $\mathfrak{m}\in\mathrm{Max}(A)$ が存在する．よって $\mathrm{Ker}\,\alpha=\mathfrak{m}$ なる $\alpha\in\Delta(A)$ をとれば $\hat{a}(\alpha)=0$ となる．■

**系 1.6.5** 可換複素 Banach 環 $A$ に対して，$\Delta(A)\neq\varnothing$ である必要十分条件は $|a|_{\mathrm{sp}}>0$ なる $a\in A$ が存在することであり，これは $U(A)\subsetneqq A$ と同値である．このとき任意の $a\in A$ に対して $|\hat{a}|=|a|_{\mathrm{sp}}$ である．

［証明］ $|a|_{\mathrm{sp}}>0$ なる $a\in A$ に対して $0\neq\lambda\in\sigma_A(a)$ がとれて $a-\lambda\cdot 1\notin A_e^\times$，即ち，$\lambda^{-1}a\notin U(A)$ である．$U(A)\subsetneqq A$ ならば，$1-a\notin A_e^\times$ なる $a\in A$ がとれるから $A_e$ の極大イデアル $\mathfrak{m}$ で $1-a\in\mathfrak{m}$ なるものが存在する．このとき自然な写像 $A\to A_e/\mathfrak{m}$ は全射となり，$\mathfrak{m}\cap A\in\mathrm{Max}(A)$ となる．$\Delta(A)\neq\varnothing$ ならば，命題 1.6.4 より任意の $a\in A$ に対して $|\hat{a}|=|a|_{\mathrm{sp}}$ となる．$\alpha\in\Delta(A)$ に対して $\alpha(a)\neq 0$ なる $a\in A$ があるから，$|a|_{\mathrm{sp}}\geq|\alpha(a)|>0$ となる．■

Gelfand 変換を用いて，可換 $C^*$-環が次のように特徴付けられる；

**定理 1.6.6** $A$ が可換な $C^*$-環ならば，$\Delta(A)\neq\varnothing$ で，$a\mapsto\hat{a}$ は $C^*$-環の同型 $A\stackrel{\sim}{\to}C_0(\Delta(A))$ を与える．

［証明］ 系 1.4.2 と系 1.6.5 より $\Delta(A)\neq\varnothing$ である．$a^*=a$ なる $a\in A$ に対して，定理 1.4.1 より $\hat{a}(\Delta(A))\subset\sigma_A(a)\subset\mathbb{R}$ だから $\hat{a}^*=\hat{a}$ である．一般の $a\in A$ に対して $x=(a+a^*)/2, y=(a-a^*)/(2\sqrt{-1})$ とおくと，$x^*=x, y^*=y$ かつ $a=x+\sqrt{-1}y$ となる．よって $\hat{a}^*=\hat{x}-\sqrt{-1}\hat{y}=\widehat{a^*}$ となる．また $z=a^*a$ とおくと $z^*=z$ だから $|\hat{z}|=|z|_{\mathrm{sp}}=|z|$，よって $\hat{z}=\widehat{a^*}\hat{a}$ より $|a|^2=|a^*a|=|\widehat{a^*}\hat{a}|=|\hat{a}|^2$ となり，$|\hat{a}|=|a|$ を得る．よって $\mathbb{C}$-代数の準同型写像 $a\mapsto\hat{a}$ は $A$ から $\hat{A}=\{\hat{a}|a\in A\}$ への複素ノルム環の同型写像を与える．特に $\hat{A}$ は $C_0(\Delta(A))$ の閉部分環である．一方，Stone-Weierstrass の定理 B.1.4 より $\hat{A}$ は $C_0(\Delta(A))$ の稠密な部分代数となるから $\hat{A}=C_0(\Delta(A))$ となる．■

**注意 1.6.7** 定理 1.6.6 の証明で Stone-Weierstrass の定理を用いる部分に注目すると，$A$ が可換 Banach $*$-環で $\mathrm{Max}(A)\neq\varnothing$ かつ，その Gelfand 変換 $A\to C_0(\Delta(A))$ に関して，任意の $a\in A$ に対して $\widehat{a^*}=\overline{\hat{a}}$ であるならば，Gelfand 変換の像 $\hat{A}=\{\hat{a}|a\in A\}$

は $C_0(\Delta(A))$ の稠密な部分環となる.

定理 1.6.6 の応用を一つ述べておく.$\mathcal{L}$ を $C^*$-環として,$a^*a=aa^*$ なる $a\in\mathcal{L}$ をとる.$\mathcal{L}$ が 1 をもつか否かにより二通りの場合を考える;

(I) $\mathcal{L}$ が 1 をもつとき.$A=\overline{\{F(a,a^*)|F\in\mathbb{C}[X,Y]\}}\subset\mathcal{L}$ とおくと,$A$ は可換な $C^*$-部分環で $1\in\mathcal{L}$ を含む.定理 1.5.1 より $\sigma_\mathcal{L}(a)=\sigma_A(a)$ である.$\Delta(A)$ はコンパクトで,Gelfand 変換 $x\mapsto\hat{x}$ により $C^*$-環の同型 $A\xrightarrow{\sim}C(\Delta(A))$ が与えられる.任意の連続関数 $f\in C(\sigma_\mathcal{L}(a))$ に対して,$f\circ\hat{a}\in C(\Delta(A))$ だから $\widehat{f(a)}=f\circ\hat{a}$ なる $f(a)\in A\subset\mathcal{L}$ が定まる.命題 1.6.4 より $\sigma_A(a)=\hat{a}(\Delta(A))$ だから $|f(a)|=|\widehat{f(a)}|=|f|$ である.また

$$\sigma_\mathcal{L}(f(a))=\sigma_A(f(a))=\widehat{f(a)}(\Delta(A))=f(\sigma_A(a))=f(\sigma_\mathcal{L}(a))$$

である.更に $f^*(a),f(a)^*\in A$ で $\widehat{f^*(a)}=\overline{f}\circ\hat{a}=\overline{\widehat{f(a)}}=\widehat{f(a)^*}$ だから $f^*(a)=f(a)^*$ となる.即ち,$f\mapsto f(a)$ は $C(\sigma_\mathcal{L}(a))$ から $A$ の中への $C^*$-環の同型写像である.

(II) $\mathcal{L}$ が 1 をもたないとき.$A=\overline{\{F(a,a^*)|F\in\mathbb{C}[X,Y],F(0,0)=0\}}\subset\mathcal{L}$ とおくと,$A$ は可換な $C^*$-部分環である.定理 1.5.1 より $\sigma_\mathcal{L}(a)=\sigma_A(a)$ であり,Gelfand 変換 $x\mapsto\hat{x}$ により $C^*$-環の同型 $A\xrightarrow{\sim}C_0(\Delta(A))$ が与えられる.$0\in\sigma_A(a)$ だから $C(\sigma_\mathcal{L}(a);0)=\{f\in C(\sigma_\mathcal{L}(a))|f(0)=0\}$ とおくと,$C(\sigma_\mathcal{L}(a);0)$ は可換 $C^*$-環 $C(\sigma_\mathcal{L}(a))$ の $C^*$-部分環である.任意の連続関数 $f\in C(\sigma_\mathcal{L}(a);0)$ に対して $f\circ\hat{a}\in C_0(\Delta(A))$ となる.実際,任意の $\varepsilon>0$ に対して $\delta>0$ があって $|t|<\delta$ ならば $|f(t)|<\varepsilon$ となるから

$$\{\alpha\in\Delta(A)\mid|f\circ\hat{a}(\alpha)|\geq\varepsilon\}\subset\{\alpha\in\Delta(A)\mid|\hat{a}(\alpha)|\geq\delta\}$$

はコンパクトである.よって $\widehat{f(a)}=f\circ\hat{a}$ なる $f(a)\in A\subset\mathcal{L}$ が定まる.命題 1.6.4 より $\sigma_A^\times(a)\subset\hat{a}(\Delta(A))\subset\sigma_A(a)$ だから $|f(a)|=|\widehat{f(a)}|=|f|$ である.また $f(0)=0$ に注意すると

$$\sigma_\mathcal{L}^\times(f(a))=\sigma_A^\times(f(a))=\widehat{f(a)}(\Delta(A))\cap\mathbb{C}^\times=f(\sigma_A^\times(a))=f(\sigma_\mathcal{L}^\times(a))$$

だから $\sigma_\mathcal{L}(f(a))=f(\sigma_\mathcal{L}(a))$ である.更に $f^*(a)=f(a)^*$ である.即ち,$f\mapsto$

$f(a)$ は $C(\sigma_{\mathcal{L}}(a);0)$ から $A$ の中への $C^*$-環の同型写像である．

そこで $a^*=a$ かつ $\sigma_{\mathcal{L}}(a)\subset\mathbb{R}_{\geq 0}=\{0\leq r\in\mathbb{R}\}$ なる $a\in\mathcal{L}$ を $C^*$-環 $\mathcal{L}$ の**正元**と呼ぶ．$\mathcal{L}$ の正元の全体を $\mathcal{L}^+$ と書く．$\mathcal{L}$ が可換のとき，局所コンパクト空間 $X$ に対して $\mathcal{L}=C_0(X)$ とおけば，$f\in C_0(X)$ が正元であることは $f$ が $X$ 上の非負実数値関数であることと同値である．

**定理 1.6.8** $C^*$-環 $\mathcal{L}$ に対して
(1) $h^*=h$ なる $h\in\mathcal{L}$ に対して $h^2\in\mathcal{L}^+$，
(2) $a\in\mathcal{L}^+$ に対して $h^*=h$ かつ $a=h^2$ なる $h\in\mathcal{L}^+$ であって，$ax=xa$ なる任意の $x\in\mathcal{L}$ に対して $hx=xh$ となるものが存在する．

［証明］ (1) $h^*=h$ より $\sigma_A(y)\subset\mathbb{R}$ で $\sigma_A(h^2)=\{\lambda^2|\lambda\in\sigma_A(h)\}\subset\mathbb{R}_{\geq 0}$．
(2) $f(\lambda)=\sqrt{\lambda}$ に対して上に示したように $h=f(a)\in\mathcal{L}$ とおくと，$h^*=h$ かつ $h^2=a$ となり，更に $\sigma_{\mathcal{L}}(h)=f(\sigma_{\mathcal{L}}(x))\subset\mathbb{R}_{\geq 0}$ だから $h\in\mathcal{L}^+$ である．$h=f(a)$ は $\{F(a)|F\in\mathbb{C}[X]\}$ または $\{F(a)|F\in\mathbb{C}[X],F(0)=0\}$ の $\mathcal{L}$ における閉包に含まれるから，$ax=xa$ なる $x\in\mathcal{L}$ に対して $hx=xh$ となる．∎

**問題 1.6.1** $\mathbb{C}$-代数 $A$ は 1 をもたないとする．$A$ の正則イデアル全体を $\mathfrak{R}$ とし，$A_e$ のイデアルで $A$ に含まれないもの全体を $\mathfrak{J}$ とすると，$\mathfrak{a}\mapsto\mathfrak{a}\cap A$ は $\mathfrak{J}$ から $\mathfrak{R}$ への全単射であることを示せ．

**問題 1.6.2** 位相空間 $X$ 上の複素数値連続関数全体のなす可換 $\mathbb{C}$-代数を $C(X)$ として，$\mathbb{C}$-部分代数 $A\subset C(X)$ を一つとったとき，次を示せ；
(1) 部分集合 $M\subset X$ に対して，$f(M)=0$ なる $f\in A$ の全体 $\mathrm{rad}_A(M)$ は $A$ のイデアルとなる．任意の $f\in\mathrm{rad}_A(M)$ に対して $f(x)=0$ となる $x\in X$ の全体を $\widetilde{M}$ とおくと，(i) $\widetilde{\varnothing}=\varnothing$, (ii) $M\subset\widetilde{M}$, (iii) $\widetilde{M\cup N}=\widetilde{M}\cup\widetilde{N}$, (iv) $\widetilde{\widetilde{M}}=\widetilde{M}$ が成り立つ．$\widetilde{M}=M$ となる部分集合 $M\subset X$ を閉集合とする $X$ 上の位相を $X$ の $A$-**位相**と呼ぼう．$X$ の $A$-位相は $X$ の元来の位相より弱い．
(2) $X$ 上の $A$-位相が $X$ 上の元来の位相と一致するための必要十分条件は，$X$ の元来の位相に関する任意の開集合 $V$ 及び任意の $p\in V$ に対して，$f(p)=1, f(V^c)=0$ なる $f\in A$ が存在することである．

**問題 1.6.3** 1 をもつ $C^*$-環 $A$ に対して，次を示せ；
(1) $x^*=x$ かつ $|x-1|\leq 1$ なる $x\in A$ は $A$ の正元である，
(2) $x\in A^+$ かつ $|x|\leq 1$ ならば $|x-1|\leq 1$ である，
(3) $x\in A$ が $A$ の正元となる必要十分条件は $x^*=x$ かつ $|x-|x|\cdot 1|\leq 1$ となることである．

**問題 1.6.4** $C^*$-環 $A$ に対して，$A^+$ は $A$ の閉部分集合で，$A^+ + A^+ \subset A^+$ かつ $A^+ \cap (-A^+) = \{0\}$ であることを示せ．

**問題 1.6.5** $C^*$-環 $A, B$ に対して，$\mathbb{C}$-代数の準同型写像 $T: A \to B$ が $T(x^*)=T(x)^*$ ($x\in A$) かつ単射ならば，任意の $x\in A$ に対して $|T(x)|=|x|$ であることを示せ．

# 第2章

# コンパクト作用素

複素 Banach 空間 $X$ 上の連続複素線形写像 $T: X \to X$ を扱うときに、像 $\mathrm{Im}\, T$ が大きいと制御しにくくなるだろう。この章では $\mathrm{Im}\, T$ の大きさを制限したときに得られる $T$ の性質を考える。表題のコンパクト作用素というのは、$X$ の任意の有界集合の像がコンパクト集合に含まれる場合である。$X$ が複素 Hilbert 空間の場合には、$X$ の完全正規直交系 $\{e_\lambda\}_{\lambda \in \Lambda}$ に対して $\{|Te_\lambda|\}_{\lambda \in \Lambda}$ の増大度に従って Hilbert-Schmidt 作用素、あるいはトレース族作用素が定義される。特に Hilbert-Schmidt 作用素は、像が有限次元である作用素に近い(命題 2.3.3)し、複素 Hilbert 空間のテンソル積とも密接に関係している。その起源はある種の積分方程式にある(命題 2.3.4, 問題 2.3.2)。

以下、簡単のために定数 $\lambda \in \mathbb{C}$ に対して複素ベクトル空間上の $\lambda$-倍写像を $\lambda$ と書くことにする。

## 2.1 Hilbert 空間上の有界作用素のなす $C^*$-環

複素 Hilbert 空間 $X$ に対して $\mathcal{L}(X)$ は $C^*$-環となるから(例 1.1.5 参照)、第1章で展開した一般論を適用してみよう。まず

**命題 2.1.1** $T \in \mathcal{L}(X)$ が正元となる必要十分条件は、$T^* = T$ かつ任意の $u \in X$ に対して $(Tu, u) \geq 0$ となることである。

［証明］ $T \in \mathcal{L}(X)^+$ とすると、定理 1.6.8 より $T = S^2$ かつ $S^* = S$ なる $S \in$

## 2.1 Hilbert 空間上の有界作用素のなす $C^*$-環

$\mathcal{L}(X)$ が存在するから,任意の $u \in X$ に対して $(Tu,u)=|Su|^2 \geq 0$ である.逆に $T^*=T$ かつ任意の $u \in X$ に対して $(Tu,u) \geq 0$ とする.$\sigma_{\mathcal{L}(X)}(T) \subset \mathbb{R}$ だから(定理 1.4.1), $f^+(\lambda)=\mathrm{Max}\{\lambda,0\}$, $f^-(\lambda)=-\mathrm{Min}\{\lambda,0\}$ とおいて $T^{\pm}=f^{\pm}(T) \in \mathcal{L}(X)$ とおくと, $\sigma_{\mathcal{L}(X)}(T^{\pm})=f^{\pm}(\sigma_{\mathcal{L}(X)}(T)) \subset \mathbb{R}_{\geq 0}$ だから $T^{\pm} \in \mathcal{L}(X)^+$ であり,$f^+(\lambda)-f^-(\lambda)=\lambda$, $f^+ \cdot f^-=0$ より $T=T^+-T^-$, $T^+ \circ T^- = T^- \circ T^+ = 0$ である.よって任意の $u \in X$ に対して

$$0 \leq (T \circ T^- u, T^- u) = -((T^-)^3 u, u).$$

一方,$(T^-)^3 \in \mathcal{L}(X)^+$ だから $((T^-)^3 u, u) \geq 0$. よって $((T^-)^3 u, u)=0$ となる.よって $T^-=0$ となり $T=T^+ \in \mathcal{L}(X)^+$ を得る. ∎

そこで $X,Y$ を複素 Hilbert 空間とする.$U \in \mathcal{L}(X,Y)$ が**部分的等長写像**であるとは,任意の $x \in (\mathrm{Ker}\,U)^\perp$ に対して $|Ux|=|x|$ となることをいう.このとき $\mathrm{Im}\,U$ は $Y$ の閉部分空間となり,$U$ は $(\mathrm{Ker}\,U)^\perp = \overline{\mathrm{Im}\,U^*}$ から $\mathrm{Im}\,U = (\mathrm{Ker}\,U^*)^\perp$ への複素 Hilbert 空間の同型写像を与える.次の四命題は同値である;

(1) $U \in \mathcal{L}(X,Y)$ は部分的等長写像,
(2) $U^* \in \mathcal{L}(Y,X)$ は部分的等長写像,
(3) $U^* \circ U$ は $X$ から $(\mathrm{Ker}\,U)^\perp$ への直交射影,
(4) $U \circ U^*$ は $Y$ から $(\mathrm{Ker}\,U^*)^\perp$ への直交射影.

さて,$T \in \mathcal{L}(X,Y)$ に対して,$T=U \circ S$ が $T$ の**極分解**であるとは

(1) $S \in \mathcal{L}(X)^+$ で $T^* \circ T = S^2$ かつ,$T^* \circ T$ と可換な $Q \in \mathcal{L}(X)$ は全て $S$ と可換である,
(2) $U \in \mathcal{L}(X,Y)$ は部分的等長写像で $\mathrm{Ker}\,U = \mathrm{Ker}\,T$ かつ $\mathrm{Im}\,U = \overline{\mathrm{Im}\,T}$

なることをいう.このとき $|Sx|=|Tx|\,(x \in X)$ だから $\mathrm{Ker}\,S = \mathrm{Ker}\,T$, よって $\overline{\mathrm{Im}\,S} = (\mathrm{Ker}\,T)^\perp$ である.また,$U^* \circ U$ は $X$ から $(\mathrm{Ker}\,U)^\perp = \overline{\mathrm{Im}\,S}$ への直交射影となるから,$S = U^* \circ T$ である.

**定理 2.1.2** 複素 Hilbert 空間 $X,Y$ に対して,任意の $T \in \mathcal{L}(X,Y)$ は極分解をもつ.

[証明] $T^*\circ T\in\mathcal{L}(X)^+$ だから定理 1.6.8 より，$T^*\circ T=S^2$ なる $S\in\mathcal{L}(X)^+$ であって，$T^*\circ T$ と可換な任意の $Q\in\mathcal{L}(X)$ が $S$ と可換となるものが存在する．このとき任意の $x\in X$ に対して $|Sx|=|Tx|$ だから $\operatorname{Ker} S=\operatorname{Ker} T$，よって $\overline{\operatorname{Im} S}=(\operatorname{Ker} T)^\perp$ である．また，$\overline{\operatorname{Im} S}$ から $\overline{\operatorname{Im} T}$ の上への複素 Hilbert 空間としての同型写像 $U'$ があって，$T=U'\circ S$ とできる．そこで $U\in\mathcal{L}(X,Y)$ を $U|_{\overline{\operatorname{Im} S}}=U'$，$U|_{(\operatorname{Im} S)^\perp}=0$ により定義すると，$U$ は部分的等長写像で $T=U\circ S$ かつ $\operatorname{Ker} U=(\operatorname{Im} S)^\perp=\operatorname{Ker} T$，$\operatorname{Im} U=\overline{\operatorname{Im} T}$ となる．∎

以下，複素 Hilbert 空間 $X$ を固定して，$T\in\mathcal{L}(X)$ のスペクトラムの性質を調べておく．まず

**命題 2.1.3** $T^*\circ T=T\circ T^*$ なる $T\in\mathcal{L}(X)$ に対して
$$\sigma_{\mathcal{L}(X)}(T)=\left\{\lambda\in\mathbb{C}\,\Big|\,\inf_{0\neq x\in X}|(T-\lambda)x|/|x|=0\right\}.$$

[証明] $\lambda\in r_{\mathcal{L}(X)}(T)$ とすると，$S\circ(T-\lambda)=(T-\lambda)\circ S=1$ なる $S\in\mathcal{L}(X)$ が存在するから，任意の $x\in X$ に対して $|x|=|S\circ(T-\lambda)x|\leq |S||(T-\lambda)x|$．よって $\inf_{0\neq x\in X}|(T-\lambda)x|/|x|\geq|S|^{-1}>0$ となる．逆に $\lambda\in\mathbb{C}$ に対して $\inf_{0\neq x\in X}|(T-\lambda)x|/|x|=c>0$ とすると，$c\cdot|x|\leq|(T-\lambda)x|$ $(x\in X)$ だから，$\operatorname{Im}(T-\lambda)$ は $X$ の閉部分空間であり，$\operatorname{Ker}(T-\lambda)=\{0\}$ である．一方，$T^*\circ T=T\circ T^*$ より $|(T-\lambda)^*x|^2=|(T-\lambda)x|^2$ $(x\in X)$ だから $\operatorname{Im}(T-\lambda)=(\operatorname{Ker}(T-\lambda)^*)^\perp=X$．よって開写像定理 A.2.1 より $T-\lambda\in\mathcal{L}(X)^\times$ となり，$\lambda\in r_{\mathcal{L}(X)}(T)$ である．∎

ここで $T^*=T$ なる $T\in\mathcal{L}(X)$ に対して
$$|T|=\sup_{0\neq x\in X}|(Tx,x)|/|x|^2 \tag{2.1}$$
に注意する．実際，$|(Tx,x)|\leq|T||x|^2$ より $\sup_{0\neq x\in X}|(Tx,x)|/|x|^2=r\leq|T|$ である．任意の $x\in X$ と $0\neq\lambda\in\mathbb{R}$ に対して $y=\lambda^{-1}T(x)\in X$ とおくと

$$|Tx|^2 = |(T(\lambda x), y)| = |(Ty, \lambda x)|$$
$$\leq \{|(T(\lambda x+y), \lambda x+y)| + |(T(\lambda x-y), \lambda x-y)|\}/4$$
$$\leq r \cdot (|\lambda x+y|^2 + |\lambda x-y|^2)/4 = r \cdot (|\lambda x|^2 + |\lambda^{-1}T(x)|^2)/2.$$

ここで $T(x) \neq 0$ のとき $\lambda = (|Tx|/|x|)^{1/2}$ とおくと $|Tx| \leq r \cdot |x|$ を得るから, $|T| \leq r$ となる. ∎

**命題 2.1.4** $T^* = T$ なる $T \in \mathcal{L}(X)$ に対して
$$m = \inf_{0 \neq x \in X} (Tx, x)/|x|^2, \qquad M = \sup_{0 \neq x \in X} (Tx, x)/|x|^2$$
とおくと, $\{m, M\} \subset \sigma_{\mathcal{L}(X)}(T) \subset \{\lambda \in \mathbb{R} | m \leq \lambda \leq M\}$ である.

［証明］ $T^* = T$ だから $\sigma_{\mathcal{L}(X)}(T) \subset \mathbb{R}$ である (定理 1.4.1). そこで $M < \lambda \in \mathbb{R}$ とすると, 任意の $0 \neq x \in X$ に対して
$$-((T-\lambda)x, x) = -(Tx, x) + \lambda |x|^2 \geq (\lambda - M)|x|^2$$
より $\lambda - M \leq |((T-\lambda)x, x)|/|x|^2 \leq |(T-\lambda)x|/|x|$ となるから, 命題 2.1.3 より $\lambda \in r_{\mathcal{L}(X)}(T)$. 同様に $m > \lambda \in \mathbb{R}$ ならば $\lambda \in r_{\mathcal{L}(X)}(T)$ となる. よって $\sigma_{\mathcal{L}(X)}(T) \subset [m, M]$ である. ここで $\gamma > \mathrm{Max}\{|m|, |M|\}$ なる $\gamma$ を一つ固定しておく. (2.1) より $|T+\gamma| = M + \gamma$, $|T-\gamma| = \gamma - m$ である. そこで $|x_n| = 1$ かつ $(Tx_n, x_n) \to M$ $(n \to \infty)$ なる点列 $x_n \in X$ に対して
$$|(T-M)x_n|^2 = |(T+\gamma)x_n - (M+\gamma)x_n|^2$$
$$\leq 2(M+\gamma)^2 - 2(M+\gamma)((Tx_n, x_n) + \gamma)$$
より $\lim_{n \to \infty} |(T-M)x_n| = 0$. よって命題 2.1.3 より $M \in \sigma_{\mathcal{L}(X)}(T)$ となる. 同様に $m \in \sigma_{\mathcal{L}(X)}(T)$. ∎

ここから直ちに

**系 2.1.5** $T^* = T \neq 0$ なる $T \in \mathcal{L}(X)$ に対して, $|\lambda| = |T|$ なる $\lambda \in \sigma_{\mathcal{L}(X)}(T)$ が存在する.

[証明] 命題 2.1.4 と (2.1) より $m=\inf_{0\neq x\in X}(Tx,x)/|x|$, $M=\sup_{0\neq x\in X}(Tx,x)/|x|$ とおくと $m,M\in\sigma_{\mathcal{L}(X)}(T)$ かつ $|T|=\mathrm{Max}\{|m|,|M|\}$. ∎

## 2.2 Banach 空間上のコンパクト作用素

複素 Banach 空間 $X,Y$ に対して $T\in\mathcal{L}(X,Y)$ がコンパクト作用素であるとは，任意の有界部分集合 $M\subset X$ に対して $\overline{T(M)}\subset Y$ がコンパクト部分集合となることをいう．コンパクト作用素 $T\in\mathcal{L}(X,Y)$ 全体を $\mathcal{C}(X,Y)$ と書くことにする．

**定理 2.2.1** $\mathcal{C}(X,Y)$ は $\mathcal{L}(X,Y)$ の閉部分空間である．

[証明] $b\in Y$ と $0<r\in\mathbb{R}$ に対して，$|b-y|<r$ なる $y\in Y$ の全体を $U_Y(b,r)$ と書く．$T\in\overline{\mathcal{C}(X,Y)}$ として，$M\subset X$ を有界部分集合とする．$\lim_{n\to\infty}T_n=T$ なる $T_n\in\mathcal{C}(X,Y)$ をとると，任意の $\varepsilon>0$ に対して番号 $n$ を十分大きくとれば $M$ 上で $|Tx-T_nx|<\varepsilon$ $(x\in M)$ となるようにできる．ここで $\overline{T_n(M)}$ はコンパクトだから $T_n(M)\subset\bigcup_{i=1}^{m}U_Y(T_nx_i,\varepsilon)$ $(x_i\in M)$ とできる．よって $T(M)\subset\bigcup_{i=1}^{m}U_Y(Tx_i,3\varepsilon)$ となり，$\overline{T(M)}$ は全有界である．よって $\overline{T(M)}$ は全有界かつ完備だからコンパクトである．∎

$X'=\mathcal{L}(X,\mathbb{C})$ は $|\alpha|=\sup_{0\neq x\in X}|\alpha(x)|/|x|$ をノルムとする複素 Banach 空間となり，$T\in\mathcal{L}(X,Y)$ に対して $T^*\in\mathcal{L}(Y',X')$ が $T^*\beta=\beta\circ T$ により定義される (問題 A.2.3)．このとき

**定理 2.2.2** $T\in\mathcal{L}(X,Y)$ がコンパクト作用素ならば $T^*\in\mathcal{L}(Y',X')$ もコンパクトである．

[証明] 任意の有界な列 $\{\beta_n\}\subset Y'$ に対して $\alpha_n=T^*\beta_n\in X'$ が収束することを示せばよい．まず $n=1,2,\cdots$ に対して $\overline{T(\{x\in X\,|\,|x|<n\})}$ はコンパクトだから $T(\{x\in X\,|\,|x|<n\})$ は可分である．よって $T(X)$ は可分，即ち，稠密な可算部分集合 $M\subset T(X)$ がある．任意の $y\in M$ に対して $\{\beta_n(y)\}\subset\mathbb{C}$ は有界で $M$ は可算集合だから，適当な部分列をとれば，任意の $y\in\overline{T(X)}$ に対して

2.2 Banach 空間上のコンパクト作用素    59

$\{\beta_n(y)\} \subset \mathbb{C}$ は収束するとしてよい．そこで $\beta(y) = \lim_{n \to \infty} \beta_n(y)$ $(y \in \overline{T(X)})$ とおくと，$\beta \in \mathcal{L}(\overline{T(X)}, \mathbb{C})$ である (問題 A.2.4). そこで $\alpha = \beta \circ T \in X'$ とおけば $\lim_{n \to \infty} \alpha_n = \alpha$ である．実際，$n = 1, 2, \cdots$ に対して $|x_n| = 1$ かつ $|(\alpha - \alpha_n)x_n| \geq 2^{-1}|\alpha - \alpha_n|$ なる $x_n \in X$ がとれる．$T$ はコンパクト作用素だから，$Tx_n \in Y$ は $y \in \overline{T(X)}$ に収束するとしてよい．任意の $\varepsilon > 0$ に対して $n$ を十分大きくとれば $|y - Tx_n| < \varepsilon$ かつ $|\beta(y) - \beta_n(y)| < \varepsilon$ とできて

$$|(\alpha - \alpha_n)x_n| \leq |\beta(Tx_n - y)| + |\beta(y) - \beta_n(y)| + |\beta_n(y - Tx_n)|$$
$$\leq (|\beta| + 1 + |\beta_n|)\varepsilon$$

を得る．よって $n \to \infty$ のとき $|(\alpha - \alpha_n)x_n| \to 0$，よって $|\alpha - \alpha_n| \to 0$ となる．∎

以下，$X$ を複素 Banach 空間，$T \in \mathcal{L}(X)$ をコンパクト作用素とする．まず大切なことは

**定理 2.2.3** 任意の $0 \neq \lambda \in \mathbb{C}$ に対して
(1) $\mathrm{Ker}(T - \lambda)$ は有限次元複素ベクトル空間である，
(2) $\mathrm{Im}(T - \lambda)$ は $X$ の閉部分空間である．

[証明] (1) $\dim_{\mathbb{C}} \mathrm{Ker}(T - \lambda) = \infty$ とすると，問題 A.2.1 より $\mathbb{C}$ 上 1 次独立な $\{x_1, x_2, \cdots\} \subset \mathrm{Ker}(T - \lambda)$ で $|x_n| = 1$ かつ

$$\inf\{|x_{n+1} - y| \mid y \in \langle x_1, \cdots, x_n \rangle_{\mathbb{C}}\} \geq 1/2$$

となるものがとれる．$\{x_n\} \subset X$ は有界で $T$ はコンパクトだから $\{Tx_n\}$ は収束する部分列を含む．よって $\{x_n\}$ は収束する部分列を含む．ところが任意の $m, n$ に対して $|x_m - x_n| \geq 1/2$ だから矛盾する．

(2) $y \in \overline{\mathrm{Im}(T - \lambda)}$ に収束する点列 $y_n = (T - \lambda)x_n$ $(x_n \in X)$ をとる．任意の $x \in X$ に対して $r(x) = \inf\{|x - z| \mid z \in \mathrm{Ker}(T - \lambda)\}$ は $x \in X$ の連続関数である．ここで $\{r(x_n)\}$ は有界である．実際，有界でないと仮定すると，$x'_n = x_n / r(x_n)$ とおいて $r(x'_n) = 1$. よって $|x'_n - z_n| \leq 2$ なる $z_n \in \mathrm{Ker}(T - \lambda)$ がある．$T$ はコンパクトだから $\{T(x'_n - z_n)\}$ は収束するとしてよい．ここで $\lim_{n \to \infty} (T - \lambda)(x'_n - z_n) = \lim_{n \to \infty} y_n / r(x_n) = 0$ で $\lambda \neq 0$ だから $x'_n - z_n$ はある $w \in \mathrm{Ker}(T - \lambda)$ に収束する．

ところが
$$r(w) = \lim_{n\to\infty} r(x'_n - z_n) = \lim_{n\to\infty} r(x'_n) = 1$$
となり矛盾する．そこで $C = \sup_n r(x_n) < \infty$ とおくと，$|x_n - z_n| \leq C+1$ なる $z_n \in \mathrm{Ker}(T-\lambda)$ が存在する．よって $\{x_n\}$ は有界であるとしてよい．$T$ はコンパクトだから $\{T(x_n)\}$ は収束するとしてよい．よって $x_n = \lambda^{-1}(Tx_n - y_n)$ はある $x \in X$ に収束する．よって $y = (T-\lambda)x$ となる．∎

コンパクト作用素 $T \in \mathcal{L}(X)$ のスペクトラムを調べよう．まず

**補題 2.2.4** 任意の $0 \neq \lambda \in \mathbb{C}$ に対して，十分大きな $n$ をとれば $\mathrm{Ker}(T-\lambda)^n = \mathrm{Ker}(T-\lambda)^{n+1}$ である．

［証明］ 任意の $n=1,2,\cdots$ に対して $\mathrm{Ker}(T-\lambda)^n \subsetneq \mathrm{Ker}(T-\lambda)^{n+1}$ と仮定する．問題 A.2.1 より $\inf\{|x_n - x| \mid x \in \mathrm{Ker}(T-\lambda)^n\} \geq 1/2$ かつ $|x_n| = 1$ なる $x_n \in \mathrm{Ker}(T-\lambda)^{n+1}$ が存在する．$n > m$ のとき $(T-\lambda)x_n - Tx_m \in \mathrm{Ker}(T-\lambda)^n$ だから $|Tx_n - Tx_m| = |\lambda||x_n + \lambda^{-1}((T-\lambda)x_n - Tx_m)| \geq 1/2$ である．一方，$\{x_n\}$ は有界で $T$ はコンパクトだから，$\{Tx_n\}$ は収束する部分列を含むことになり，矛盾する．∎

**定理 2.2.5** $0 \neq \lambda \in \mathbb{C}$ に対して $\mathrm{Ker}(T-\lambda) = 0$ と $\mathrm{Im}(T-\lambda) = X$ は同値である．特に $\sigma^\times_{\mathcal{L}(X)}(T) = \{0 \neq \lambda \in \mathbb{C} \mid \mathrm{Ker}(T-\lambda) \neq 0\}$ である．

［証明］ $\mathrm{Im}(T-\lambda) = X$ と仮定する．$0 \neq x \in \mathrm{Ker}(T-\lambda)$ があったとすると，$x_0 = x$, $(T-\lambda)x_{n+1} = x_n$ なる点列 $\{x_n\} \subset X$ がとれる．このとき
$$(T-\lambda)^n x_n = x \neq 0, \quad (T-\lambda)^{n+1} x_n = (T-\lambda)x = 0$$
だから $\mathrm{Ker}(T-\lambda)^n \subsetneq \mathrm{Ker}(T-\lambda)^{n+1}$ となり，補題 2.2.4 に反する．よって $\mathrm{Ker}(T-\lambda) = 0$ である．逆に $\mathrm{Ker}(T-\lambda) = 0$ と仮定する．$T^* \in \mathcal{L}(X')$ は再びコンパクト作用素となるから (定理 2.2.2)，$\mathrm{Im}(T^* - \overline{\lambda})$ は $X$ の閉部分空間である (定理 2.2.3)．よって $\mathrm{Im}(T^* - \overline{\lambda}) = \mathrm{Ker}(T-\lambda)^\perp = X'$ (問題 A.2.3)．よって上に示したように $\mathrm{Ker}(T^* - \overline{\lambda}) = 0$ となり $\mathrm{Im}(T-\lambda) = X$ を得る．$0 \neq \lambda \in \mathbb{C}$ に関して，

$\lambda\notin\sigma_{\mathcal{L}(X)}(T)$ ならば $\mathrm{Ker}(T-\lambda)=0$ である．逆に $\mathrm{Ker}(T-\lambda)=0$ ならば，上に示したように $T-\lambda$ は全単射となる．よって開写像定理 A.2.1 により $\lambda\notin\sigma_{\mathcal{L}(X)}(T)$ となる．∎

更に

**命題 2.2.6** 任意の $\varepsilon>0$ に対して $\{\lambda\in\sigma_{\mathcal{L}(X)}(T)||\lambda|>\varepsilon\}$ は有限集合である．

［証明］ 主張が成り立たないとすると，ある $\varepsilon>0$ に対して無限部分集合 $\{\lambda_n\}_{n=1,2,\cdots}\subset\mathbb{C}$ があって，$|\lambda_n|>\varepsilon$ かつ $Tx_n=\lambda_n x_n$ なる $0\neq x_n\in X$ が存在する．ここで $\{x_n\}_{n=1,2,\cdots}$ は $\mathbb{C}$ 上１次独立だから，$\{x_1,x_2,\cdots,x_n\}$ が $\mathbb{C}$ 上で張る部分空間を $X_n\subset X$ とおくと，$X_n$ は $X$ の閉部分空間であり $X_n\lneqq X_{n+1}$ となる．問題 A.2.1 より $|y_n|=1$ かつ $\inf\{|y_n-y||y\in X_{n-1}\}\geq 1/2$ なる $y_n\in X_n$ がとれる．任意の $n>m$ に対して，$Ty_m\in X_m\subset X_{n-1}$ であり $y_n=c_1 x_1+\cdots+c_n x_n$ ($c_i\in\mathbb{C}$) とおくと

$$Ty_n-\lambda_n y_n = c_1(\lambda_1-\lambda_n)x_1+\cdots+c_{n-1}(\lambda_{n-1}-\lambda_n)x_{n-1} \in X_{n-1}$$

となるから $|Ty_n-Ty_m|=|\lambda_n||y_n-\lambda_n^{-1}(\lambda_n y_n-Ty_n+Ty_m)|\geq 1/2$ となる．一方，$\{y_n\}\subset X$ は有界で $T$ はコンパクトだから，$\{Ty_n\}$ は収束する部分列をもち，矛盾する．∎

## 2.3 Hilbert 空間上のコンパクト作用素

$X$ を複素 Hilbert 空間として，$T\in\mathcal{L}(X)$ は $T^*=T\neq 0$ なるコンパクト作用素として，これまでの議論を適用してみよう．まず系 2.1.5 より $|\lambda_1|=|T|$ なる $\lambda_1\in\sigma_{\mathcal{L}(X)}^{\times}(T)$ が存在する．よって定理 2.2.5 より $Tx_1=\lambda_1 x_1$ かつ $|x_1|=1$ なる $x_1\in(\mathrm{Ker}\,T)^\perp$ がとれる．そこで

$$\{\lambda_1,\cdots,\lambda_{n-1}\}\subset\sigma_{\mathcal{L}(X)}^{\times}(T),\qquad \{x_1,\cdots,x_{n-1}\}\subset(\mathrm{Ker}\,T)^\perp$$

が次の二条件を満たすようにとれたとする；

(1) 任意の $1<k<n$ に対して $x_k\in X_k=\langle x_1,\cdots,x_{k-1}\rangle_{\mathbb{C}}^\perp$,

(2) 任意の $1\leq k<n$ に対して $Tx_k=\lambda_k x_k$ かつ $|\lambda_k|=|T|_{X_k}$.
$X_n=\langle x_1,\cdots,x_{n-1}\rangle_{\mathbb{C}}^{\perp}$ とおくと，$S_n=T|_{X_n}\in\mathcal{L}(X_n)$ は $S_n^*=S_n$ なるコンパクト作用素だから，$S_n\neq 0$ のとき，即ち，$\operatorname{Ker}T\subsetneqq X_n$ のとき

$$Tx_n=\lambda_n x_n, \qquad |x_n|=1, \qquad |\lambda_n|=|T|_{X_n}|$$

なる $x_n\in X_n$, $\lambda_n\in\sigma_{\mathcal{L}(X)}^{\times}(T)$ がとれる．このようにして $\{x_1,x_2,\cdots\}$, $\{\lambda_1,\lambda_2,\cdots\}$ をとれば $|\lambda_1|\geq|\lambda_2|\geq\cdots$ で，任意の $n>m$ に対して

$$|Tx_n-Tx_m|^2=|\lambda_n x_n-\lambda_m x_m|^2=\lambda_n^2+\lambda_m^2>|\lambda_n|^2\geq|\lambda_{n+1}|^2\geq\cdots.$$

ここで $\{x_n\}\subset X$ は有界で $T$ はコンパクトだから $\{Tx_n\}$ は収束する部分列をもつ．よって $\{\lambda_n\}$ が無限集合ならば $\lim_{n\to\infty}\lambda_n=0$ となる．一方，任意の $x\in X$ に対して $y_n=x-\sum_{k=1}^{n-1}(x,x_k)x_k\in X_n$ である．$\sharp\{\lambda_n\}=N-1<\infty$ のとき，$T|_{X_N}=0$ だから

$$0=Ty_N=Tx-\sum_{k=1}^{N-1}\lambda_k(x,x_k)x_k=Tx-\sum_{k=1}^{N-1}(Tx,x_k)x_k.$$

$\sharp\{\lambda_n\}=\infty$ のとき，$|Ty_n|\leq|T|_{X_n}||y_n|\leq|\lambda_n||x|\to 0(n\to\infty)$ だから

$$Tx=\sum_{n=1}^{\infty}\lambda_n(x,x_n)x_n=\sum_{n=1}^{\infty}(Tx,x_n)x_n$$

となる．よって $x\in X$ に対して，任意の $n$ に対して $(x,x_n)=0$ ならば $Tx=0$ となり，$\{x_n\}$ は $(\operatorname{Ker}T)^{\perp}$ の完全正規直交系である．また任意の $x\in\operatorname{Ker}(T-\lambda)$ ($\lambda\in\mathbb{C}^{\times}$)に対して，$\lambda(x,x_n)=(Tx,x_n)=(x,Tx_n)=\lambda_n(x,x_n)$ だから，$\lambda_n\neq\lambda$ とすると $(x,x_n)=0$. よって $\lambda x=Tx=\sum_{n\geq 1}\lambda_n(x,x_n)x_n=\lambda\sum_{\lambda_n=\lambda}(x,x_n)x_n$ となる．以上の議論をまとめて，次の定理を得る；

**定理 2.3.1** $T\in\mathcal{L}(X)$ がコンパクトかつ $T^*=T\neq 0$ ならば，$(\operatorname{Ker}T)^{\perp}\subset X$ の完全正規直交系 $\{x_n\}_{n=1,2,\cdots}$ で次の二条件を満たすものが存在する；

(1) $Tx_n=\lambda_n x_n (0\neq\lambda_n\in\mathbb{R})$ かつ $|\lambda_1|\geq|\lambda_2|\geq\cdots\geq|\lambda_n|>0$,

(2) $\{\lambda_n\}$ が無限集合ならば $\lim_{n\to\infty}\lambda_n=0$.

このとき任意の $0\neq\lambda\in\mathbb{C}$ に対して $\operatorname{Ker}(T-\lambda)=\langle x_n|\lambda_n=\lambda\rangle_{\mathbb{C}}$ である．したがって $\sigma_{\mathcal{L}(X)}^{\times}(T)=\{\lambda_1,\lambda_2,\cdots\}$ かつ $X=\overline{\bigoplus_{\lambda\in\sigma_{\mathcal{L}(X)}(T)}\operatorname{Ker}(T-\lambda)}$ である．特に $Tx=$

## 2.3 Hilbert 空間上のコンパクト作用素

$\sum_{n=1}^{\infty} \lambda_n(x, x_n) x_n \ (x \in X)$ である.

複素 Hilbert 空間上のコンパクト作用素の重要な例として，Hilbert-Schmidt 作用素とトレース族作用素について説明しておこう．

$X, Y$ を複素 Hilbert 空間とする．有界作用素 $T \in \mathcal{L}(X, Y)$ に対して

$$\sup \left\{ \sum_{\gamma \in S} |Te_\gamma|^2 \ \middle| \ S \subset \varGamma : \text{有限部分集合} \right\} < \infty$$

なる $X$ の完全正規直交系 $\{e_\gamma\}_{\gamma \in \varGamma}$ が存在するとき，$T$ を **Hilbert-Schmidt 作用素**と呼ぶ．このとき，$X$ の任意の完全正規直交系 $\{e_\gamma\}_{\gamma \in \varGamma}$ に対して

$$|T|_\mathcal{H}^2 = \sum_{\gamma \in \varGamma} |Te_\gamma|^2 = \sup \left\{ \sum_{\gamma \in S} |Te_\gamma|^2 \ \middle| \ S \subset \varGamma : \text{有限部分集合} \right\} \quad (2.2)$$

は有限かつ一定で，$|T| \leq |T|_\mathcal{H}$ となる．実際，$Y$ の完全正規直交系 $\{u_\lambda\}_{\lambda \in \varLambda}$ に対して

$$\sum_{\gamma \in \varGamma} |Te_\gamma|^2 = \sum_{\gamma \in \varGamma} \sum_{\lambda \in \varLambda} |(Te_\gamma, u_\lambda)|^2$$
$$= \sum_{\lambda \in \varLambda} \sum_{\gamma \in \varGamma} |(e_\gamma, T^* u_\lambda)|^2 = \sum_{\lambda \in \varLambda} |T^* u_\lambda|^2.$$

よって $\sum_{\gamma \in \varGamma} |Te_\gamma|^2$ は $\{e_\gamma\}_{\gamma \in \varGamma}$ の選択に依らない．また，任意の $\varepsilon > 0$ に対して $|Tx| > |T| - \varepsilon$ かつ $|x| = 1$ なる $x \in X$ が存在する．$x \in X$ を含む $X$ の完全正規直交系 $\{e_\gamma\}_{\gamma \in \varGamma}$ に対して $|T|_\mathcal{H}^2 = \sum_{\gamma \in \varGamma} |Te_\gamma|^2 \geq |Tx|^2 > (|T| - \varepsilon)^2$．よって $|T|_\mathcal{H} > |T| - \varepsilon$ となる．Hilbert-Schmidt 作用素 $T \in \mathcal{L}(X, Y)$ の全体を $\mathcal{H}(X, Y)$ と書く．$T \in \mathcal{H}(X, Y)$ に対して (2.2) で定義された $|T|_\mathcal{H} \geq 0$ を $T$ の **Hilbert-Schmidt ノルム**と呼ぶ．$T \in \mathcal{H}(X, Y)$ ならば $T^* \in \mathcal{H}(Y, X)$ である．また，$T \in \mathcal{H}(X, Y)$ と $S \in \mathcal{L}(Y, Z), U \in \mathcal{L}(Z, X)$ に対して（$Z$ は複素 Hilbert 空間），$S \circ T \in \mathcal{H}(X, Z)$ かつ $T \circ U \in \mathcal{H}(Z, Y)$ であり

$$|S \circ T|_\mathcal{H} \leq |S| \cdot |T|_\mathcal{H}, \qquad |T \circ U|_\mathcal{H} \leq |T|_\mathcal{H} \cdot |U|$$

となる．

## 命題 2.3.2

(1) $S, T \in \mathcal{H}(X, Y)$ とする．$X$ の任意の完全正規直交系 $\{e_\gamma\}_{\gamma \in \Gamma}$ に対して
$(S, T)_\mathcal{H} = \sum_{\gamma \in \Gamma} (Se_\gamma, Te_\gamma)$ は絶対収束し，$\{e_\gamma\}_{\gamma \in \Gamma}$ に依らない．

(2) $\mathcal{H}(X, Y)$ は $(\ ,\ )_\mathcal{H}$ を内積とする複素 Hilbert 空間となる．

[証明] (1) $X$ の完全正規直交系 $\{e_\gamma\}_{\gamma \in \Gamma}, \{e'_\lambda\}_{\lambda \in \Lambda}$ に対して

$$\sum_{\gamma \in \Gamma} |(Se_\gamma, Te_\gamma)| = \sum_{\gamma \in \Gamma} \left| \sum_{\lambda \in \Lambda} (Se_\gamma, e'_\lambda) \cdot (e'_\lambda, Te_\gamma) \right|$$

$$\leq \left\{ \sum_{\gamma \in \Gamma, \lambda \in \Lambda} |(Se_\gamma, e'_\lambda)|^2 \right\}^{1/2} \left\{ \sum_{\gamma \in \Gamma, \lambda \in \Lambda} |(Te_\gamma, e'_\lambda)|^2 \right\}^{1/2}$$

$$= |S|_\mathcal{H} |T|_\mathcal{H} < \infty,$$

$$\sum_{\gamma \in \Gamma} (Se_\gamma, Te_\gamma) = \sum_{\gamma \in \Gamma} \sum_{\lambda \in \Lambda} (Se_\gamma, e'_\lambda) \cdot \overline{(Te_\gamma, e'_\lambda)}$$

$$= \sum_{\lambda \in \Lambda} \sum_{\gamma \in \Gamma} (T^* e'_\lambda, e_\gamma) \cdot \overline{(S^* e'_\lambda, e_\gamma)} = \sum_{\lambda \in \Lambda} (T^* e'_\lambda, S^* e'_\lambda).$$

(2) $\{T_n\} \subset \mathcal{H}(X, Y)$ を $|\cdot|_\mathcal{H}$ に関する Cauchy 列とする．$|T_m - T_n| \leq |T_m - T_n|_\mathcal{H}$ だから，$\lim_{n \to \infty} |T - T_n| = 0$ となる $T \in \mathcal{L}(X, Y)$ がある．$\{e_\gamma\}_{\gamma \in \Gamma}$ を $X$ の完全正規直交系とする．$C = \sup\{|T_n|_\mathcal{H} | n = 1, 2, \cdots\} < \infty$ とおくと，任意の有限部分集合 $S \subset \Gamma$ に対して

$$\sum_{\gamma \in S} |Te_\gamma|^2 = \lim_{n \to \infty} \sum_{\gamma \in S} |T_n e_\gamma|^2 \leq \lim_{n \to \infty} |T_n|_\mathcal{H}^2 \leq C^2$$

だから，$T \in \mathcal{H}(X, Y)$ である．任意の $\varepsilon > 0$ に対して，十分大きい $m \geq n$ に対して常に $|T_m - T_n|_\mathcal{H} < \varepsilon$ となる．よって十分大きい $n$ に対して

$$\sum_{\gamma \in S} |(T - T_n)e_\gamma|^2 = \lim_{m \to \infty} \sum_{\gamma \in S} |(T_m - T_n)e_\gamma|^2 \leq \lim_{m \to \infty} |T_m - T_n|_\mathcal{H}^2 \leq \varepsilon^2$$

が任意の有限部分集合 $S \subset \Gamma$ に対して成り立つ．よって，十分大きい $n$ に対して $|T - T_n|_\mathcal{H} \leq \varepsilon$ となる．■

さて有界作用素 $T \in \mathcal{L}(X, Y)$ で像 $\mathrm{Im}\, T$ が $Y$ の有限次元部分空間となるもの全体を $\mathcal{L}^f(X, Y)$ とおくと

**命題 2.3.3** Hilbert-Schmidt ノルムに関して $\mathcal{L}^f(X,Y)$ は $\mathcal{H}(X,Y)$ の稠密部分空間である．特に Hilbert-Schmidt 作用素はコンパクト作用素である．

[証明] $T \in \mathcal{L}^f(X,Y)$ とすると $\dim_{\mathbb{C}}(\mathrm{Ker}\,T)^{\perp} = \dim_{\mathbb{C}} \mathrm{Im}\,T < \infty$ だから，$X$ の完全正規直交系 $\{e_{\gamma}\}_{\gamma \in \Gamma}$ を $\{e_{\gamma}\}_{\gamma \in S}, \{e_{\gamma}\}_{\gamma \notin S}$ がそれぞれ $(\mathrm{Ker}\,T)^{\perp}$, $\mathrm{Ker}\,T$ の完全正規直交系となるようにとれば $\sum_{\gamma \in \Gamma} |Te_{\gamma}|^2 = \sum_{\gamma \in S} |Te_{\gamma}|^2 < \infty$．よって $T \in \mathcal{H}(X,Y)$ である．逆に任意の $T \in \mathcal{H}(X,Y)$ をとる．$\{e_{\gamma}\}_{\gamma \in \Gamma}$ を $X$ の完全正規直交系とする．任意の $\varepsilon > 0$ に対して，有限部分集合 $S \subset \Gamma$ があって $\sum_{\gamma \in \Gamma \setminus S} |Te_{\gamma}|^2 < \varepsilon$ となる．$\{e_{\gamma}\}_{\gamma \in S}$ が張る $X$ の部分空間を $V$ として，$X$ から $V$ への直交射影を $P$ とすると，$T' = T \circ P \in \mathcal{L}^f(X,Y)$ で

$$|T - T'|_{\mathcal{H}}^2 = \sum_{\gamma \in \Gamma} |(T-T')e_{\gamma}|^2 = \sum_{\gamma \notin S} |Te_{\gamma}|^2 < \varepsilon$$

となる．さて $T \in \mathcal{L}^f(X,Y)$ とすると，有界部分集合 $M \subset X$ に対して $\overline{T(M)}$ は有限次元複素ベクトル空間 $\mathrm{Im}\,T$ の有界閉集合だからコンパクトである．即ち $\mathcal{L}^f(X,Y) \subset \mathcal{C}(X,Y)$ である．一方，$T \in \mathcal{H}(X,Y)$ に対して $|T| \leq |T|_{\mathcal{H}}$ で，$\mathcal{C}(X,Y)$ はノルム $|*|$ に関して $\mathcal{L}(X,Y)$ の閉部分空間だから $\mathcal{H}(X,Y) \subset \mathcal{C}(X,Y)$ である．∎

ここで Hilbert 空間のテンソル積と Hilbert-Schmidt 作用素の関係を述べておく．$X, Y$ を複素 Hilbert 空間として，$X^* = \mathcal{L}(X, \mathbb{C})$ は $|\alpha| = \sup_{0 \neq x \in X} |\alpha(x)|/|x|$ をノルムとして複素 Hilbert 空間となる．$x \in X, y \in Y$ に対して $T_{x,y} \in \mathcal{L}^f(X^*, Y)$ が $T_{x,y}\alpha = \alpha(x)y$ $(\alpha \in X^*)$ により定義されて，複素線形同型写像 $\theta: X \otimes_{\mathbb{C}} Y \tilde{\to} \mathcal{L}^f(X^*, Y)$ が $\theta(x \otimes y) = T_{x,y}$ により定義される．実際，$u \in \mathrm{Ker}\,\theta$ に対して $Y$ の複素ベクトル空間としての基底 $\{v_{\gamma}\}_{\gamma \in \Gamma}$ をとって $u = \sum_{\gamma \in \Gamma} x_{\gamma} \otimes v_{\gamma}$ $(x_{\gamma} \in X)$ とおくと，任意の $\alpha \in X^*$ に対して $\alpha(x_{\gamma}) = 0$ だから $x_{\gamma} = 0$，よって $u = 0$ となる．また，任意の $T \in \mathcal{L}^f(X^*, Y)$ に対して $\mathrm{Im}\,T$ の正規直交基底を $\{v_1, \cdots, v_n\}$ として $\alpha \in X^*$ に対して $T\alpha = \sum_{i=1}^{n} \varphi_i(\alpha) v_i$ $(\varphi_i(\alpha) \in \mathbb{C})$ とおくと，任意の $\alpha \in X^*$ に対して $\varphi_i(\alpha) = \alpha(x_i)$ なる $x_i \in X$ が存在するから，$z = \sum_{i=1}^{n} x_i \otimes v_i \in X \otimes_{\mathbb{C}} Y$ とおくと $T = \theta(z)$ となるから，$\theta$ は複素線形同型写像である．さて $\{e_{\gamma}\}_{\gamma \in \Gamma}$ を $X$ の完全正規直交系として $\varepsilon_{\gamma} = (*, e_{\gamma})$ とおくと $\{\varepsilon_{\gamma}\}_{\gamma \in \Gamma}$ は $X^*$ の完全正規直交系をなすから，$x, z \in X$, $y, w \in Y$ に対して

$$(T_{x,y}, T_{z,w})_{\mathcal{H}} = \sum_{\gamma \in \Gamma} ((x, e_\gamma)y, (z, e_\gamma)w)$$
$$= \sum_{i=1}^{n} (x, e_\gamma)(e_\gamma, z)(y, w) = (x, z)(y, w)$$

となるから，$X \otimes_{\mathbb{C}} Y$ 上の内積が $(x \otimes y, z \otimes w) = (x, z)(y, w)$ により定義される．この内積に関する完備化を $X \widehat{\otimes}_{\mathbb{C}} Y$ とすると，複素 Hilbert 空間の同型写像 $\theta$: $X \widehat{\otimes}_{\mathbb{C}} Y \xrightarrow{\sim} \mathcal{H}(X^*, Y)$ $(\theta(x \otimes y) = T_{x,y})$ を得る．$S \in \mathcal{L}(X), T \in \mathcal{L}(Y)$ に対して $|(S \otimes T)z| \leq \|S\| \|T\| |z|$ $(z \in X \otimes_{\mathbb{C}} Y)$ だから $S \otimes T \in \mathrm{End}_{\mathbb{C}}(X \otimes_{\mathbb{C}} Y)$ を連続的に $X \widehat{\otimes}_{\mathbb{C}} Y$ 上に延長したものを同じく $S \otimes T \in \mathcal{L}(X \widehat{\otimes}_{\mathbb{C}} Y)$ と表す．

具体的なコンパクト作用素としてよく使われるのは次のような事例である．局所コンパクト空間 $X, Y$ 上の正の Radon 測度 $\mu, \nu$ をそれぞれ固定しておく (Radon 測度については付録 B.2 を参照)．直積空間 $X \times Y$ 上には直積測度 $\mu \times \nu$ がある．そこで $K \in L^2(X \times Y)$ をとると，Fubini の定理によりほとんど至る所の $x \in X$ に対して $K(x, *) \in L^2(Y)$ だから，$f \in L^2(Y)$ に対して $(T_K f)(x) = \int_Y K(x, y) f(y) d\nu(y)$ $(x \in X)$ とおくと

**命題 2.3.4** $K \mapsto T_K$ は $L^2(X \times Y)$ から Hilbert-Schmidt 作用素のなす空間 $\mathcal{H}(L^2(Y), L^2(X))$ への複素 Hilbert 空間の同型写像を与える．

［証明］ 任意の $f \in L^2(Y)$ に対して

$$|(T_K f)(x)| \leq \int_Y |K(x, y)| |f(y)| d\nu(y)$$
$$\leq \left( \int_Y |K(x, y)|^2 d\nu(y) \right)^{1/2} |f|_2.$$

よって $|T_K f|^2 \leq \int_X \int_Y |K(x, y)|^2 d\nu(y) d\mu(x) |f|_2^2 = |K|_2^2 |f|_2^2$ となるから $T_K \in \mathcal{L}(L^2(Y), L^2(X))$ である．ここで $\{e_\gamma\}_{\gamma \in \Gamma}$, $\{f_\lambda\}_{\lambda \in \Lambda}$ をそれぞれ $L^2(X)$, $L^2(Y)$ の完全正規直交系として，$e_{\gamma, \lambda}(x, y) = \overline{e_\gamma(x)} \cdot f_\lambda(y)$ とおくと，$\{e_{\gamma, \lambda}\}_{\gamma \in \Gamma, \lambda \in \Lambda}$ は $L^2(X \times Y)$ の完全正規直交系である．実際，

$$(e_{\gamma, \lambda}, e_{\gamma', \lambda'}) = \overline{(e_\gamma, e_{\gamma'})} \cdot (f_\lambda, f_{\lambda'})$$

だから $\{e_{\gamma, \lambda}\}_{\gamma \in \Gamma, \lambda \in \Lambda}$ は正規直交系であり，$\varphi \in L^2(X \times Y)$ に対して

## 2.3 Hilbert 空間上のコンパクト作用素

$$\varphi_\gamma(y) = \int_X \varphi(x,y) e_\gamma(x) d\mu(x) \qquad (\gamma \in \Gamma)$$

とおくと $\varphi_\gamma \in L^2(Y)$ で

$$\begin{aligned}
|\varphi|_2^2 &= \int_Y \int_X |\varphi(x,y)|^2 d\mu(x) d\nu(y) \\
&= \sum_{\gamma \in \Gamma} \int_Y |\varphi_\gamma(y)|^2 d\nu(y) = \sum_{\gamma \in \Gamma} \sum_{\lambda \in \Lambda} \left| \int_Y \varphi_\gamma(y) \overline{f_\lambda(y)} d\nu(y) \right|^2 \\
&= \sum_{\gamma \in \Gamma, \lambda \in \Lambda} |(\varphi, e_{\gamma,\lambda})|^2.
\end{aligned}$$

よって $\{e_{\gamma,\lambda}\}_{\gamma \in \Gamma, \lambda \in \Lambda}$ は完全正規直交系である. そこで $\gamma \in \Gamma, \lambda \in \Lambda$ に対して, $(K, e_{\gamma,\lambda}) = (T_K f_\lambda, e_\gamma)$ より

$$|T_K|_H^2 = \sum_{\gamma \in \Gamma, \lambda \in \Lambda} |(T_K f_\lambda, e_\gamma)|^2 = \sum_{\gamma \in \Gamma, \lambda \in \Lambda} |(K, e_{\gamma,\lambda})|^2 = |K|_2^2 < \infty$$

となり, $T_K \in \mathcal{H}(L^2(Y), L^2(X))$ かつ $|T_K|_H = |K|_2$ である. 逆に任意の $T \in \mathcal{H}(L^2(Y), L^2(X))$ に対して $\sum_{\gamma \in \Gamma, \lambda \in \Lambda} |(Tf_\lambda, e_\gamma)|^2 = |T|_H^2 < \infty$ だから

$$K = \sum_{\gamma \in \Gamma, \lambda \in \Lambda} (Tf_\lambda, e_\gamma) \overline{e_{\gamma,\lambda}} \in L^2(X \times Y)$$

とおくと, 任意の $\gamma' \in \Gamma, \lambda' \in \Lambda$ に対して

$$\begin{aligned}
(T_K f_{\lambda'}, e_{\gamma'}) &= \sum_{\gamma \in \Gamma, \lambda \in \Lambda} (Tf_\lambda, e_\gamma) \int_X \int_Y e_\gamma(x) \overline{f_\lambda(y)} f_{\lambda'}(y) \overline{e_{\gamma'}} d\nu(y) d\mu(x) \\
&= (Tf_{\lambda'}, e_{\gamma'}).
\end{aligned}$$

よって $T = T_K$ となる. ∎

最後にトレース族の作用素を説明しておこう. 複素 Hilbert 空間 $X$ 上のコンパクト作用素 $T \in \mathcal{L}(X)$ が**トレース族**であるとは, $X$ の任意の完全正規直交系 $\{e_\gamma\}_{\gamma \in \Gamma}$ に対して

$$\sup \left\{ \sum_{\gamma \in S} |(Te_\gamma, e_\gamma)| \ \bigg| \ S \subset \Gamma : 有限部分集合 \right\} < \infty$$

となることをいう. 複素 Hilbert 空間 $X$ 上のトレース族全体の成す複素ベク

トル空間を $\mathcal{S}(X)$ と書く．$X$ 上のトレース族作用素と Hilbert-Schmidt 作用素は次のように関係している；

**命題 2.3.5**

$$\{T \in \mathcal{S}(X) \mid T^* = T\} \subset \{A \circ B \mid A, B \in \mathcal{H}(X)\} \subset \mathcal{S}(X).$$

［証明］ $A, B \in \mathcal{H}(X)$ はコンパクト作用素だから，$T = A \circ B \in \mathcal{L}(X)$ はコンパクト作用素である．$X$ の任意の完全正規直交系 $\{e_\gamma\}_{\gamma \in \Gamma}$ と有限部分集合 $S \subset \Gamma$ に対して

$$\sum_{\gamma \in S} |(Te_\gamma, e_\gamma)| = \sum_{\gamma \in S} |(Be_\gamma, A^*e_\gamma)| \le \sum_{\gamma \in S} |Ae_\gamma| |Be_\gamma| \le |A|_\mathcal{H} \cdot |B|_\mathcal{H} < \infty$$

だから $T \in \mathcal{S}(X)$ である．逆に $T \in \mathcal{S}(X)$ かつ $T^* = T$ と仮定する．定理 2.3.1 の記号を用いる．$\{x_n\}_{n>0}$ を含む $X$ の完全正規直交系 $\{e_\gamma\}_{\gamma \in \Gamma}$ をとると，$\sum_{n>0} |\lambda_n| \le \sum_{\gamma \in \Gamma} |(Te_\gamma, e_\gamma)| < \infty$ だから，$A, B \in \mathcal{L}(X)$ が

$$Ax = \sum_{n>0} |\lambda_n|^{1/2} (x, x_n) x_n, \qquad Bx = \sum_{n>0} |\lambda_n|^{1/2} (\operatorname{sign} \lambda_n) \cdot (x, x_n) x_n$$

により定義される．ここで

$$|A|_\mathcal{H}^2 = \sum_{\gamma \in \Gamma} |Ae_\gamma|^2 = \sum_{n>0} |\lambda_n| < \infty, \qquad |B|_\mathcal{H}^2 = \sum_{n>0} |\lambda_n|^2 < \infty$$

より $A, B \in \mathcal{H}(X)$ であり，$e_\gamma \notin \{x_n\}_{n>0}$ ならば $A \circ Be_\gamma = 0 = Te_\gamma$，

$$A \circ Bx_n = A(|\lambda_n|^{1/2} (\operatorname{sign} \lambda_n) x_n) = \lambda_n = Tx_n$$

だから $T = A \circ B$ である．∎

$T \in \mathcal{S}(X)$ とする．命題 2.3.5 より，$T = A \circ B + \sqrt{-1} \cdot C \circ D$ なる $A, B, C, D \in \mathcal{H}(X)$ がとれるが

$$\sum_{\gamma \in \Gamma} (A \circ Be_\gamma, e_\gamma) = \sum_\gamma (Be_\gamma, A^*e_\gamma) = (B, A^*)_\mathcal{H}$$

は $X$ の完全正規直交基底 $\{e_\gamma\}_{\gamma \in \Gamma}$ の選択に依らない．よって

$$\operatorname{tr} T = \sum_{\gamma \in \Gamma}(Te_\gamma, e_\gamma) = \sup\left\{\sum_{\gamma \in S}(Te_\gamma, e_\gamma) \,\bigg|\, S \subset \Gamma : 有限部分集合\right\}$$

は $\{e_\gamma\}_{\gamma \in \Gamma}$ の選択に依らない．これを $T \in \mathcal{S}(X)$ の跡と呼ぶ．

**問題 2.3.1** $T^*=T$ なるコンパクト作用素 $0 \neq T \in \mathcal{L}(X)$ に対して $\sigma_{\mathcal{L}(X)}(T)=\{\lambda_1 \geq \lambda_2 \geq \cdots\}$ とする．部分空間 $M \subset X$ に対して $\lambda_M = \sup_{0 \neq x \in M^\perp}(Tx,x)/|x|^2$ とおく．このとき $\lambda_n = \inf_{\dim_{\mathbb{C}} M < n} \lambda_M$ であることを示せ．ここで $\inf_{\dim_{\mathbb{C}} M < n}$ は $\dim_{\mathbb{C}} M < n$ なる部分空間 $M \subset X$ 上にわたる下限である．

**問題 2.3.2** 局所コンパクト空間 $X$ 上で $K \in L^2(X \times X)$ をとる．次を示せ；
(1) $K^*(x,y) = \overline{K(y,x)}$ とおくと，$(T_K)^* = T_{K^*}$ である．
(2) $\overline{K(x,y)} = K(y,x)$ のとき，$0 \neq f \in L^2(X)$ に対して積分方程式

$$\int_X K(x,y)\varphi(y)d\mu(y) = f(x) \tag{2.3}$$

が解 $\varphi \in L^2(X)$ をもつとする．このとき，$L^2(X)$ の正規直交系 $\{\psi_n\}_{n=1,2,\cdots}$ で $\int_X K(x,y)\psi_n(y)d\mu(y) = \lambda_n \psi_n(x)$ $(0 \neq \lambda_n \in \mathbb{R}, |\lambda_n| \geq |\lambda_{n+1}|)$ なるものがとれて

$$f(x) = \sum_{n \geq 1} a_n \psi_n(x), \quad a_n = \int_X f(x)\overline{\psi_n(x)}d\mu(x)$$

と書け，更に積分方程式(2.3)の一つの解が $\psi(x) = \sum_{n \geq 1} \lambda_n^{-1} a_n \psi_n(x)$ により与えられる．

# 第3章

# コンパクト群の表現

コンパクト群の有限次元ユニタリ表現論は,形式的には有限群の場合と並行して組み立てることができる.問題となるのは有限次元既約ユニタリ表現がどのくらい存在するかである.この問題にいくつかのレベルで答えるのがこの章の目標である. 3.1 節で与えられる答えは,コンパクト群の有限次元既約ユニタリ表現は,コンパクト群の異なる元を分離するに十分なだけ存在する(定理 3.1.4)というものである.次の 3.2 節で解説する Peter-Weyl の理論は,コンパクト群の有限次元既約ユニタリ表現は,コンパクト群上の様々な関数を分離するに十分なだけ存在することを述べている.最後に 3.3 節で解説する淡中の双対定理により,コンパクト群の有限次元既約ユニタリ表現は,コンパクト群自身を決定するに十分なだけ存在することがわかる.

この章を通して $K$ はコンパクト(Hausdorff)群として, $K$ 上の Haar 測度 $d_K(k)$ は $\int_K d_K(k)=1$ となるように正規化されているとする.

## 3.1 コンパクト群の有限次元表現

$(\pi, H)$ を $K$ の既約ユニタリ表現とし[1] $(\sigma, E)$ を $K$ の(有限次元とは限らない)ユニタリ表現とする.連続複素線形写像 $T \in \mathcal{L}(H, E)$ であって,任意の $k \in K$ に対して $T \circ \pi(k) = \sigma(k) \circ T$ なるもの全体を $\mathcal{L}_K(H, E)$ とおく. $\mathcal{L}(H, E)$ を

---

[1] 実はコンパクト群の既約ユニタリ表現は全て有限次元であることが後に示される(系 3.2.7).

ノルム $|T|=\sup_{0\neq v\in H}|Tv|/|v|$ に関する複素 Banach 空間とみれば，$\mathcal{L}_K(H,E)$ はその閉部分空間である．

$0\neq T\in\mathcal{L}_K(H,E)$ とすると，$\operatorname{Ker}T\lneq H$ は $K$ の作用で不変な閉部分空間だから $\operatorname{Ker}T=\{0\}$ である．そこで $T$ の極分解 (55 頁) を $T=U\circ S$ とおくと，$U$ は $H$ から $\overline{\operatorname{Im}T}$ へのユニタリ同型写像である．一方，$\operatorname{Ker}S=\operatorname{Ker}T=\{0\}$ だから $\overline{\operatorname{Im}S}=\overline{\operatorname{Im}S^*}=(\operatorname{Ker}S)^\perp=H$，更に，任意の $k\in K$ に対して $\pi(k)$ は $T^*\circ T$ と可換だから $S$ とも可換，したがって

$$\sigma(k)\circ U\circ S = U\circ S\circ\pi(k) = U\circ\pi(k)\circ S$$

より $\sigma(k)\circ U=U\circ\pi(k)$ を得る．即ち，$U$ は $(\pi,H)$ から $(\sigma|_{\overline{\operatorname{Im}T}},\overline{\operatorname{Im}T})$ へのユニタリ同値写像を与える．特に $(\pi,H),(\sigma,E)$ が有限次元既約ユニタリ表現の場合に適用すれば，次の Schur の補題を得る；

**補題 3.1.1**
(1) $K$ の有限次元既約ユニタリ表現 $(\pi,H)$ に対して，$\mathcal{L}_K(H)$ の元は全て定数倍である，
(2) $K$ の有限次元既約ユニタリ表現 $(\pi_i,H_i)\,(i=1,2)$ が互いにユニタリ同値でないならば $\mathcal{L}_K(H_1,H_2)=\{0\}$ である．

［証明］ $T\in\mathcal{L}_K(H)$ の固有値の一つを $\lambda\in\mathbb{C}$ とすると，$\{0\}\neq\operatorname{Ker}(T-\lambda)\subset H$ は $K$ の作用に関して不変だから $\operatorname{Ker}(T-\lambda)=H$ となる．$0\neq T\in\mathcal{L}_K(H_1,H_2)$ とすると，上の議論からユニタリ同値写像 $(\pi_1,H_1)\xrightarrow{\sim}(\pi_2,H_2)$ が得られる．∎

さて $(\pi,H)$ を $K$ の有限次元既約ユニタリ表現，$(\sigma,E)$ を $K$ の一般のユニタリ表現としよう．このとき $E(\pi)=\overline{\sum_{T\in\mathcal{L}_K(H,E)}\operatorname{Im}T}$ をユニタリ表現 $(\sigma,E)$ の $\pi$-成分と呼ぶ．Zorn の補題を用いれば，次の二条件を満たす極大な部分集合 $\Lambda\subset\mathcal{L}_K(H,E)$ が存在することは容易に示される；
(1) 任意の $T\in\Lambda$ と $u\in H$ に対して $|Tu|=|u|$，
(2) 相異なる $T,T'\in\Lambda$ に対して $\operatorname{Im}T\perp\operatorname{Im}T'$．

$\Lambda$ の極大性から $E(\pi)=\overline{\bigoplus_{T\in\Lambda}\operatorname{Im}T}$ である．更に $\Lambda$ が有限集合ならば，$\Lambda$ は $\mathcal{L}_K(H,E)$ の $\mathbb{C}$ 上の基底をなす．実際，$\Lambda=\{T_1,\cdots,T_n\}$ として，$E$ から $\operatorname{Im}T_i$

への直交射影を $P_i$ とすると，任意の $T \in \mathcal{L}_K(H, E)$ に対して $T_i^{-1} \circ P_i \circ T$ は $\mathcal{L}_K(H)$ の元だから，Schur の補題 3.1.1 より定数 $\lambda_i$-倍写像である．よって $T = \sum_{i=1}^n \lambda_i \cdot T_i$ となる．そこで $\Lambda$ の元の個数，即ち $\dim_{\mathbb{C}} \mathcal{L}_K(H, E)$ を既約ユニタリ表現 $\pi$ の $\sigma$ における**重複度**と呼び，$m(\pi, \sigma)$ と書く．有限群の表現論と同様に，Schur の補題 3.1.1 から，次の **Schur の直交関係**が得られる；

**定理 3.1.2**
(1) $(\pi, V)$ を $K$ の有限次元既約ユニタリ表現とすると，任意の $u, v, u', v' \in V$ に対して
$$\int_K (\pi(x)u, v)\overline{(\pi(x)u', v')}d_K(x) = (\dim_{\mathbb{C}} V)^{-1}(u, u')\overline{(v, v')},$$

(2) $(\pi, V), (\pi', V')$ を互いにユニタリ同値でない $K$ の有限次元既約ユニタリ表現とすると，任意の $u, v \in V$, $u', v' \in V'$ に対して
$$\int_K (\pi(x)u, v)\overline{(\pi'(x)u', v')}d_K(x) = 0.$$

[証明] (1) 任意の複素線形写像 $T \in \mathrm{End}_{\mathbb{C}}(V)$ に対して
$$U = \int_K \pi(x^{-1}) \circ T \circ \pi(x) d_K(x)$$
とおくと $U \in \mathcal{L}_K(V)$ だから，補題 3.1.1 より $U = \lambda \cdot \mathrm{id}_V$ ($\lambda \in \mathbb{C}$) である．両辺の跡をとって
$$\int_K \pi(x^{-1}) \circ T \circ \pi(x) d_K(x) = (\dim_{\mathbb{C}} V)^{-1} \mathrm{tr}(T) \cdot \mathrm{id}_V$$
となる．$V$ の正規直交基底を $\{v_1, \cdots, v_n\}$ として $T_{ij} = (Tv_i, v_j)$ とおくと
$$\sum_{k,l=1}^n \int_K (\pi(x^{-1})v_i, v_k) T_{kl} (\pi(x)v_l, v_j) d_K(x) = (\dim_{\mathbb{C}} V)^{-1} \sum_{k=1}^n T_{kk} \cdot \delta_{ij}.$$
$T$ は任意だから次の等式を得る；
$$\int_K (\pi(x)v_l, v_j)\overline{(\pi(x)v_k, v_i)}d_K(x)$$
$$= (\dim_{\mathbb{C}} V)^{-1}\delta_{kl}\delta_{ij} = (\dim_{\mathbb{C}} V)^{-1}(v_l, v_k)\overline{(v_j, v_i)}.$$

(2) 任意の $\mathbb{C}$-線形写像 $T: V \to V'$ に対して

## 3.1 コンパクト群の有限次元表現　　　　　73

$$\int_K \pi'(x^{-1})\circ T\circ \pi(x)d_K(x) \in \mathcal{L}_K(V,V') = \{0\}$$

である(補題 3.1.1)．よって $V$, $V'$ の正規直交基底をそれぞれ $\{u_1,\cdots,u_m\}$, $\{v_1,\cdots,v_n\}$ とすると，(1)と同様に $\int_G (\pi(x)u_l, u_j)\overline{(\pi'(x)v_k, v_i)}d_G(x)=0$ となる．■

$K$ の有限次元ユニタリ表現 $(\pi, V)$ に対して，$K$ 上の連続関数

$$\chi_\pi(x) = \mathrm{tr}\,\pi(x) \qquad (x \in K)$$

を $(\pi, V)$ の**指標**と呼ぶ．ユニタリ表現であることから $\chi_\pi(x^{-1})=\overline{\chi_\pi(x)}$ である．Schur の直交関係から直ちに次の指標の直交関係を得る；

**系 3.1.3** $K$ の有限次元既約ユニタリ表現 $\pi$, $\pi'$ に対して

$$\int_K \chi_\pi(x)\overline{\chi_{\pi'}(x)}d_K(x) = \begin{cases} 1 & : \pi \text{ と } \pi' \text{ がユニタリ同値のとき} \\ 0 & : \pi \text{ と } \pi' \text{ がユニタリ同値でないとき} \end{cases}$$

である．

ここまで来れば，有限群の場合と同様に一連の議論を進めることができる．即ち，$K$ の有限次元ユニタリ表現 $(\sigma, E)$ に対して
(1) $E$ の部分空間が $K$ の作用に関して不変ならば，その直交補空間も $K$ の作用に関して不変となるから，$(\sigma, E)$ は $K$ の有限次元既約ユニタリ表現の直交直和に分解する．このとき
(2) $K$ の既約ユニタリ表現 $\pi$ の $(\sigma, E)$ における重複度は

$$m(\pi, \sigma) = \int_K \chi_\pi(x)\overline{\chi_\sigma(x)}d_K(x)$$

である．特に
(3) $(\sigma, E)$ が既約であるための必要十分条件は $\int_K |\chi_\pi(x)|^2 d_K(x)=1$ となることである．また，
(4) $K$ の有限次元ユニタリ表現 $\sigma, \sigma'$ がユニタリ同値であるための必要十分

条件は $\chi_\sigma = \chi_{\sigma'}$ となることである．
ところで上の議論が空でないことを示さねばならない．即ち，

**定理 3.1.4** 任意の $1 \neq k \in K$ に対して，$K$ の有限次元既約ユニタリ表現 $(\pi, V)$ で $\pi(k) \neq 1$ なるものが存在する．

［証明］$(\sigma, L^2(K))$ を $K$ の左正則表現とする．$K$ の単位元の開近傍 $V$ で $V^{-1} = V$ かつ $k \notin V^2$ なるものをとり，$K$ 上の実数値連続関数 $f$ で $f(1) = 1$, $\operatorname{supp}(f) \subset V$ かつ $f(x^{-1}) = f(x)$ $(x \in K)$ なるものをとる．$T \in \mathcal{L}(L^2(K))$ を $(T\varphi)(x) = \int_K f(x^{-1}y)\varphi(y) d_K(y)$ $(\varphi \in L^2(K))$ により定義すると，$T$ は Hilbert-Schmidt 作用素であり (命題 2.3.4) かつ $T^* = T$ である．よって定理 2.3.1 より

(1) $0 \neq \lambda \in \mathbb{C}$ に対して $\dim_{\mathbb{C}} \operatorname{Ker}(T - \lambda) < \infty$,

(2) $L^2(K) = \overline{\bigoplus_{\lambda \in \sigma_{\mathcal{L}}(T)} \operatorname{Ker}(T - \lambda)}$ $(\mathcal{L} = \mathcal{L}(L^2(K)))$

となる．ここで $f \in L^2(K)$ だから $f = \sum_{\lambda \in \sigma_{\mathcal{L}}} f_\lambda$ $(f_\lambda \in \operatorname{Ker}(T - \lambda))$ とおく．$\operatorname{supp}(Tf) \subset (\operatorname{supp} f)^2 \subset V^2$ だから

$$(Tf)(1) = |f|_2^2 > 0, \quad (\sigma(k^{-1}) \circ Tf)(1) = (Tf)(k) = 0.$$

よって $\sigma(k) \circ Tf \neq Tf$ となり，$\sigma(k) f_{\lambda_0} \neq f_{\lambda_0}$ なる $0 \neq \lambda_0 \in \sigma_{\mathcal{L}}(T)$ が存在する．$W = \operatorname{Ker}(T - \lambda_0)$ は $L^2(K)$ の部分空間として $K$ の左正則作用に関して不変だから $\sigma' = \sigma|_W$ とおくと，$(\sigma', W)$ は $K$ の有限次元ユニタリ表現で $\sigma'(k) \neq 1$ である．$\sigma'$ の既約分解をみれば，$K$ の有限次元既約ユニタリ表現 $(\pi, V)$ で $\pi(k) \neq 1$ なるものが存在することがわかる．∎

**問題 3.1.1** コンパクト群 $K = SU(2, \mathbb{C}) = \{g \in SL_2(\mathbb{C}) | gg^* = 1_2\}$ について，次を示せ；

(1) 3次元球面 $S^3 = \left\{ \begin{bmatrix} x \\ y \end{bmatrix} \in \mathbb{C}^2 \middle| |x|^2 + |y|^2 = 1 \right\}$ に対して，$g \mapsto g \begin{bmatrix} 1 \\ 0 \end{bmatrix}$ は $K$ から $S^3$ への位相同型写像である，

(2) $K$ の群演算は $S^3$ 上で原点を中心とした回転を誘導する．したがって，$S^3$ 上の体積は $K$ 上の Haar 測度を誘導する，

(3) $S^3$ 上の点 $\begin{bmatrix} x \\ y \end{bmatrix} \in S^3$ $(y \neq 0)$ を

$$x = \cos\theta + \sqrt{-1}\sin\theta\cos\varphi, \quad y = \sin\theta\sin\varphi\cos\psi + \sqrt{-1}\sin\theta\sin\varphi\sin\psi$$

($0 \leq \theta \leq \pi, 0 \leq \varphi \leq \pi, 0 \leq \psi \leq 2\pi$) とパラメータ表示すると，$K$ 上の正規化された Haar 測度 $d_K(k)$ は $d_K(\begin{bmatrix} x & -\overline{y} \\ y & \overline{x} \end{bmatrix}) = \dfrac{1}{2\pi^2}\sin^2\theta\sin\varphi \cdot d\theta d\varphi d\psi$ である，

(4) 任意の $x, y \in K$ に対して $f(xyx^{-1}) = f(y)$ なる $K$ 上の複素数値連続関数 $f$ に対して

$$\int_K f(k)d_K(k) = \frac{2}{\pi}\int_0^\pi f(k(\theta))\sin^2\theta d\theta \quad (k(\theta) = \begin{bmatrix} e^{\sqrt{-1}\theta} & 0 \\ 0 & e^{-\sqrt{-1}\theta} \end{bmatrix}),$$

(5) $S^3$ 上の点 $\begin{bmatrix} x \\ y \end{bmatrix} \in S^3$ ($x \neq 0, y \neq 0$) を

$$x = \cos\gamma \cdot e^{\sqrt{-1}\alpha}, \quad y = \sin\gamma \cdot e^{\sqrt{-1}\beta} \quad (0 \leq \alpha, \beta < 2\pi, \ 0 < \gamma \leq \pi/2)$$

とパラメータ表示すると，$K$ 上の正規化された Haar 測度 $d_K(g)$ は $d_K(\begin{bmatrix} x & -\overline{y} \\ y & \overline{x} \end{bmatrix}) = \dfrac{1}{2\pi^2}\cos\gamma\sin\gamma \cdot d\gamma d\alpha d\beta$ である．

**問題 3.1.2** 問題 3.1.1 の記号を流用して，次を示せ；

(1) $X, Y$ を変数とする複素係数 $n$ 次多項式のなす複素ベクトル空間を $V_n$ として，$P, Q \in V_n$ の内積を $(P, Q) = \dfrac{1}{2\pi^2}\int_{S^3} P(x,y)\overline{Q(x,y)}d_{S^3}(x,y)$ により定めると，$P_k(X,Y) = X^{n-k}Y^k \in V_n$ に対して

$$(P_k, P_l) = \begin{cases} \dfrac{(n-k)!k!}{(n+1)!} & : k = l \text{ のとき} \\ 0 & : k \neq l \text{ のとき} \end{cases}$$

(2) $g \in K = SU(2,\mathbb{C})$ と $P \in V_n$ に対して，$(\pi_n(g)P)(X,Y) = P(X', Y')$ (ただし $(X', Y') = (X, Y)\overline{g}$，即ち $\begin{bmatrix} X' \\ Y' \end{bmatrix} = g^{-1}\begin{bmatrix} X \\ Y \end{bmatrix}$) とおくと，$(\pi_n, V_n)$ は $K$ のユニタリ表現である，

(3) $\pi_n$ の指標を $\chi_n$ とすると，$k = \begin{bmatrix} x & -\overline{y} \\ y & \overline{x} \end{bmatrix} \in K$ に対して $\chi_n(k) = U_n(\mathrm{Re}\, x)$ である．ここで $U_n(x)$ は(第二種)Chebyshev の多項式

$$U_n(x) = \frac{(-1)^n 2^n (n+1)!}{(2n+1)!}(1-x^2)^{-1/2}\frac{d^n}{dx^n}(1-x^2)^{n+1/2}$$

である．特に $\chi_n(k(\theta)) = \begin{cases} \dfrac{\sin(n+1)\theta}{\sin\theta} & : k(\theta)\neq\pm 1_2 \text{ のとき} \\ (-1)^n(n+1) & : k(\theta)=\pm 1_2 \text{ のとき,} \end{cases}$

(4) $(\pi_n, V_n)$ は $K$ の既約ユニタリ表現である，
(5) $n \geq m$ ならば $\pi_n \otimes \pi_m \simeq \displaystyle\bigoplus_{k=0}^{m} \pi_{n+m-2k}$ である．

## 3.2 Peter-Weyl の理論

定理 3.1.4 から，コンパクト群 $K$ は十分多くの有限次元既約ユニタリ表現を持つことがわかるが，有限次元表現の行列係数をみると更に印象的である．まず，$K$ 上の複素数値連続関数全体 $C(K)$ は $(\varphi+\psi)(k)=\varphi(k)+\psi(k)$ を和とし，$(\varphi\cdot\psi)(k)=\varphi(k)\cdot\psi(k)$ を積として，一様ノルム $|\varphi|=\sup_{k\in K}|\varphi(k)|$ に関する可換 Banach 環である．さて $K$ の有限次元ユニタリ表現 $(\sigma, E)$ の行列係数を $\sigma_{u,v}(k)=(\sigma(k)u, v)$ $(k\in K, u,v\in E)$ により定義し，その全体を $\mathfrak{A}(K)$ とおくと

**命題 3.2.1** $\mathfrak{A}(K)$ は $C(K)$ の稠密な $\mathbb{C}$-部分代数である．

[証明] $K$ の有限次元ユニタリ表現 $(\sigma, E), (\tau, F)$ に対して

$$\sigma_{u,v}+\tau_{u',v'} = (\sigma\oplus\tau)_{u\oplus u', v\oplus v'}, \quad \sigma_{u,v}\cdot\tau_{u',v'} = (\sigma\otimes\tau)_{u\otimes u', v\otimes v'}$$

より，$\mathfrak{A}(K)$ は $C(K)$ の $\mathbb{C}$-部分代数である．$K$ の相異なる二点 $x,y\in K$ に対して，定理 3.1.4 より $K$ の有限次元既約ユニタリ表現 $(\pi, V)$ で $\pi(x)\neq\pi(y)$ なるものがあるから，適当な $u,v\in V$ に対して $\pi_{u,v}(x)\neq\pi_{u,v}(y)$ となる．即ち，$\mathfrak{A}(K)$ は $K$ の元を分離する．任意の $x\in K$ に対して $\pi_{u,v}(x)\neq 0$ なる $\pi_{u,v}\in \mathfrak{A}(K)$ が存在する．更に，$K$ の有限次元ユニタリ表現 $(\sigma, E)$ の反傾表現(問題 0.7.2)を考えれば，$\pi_{u,v}\in\mathfrak{A}(K)$ に対して $\overline{\pi_{u,v}}\in\mathfrak{A}(K)$ である．よって Stone-Weierstrass の近似定理 B.1.4 より $\mathfrak{A}(K)$ は $C(K)$ の稠密な $\mathbb{C}$-部分代数である．∎

## 3.2 Peter-Weyl の理論

これを利用して $K$ の左正則表現 $(\pi_{l,2}, L^2(K))$ の既約分解を考えてみよう．まず $K$ の有限次元ユニタリ表現 $(\pi, V)$ に対して，$\mathrm{End}_{\mathbb{C}}(V)$ は $(A, B) = (\dim_{\mathbb{C}} V)^{-1} \mathrm{tr}(A \circ B^*)$ を内積とする Hilbert 空間である．$K$ の $\mathrm{End}_{\mathbb{C}}(V)$ 上のユニタリ表現 $l_\pi$ を $l_\pi(x) A = \pi(x) \circ A$ により定義する．自然な同一視 $V \otimes_{\mathbb{C}} V^* = \mathrm{End}_{\mathbb{C}}(V)$ によれば $l_\pi = \pi \otimes \mathbf{1}$ である．$A \in \mathrm{End}_{\mathbb{C}}(V)$ に対して

$$\pi_A(x) = \mathrm{tr}(\pi(x^{-1}) \circ A) \qquad (x \in K)$$

とおくと，Schur の直交関係(定理 3.1.2)は次のように言い換えることができる；

**命題 3.2.2**
(1) $K$ の有限次元既約ユニタリ表現 $(\pi, V)$ に対して

$$\int_K \pi_A(x) \overline{\pi_B(x)} d_K(x) = (A, B) \qquad (A, B \in \mathrm{End}_{\mathbb{C}}(V)),$$

(2) $K$ のユニタリ同値でない既約ユニタリ表現 $(\pi, V), (\sigma, W)$ に対して

$$\int_G \pi_A(x) \overline{\sigma_B(x)} d_G(x) = 0 \qquad (A \in \mathrm{End}_{\mathbb{C}}(V), \ B \in \mathrm{End}_{\mathbb{C}}(W)).$$

［証明］ 自然な同一視 $V \otimes_{\mathbb{C}} V^* = \mathrm{End}_{\mathbb{C}}(V)$ に従い，$A = u \otimes \alpha, B = v \otimes \beta (u, v \in V, \ \alpha, \beta \in V^*)$ とおく．$\alpha = (*, a), \beta = (*, b) (a, b \in V), \ \gamma = (*, v) \in V^*$ とおくと $(v \otimes \beta)^* = b \otimes \gamma$ で $\mathrm{tr}(A \circ B^*) = \langle u, \gamma \rangle \langle b, \alpha \rangle = (u, v) \overline{(a, b)}$．一方，

$$\int_G \pi_A(x) \overline{\pi_B(x)} d_G(x) = \int_G (\pi(x) u, a) \overline{(\pi(x) v, b)} d_G(x)$$

だから，定理 3.1.2 より $\int_G \pi_A(x) \overline{\pi_B(x)} d_G(x) = (\dim_{\mathbb{C}} V)^{-1} \mathrm{tr}(A \circ B^*)$ となる．$\pi, \sigma$ がユニタリ同値でないとき，同様に定理 3.1.2 より $\int_G \pi_A(x) \overline{\sigma_B(x)} d_G(x) = 0$ となる．∎

さて $K$ の左正則表現の既約分解は次のように述べられる；

**定理 3.2.3**
(1) $K$ の有限次元既約ユニタリ表現 $(\pi, V)$ に対して，$A \mapsto \pi_A$ はユニタリ表

現 $(l_\pi, \mathrm{End}_\mathbb{C}(V))$ から左正則表現 $(\pi_{l,2}, L^2(K))$ の $\pi$-成分 $L^2(K,\pi)$ の上へのユニタリ同値写像である，

(2) 直交直和分解 $L^2(K) = \overline{\bigoplus_\pi L^2(K,\pi)}$ が成り立つ．ここで $\bigoplus_\pi$ は $K$ の有限次元既約ユニタリ表現 $\pi$ の上をわたる和である．

［証明］ (1) 命題3.2.2より $A \mapsto \pi_A$ は $\mathrm{End}_\mathbb{C}(V)$ から $L^2(K)$ へのユニタリ写像で，それを $T$ とおくと，任意の $x \in K$ に対して $T \circ l_\pi(x) = \pi_{l,2} \circ T$ である．$l_\pi = \pi \otimes 1$ だから $\mathrm{Im}\, T \subset L^2(K,\pi)$ である．一方，$V$ の正規直交基底 $\{u_1, \cdots, u_n\}$ をとって $\mathrm{End}_\mathbb{C}(V) = M_n(\mathbb{C})$ として，$\pi_{ij}(x) = (\pi(x)u_j, u_i)$ とおく．任意のユニタリな $S \in \mathcal{L}_K(V, L^2(K))$ に対して，$f_j = Su_j$ とおくと $\{f_1, \cdots, f_n\}$ は $\mathrm{Im}\, S \subset L^2(K,\pi)$ の正規直交基底である．任意の $f = \sum_j \lambda_j f_j \in \mathrm{Im}\, S$ に対して $\pi_{l,2}(x)f = \sum_j \lambda_j \pi_{l,2}(x)f_j = \sum_{i,j} \lambda_j \pi_{ij}(x)f_i$，よって $A = (\lambda_i f_j(1))_{i,j=1,\cdots,n} \in M_n(\mathbb{C}) = \mathrm{End}_\mathbb{C}(V)$ とおくと

$$f(x) = (\pi_{l,2}(x^{-1})f)(1) = \mathrm{tr}(\pi(x^{-1}) \circ A) = \pi_A(x)$$

となる．よって $A \mapsto \pi_A$ は $\mathrm{End}_\mathbb{C}(V)$ から $L^2(K,\pi)$ への全射である．

(2) 上で示したことから $\mathfrak{A}(K) = \sum_\pi L^2(K,\pi) = \bigoplus_\pi L^2(K,\pi)$ である．ここで $\sum_\pi$ は $K$ の有限次元既約ユニタリ表現のユニタリ同値類の上をわたる和であり，命題3.2.2より，それは直交直和となる．一方，命題3.2.1より $\mathfrak{A}(K)$ は $C(K)$ の稠密な $\mathbb{C}$-部分代数であり，$C(K)$ は $L^2$-ノルムに関して $L^2(K)$ の稠密部分空間だから，$\overline{\mathfrak{A}(K)} = L^2(K)$ となる．∎

$K$ の有限次元既約ユニタリ表現 $\pi$ に対して

$$e_\pi = (\dim \pi) \cdot \overline{\chi_\pi} \in C(K) \subset L^1(K)$$

とおく．Schur の直交関係(定理3.1.2)から，$K$ の有限次元既約ユニタリ表現 $\pi, \pi'$ に対して

$$e_\pi * e_{\pi'} = \begin{cases} e_\pi & : \pi \text{ と } \pi' \text{ がユニタリ同値のとき} \\ 0 & : \pi \text{ と } \pi' \text{ がユニタリ同値でないとき} \end{cases} \tag{3.1}$$

## 3.2 Peter-Weyl の理論

$$\pi(e_{\pi'}) = \begin{cases} \mathrm{id} : \pi \text{ と } \pi' \text{ がユニタリ同値のとき} \\ 0 : \pi \text{ と } \pi' \text{ がユニタリ同値でないとき} \end{cases} \quad (3.2)$$

が成り立つことがわかる．$e_\pi \in L^2(K)$ であるが，更に精密に

**命題 3.2.4** $K$ の有限次元既約ユニタリ表現 $\pi$ に対して，$L^2(K,\pi)$ は $\{\pi_{l,2}(k)e_\pi | k \in K\}$ により $\mathbb{C}$ 上で張られる．特に

$$(\pi_{l,2}(k)e_\pi, e_\pi) = (\dim \pi)^{-1} \chi_\pi(k) \qquad (k \in K)$$

である．

[証明] $K$ の代数的な $\mathbb{C}$ 上の群環を $\mathbb{C}[K]$ とすると，$\pi$ の表現空間 $V$ は単純 $\mathbb{C}[K]$-加群となるから，$\mathrm{End}_\mathbb{C}(V)$ は $\mathbb{C}$-ベクトル空間として $\{\pi(k)|k \in K\}$ により張られる．よって定理 3.2.3 より $L^2(K,\pi)$ は $\mathbb{C}$-ベクトル空間として $\{\pi_{\pi(k)}|k \in K\}$ により張られる．ここで $k \in K$ に対して

$$\pi_{\pi(k)}(x) = \mathrm{tr}(\pi(x^{-1}) \circ \pi(k)) = \overline{\chi_\pi(k^{-1}x)} = (\dim \pi)^{-1} (\pi_{l,2}(k^{-1})e_\pi)(x)$$

$(x \in K)$ だから $L^2(K,\pi)$ は $\mathbb{C}$ 上 $\{\pi_{l,2}(k)e_\pi | k \in K\}$ により張られる．特に

$$(\pi_{l,2}(x)e_\pi, e_\pi) = (e_\pi * e_\pi)(x^{-1}) = (\dim \pi)^{-1} \chi_\pi(x) \qquad (x \in K)$$

である．∎

任意の $x, y \in K$ に対して $f(xyx^{-1}) = f(y)$ となる $f \in L^2(K)$ の全体を $L^2_{\mathrm{cent}}(K)$ とおくと，$L^2_{\mathrm{cent}}(K)$ は $L^2(K)$ の閉部分空間となる．このとき

**命題 3.2.5** $\pi$ が $K$ の互いにユニタリ同値でない有限次元既約ユニタリ表現を動いたときの指標の全体 $\{\chi_\pi\}_\pi$ は $L^2_{\mathrm{cent}}(K)$ の完全正規直交系である．

[証明] まず系 3.1.3 より $\{\chi_\pi\}_\pi$ は正規直交系である．$(\pi, V)$ を $K$ の有限次元既約ユニタリ表現として，$V$ の正規直交基底 $\{u_1, \cdots, u_n\}$ をとる．$\alpha_j = (*, u_j) \in V^*$ として $\varphi_{ij} = \pi_{u_i \otimes \alpha_j} \in L^2(K, \pi)$ とおくと $\varphi_{ij}(x) = (\pi(x)u_j, u_i)$ $(x \in K)$ で，$\{\varphi_{ij}\}_{i,j=1,\cdots,n}$ は $L^2(K,\pi)$ の直交基底となる (定理 3.2.3)．$f \in$

$L^2_{\mathrm{cent}}(K)$ をとると，任意の $y \in K$ に対して

$$(f, \varphi_{ij}) = \int_K f(x)\overline{(\pi(y^{-1}xy)u_j, u_i)}d_K(x)$$
$$= \sum_{k,l=1}^n \int_K f(x)\varphi_{ki}(y)\overline{\varphi_{kl}(x)}\varphi_{lj}(y)d_K(x)$$

だから，$y \in K$ で積分して

$$(f, \varphi_{ij}) = \sum_{k,l=1}^n (\varphi_{ki}, \varphi_{lj})(f, \varphi_{kl}) = \begin{cases} 0 & : i \neq j \\ (\dim \pi)^{-1}(f, \chi_\pi) & : i = j \end{cases}$$

となる．よって $(f, \chi_\pi)=0$ ならば $f \perp L^2(K, \pi)$ となるから，$\{\chi_\pi\}_\pi$ は $L^2_{\mathrm{cent}}(K)$ の完全正規直交系である．∎

さて $(\sigma, H)$ を $K$ のユニタリ表現であるとして，$u \in H$ が $K$-**有限ベクトル**であるとは，$\{\sigma(k)u | k \in K\}$ が $\mathbb{C}$ 上で有限次元の複素ベクトル空間を張ることをいう．$H$ の $K$-有限ベクトル全体を $H_K$ と書く．$H_K$ は $H$ の複素ベクトル部分空間で $K$ の作用に関して安定である．

**定理 3.2.6** $K$ のユニタリ表現 $(\sigma, H)$ に対して，$H_K$ は $H$ の稠密な部分空間であり $H_K = \bigoplus_\pi H(\pi)$ である．ここで $\bigoplus$ は $K$ の有限次元既約ユニタリ表現 $\pi$ 上をわたる直交直和であり，$H(\pi) = \sigma(e_\pi)H = \sum_{T \in (\pi, \sigma)} \mathrm{Im}\, T$ は $(\sigma, H)$ の $\pi$-成分である．

[証明] $K$ の有限次元既約ユニタリ表現 $(\pi, V)$ に対して，(3.1) と $\sigma(k) \circ \sigma(e_\pi) = \sigma(e_\pi) \circ \sigma(k)$ $(k \in K)$ より $H[\pi] = \sigma(e_\pi)H = \mathrm{Ker}(1 - \sigma(e_\pi))$ は $H$ の閉部分空間であり $(\sigma, H)$ の部分表現を与える．また，$(\sigma, H)$ の $\pi$-成分を $H(\pi)$ とすると，(3.2) より $\sum_{T \in (\pi, \sigma)} \mathrm{Im}\, T \subset H(\pi) \subset H[\pi]$ である．命題 3.2.4 に注意すると，$u \in H[\pi]$ に対して $f \mapsto \sigma(f)u$ は $L^2(K, \pi)$ から $\langle \sigma(k)u | k \in K \rangle_\mathbb{C}$ への全射となるから

$$\dim_\mathbb{C} \langle \sigma(k)u \mid k \in K \rangle_\mathbb{C} \leq \dim_\mathbb{C} L^2(K, \pi) = (\dim \pi)^2 < \infty$$

となる．よって $\sum_\pi H[\pi] \subset H_K \subset \sum_\pi \sum_{T \in (\pi, \sigma)} \mathrm{Im}\, T$ となる．よって

## 3.2 Peter-Weyl の理論

$$H_K = \sum_\pi H(\pi), \qquad H(\pi) = H[\pi] = \sum_{T \in (\pi, \sigma)} \mathrm{Im}\, T$$

を得る．(3.1) より $\sum_\pi H[\pi] = \bigoplus_\pi H[\pi]$ が直交直和であることは明らかである．$H_K$ が $H$ の稠密な部分空間であることを示すために，$v \in H_K{}^\perp$ として $v=0$ を示す．$g(x) = (\sigma(x)v, v)$ $(x \in K)$ とおくと $g \in L^2(K)$ である．命題 3.2.4 より任意の $f \in L^2(K, \pi) \subset L^1(K)$ に対して $\sigma(f)v \in H[\pi] \subset H_K$ だから

$$\int_K f(x) g(x) d_K(x) = (\sigma(f)v, v) = 0.$$

よって任意の $f \in L^2(K)$ に対して $\int_K f(x)g(x)d_K(x) = 0$ となるから $g=0$．即ち $v=0$ を得る．∎

**系 3.2.7** コンパクト群 $K$ の既約ユニタリ表現は有限次元である．

[証明] $(\sigma, H)$ を $K$ の既約ユニタリ表現とする．定理 3.2.6 より $K$ の有限次元既約ユニタリ表現 $(\pi, V)$ で $H(\pi) \neq 0$ なるものが存在する．$(\sigma, H)$ は既約だから複素線形同型 $V \simeq H$ が成り立たねばならず，$H$ は有限次元である．∎

$K, L$ をコンパクト群とする．$K$ の有限次元ユニタリ表現 $(\sigma, V)$ と $L$ の有限次元ユニタリ表現 $(\tau, W)$ に対して，それらの外部テンソル積表現 $\sigma \boxtimes \tau$ は直積群 $K \times L$ の有限次元ユニタリ表現で，その指標は $\chi_{\sigma \boxtimes \tau}(k, l) = \chi_\sigma(k) \cdot \chi_\tau(l)$ となる．特に $\sigma, \tau$ がそれぞれ $K, L$ の既約ユニタリ表現ならば $\sigma \boxtimes \tau$ は $K \times L$ の既約ユニタリ表現となる．逆に

**定理 3.2.8** コンパクト群 $K, L$ の直積群 $K \times L$ の既約ユニタリ表現は $K$ と $L$ の既約ユニタリ表現の外部テンソル積で尽くされる．

[証明] $(\pi, E)$ を $K \times L$ の既約ユニタリ表現とする．$L$ を自然に $K \times L$ の部分群とみなして，$L$ のユニタリ表現 $(\pi|_L, V)$ の一つの既約成分を $(\tau, W)$ とする．複素ベクトル空間 $V = \mathcal{L}_L(W, E)$ 上の Hermite 内積を $(A, B) = \mathrm{tr}(A \circ B^*)$ により定義すると，$K$ の $V$ 上のユニタリ表現 $\sigma$ が $\sigma(k)A = \pi(g) \circ A$ により定義される．ここで $V \otimes_{\mathbb{C}} W$ から $E$ への複素線形写像 $T$ を $T(A \otimes w) = Aw$ により定義すると，$0 \neq T \in \mathcal{L}_{K \times L}(V \otimes_{\mathbb{C}} W, E)$ となる．よって $(\sigma, V)$ は $K$ の既約ユ

ニタリ表現であり，$\pi$ は $\sigma\boxtimes\tau$ とユニタリ同値である．■

**問題 3.2.1** 次を示せ；
(1) $\varphi\in L^2(K)$ と $g,h\in K$ に対して $(\pi_{l,r}(g,h)\varphi)(x)=\varphi(g^{-1}xh)$ とおくと，$(\pi_{l,r}, L^2(K))$ は直積群 $K\times K$ のユニタリ表現である．
(2) $K$ の既約ユニタリ表現 $(\pi,V)$ の反傾表現を $(\check{\pi},V^*)$ とすると，自然な同一視 $V\otimes_{\mathbb{C}}V^*=\mathrm{End}_{\mathbb{C}}(V)$（即ち，$u\otimes\alpha\in V\otimes_{\mathbb{C}}V^*$ に対して $(u\otimes\alpha)v=\langle v,\alpha\rangle u$ とする）により，$A\mapsto\pi_A$ は $V\otimes_{\mathbb{C}}V^*$ から $L^2(K)$ の $\pi\boxtimes\check{\pi}$-成分へのユニタリ同値写像を与える．
(3) $\pi_{l,r}=\widehat{\bigoplus_\pi}\pi\boxtimes\check{\pi}$ である（$\bigoplus_\pi$ は $G$ の既約ユニタリ表現をわたる和）．

**問題 3.2.2** $(\sigma,H)$ を $K$ のユニタリ表現として，$K$ の既約ユニタリ表現 $\pi$ を重複度 1 で含むとする．このとき任意の $u,v\in H$ 及び $u',v'\in H(\pi)$ に対して
$$\int_K (\sigma(k)u,v)\overline{(\sigma(k)u',v')}dK(k) = (\dim\pi)^{-1}(u,u')\overline{(v,v')}$$
であることを示せ．

**問題 3.2.3** 18 頁 (0.5), (0.6) にある周期関数の Fourier 級数展開をコンパクト群 $\mathbb{R}/\mathbb{Z}$ の表現論を用いて説明せよ．

**問題 3.2.4** コンパクト群 $K=SU(2,\mathbb{C})$ の既約ユニタリ表現は，問題 3.1.2 で構成した既約ユニタリ表現 $(\pi_n,V_n)(n=0,1,2,\cdots)$ で尽くされることを示せ．

## 3.3 淡中の双対定理

淡中の双対定理 [30] は幾通りかの述べ方があるが（[10], [21], [31, 第 8 章]），ここでは [11] に基づいて，複素線形代数群との馴染みが良いように述べてみよう．一般に 1 をもつ $\mathbb{C}$-代数 $\mathcal{A}$ に対して，$\mu(a\otimes b)=ab$ と $u(\lambda)=\lambda\cdot 1$ により $\mathbb{C}$-代数の準同型写像 $\mu:\mathcal{A}\otimes_{\mathbb{C}}\mathcal{A}\to\mathcal{A}$, $u:\mathbb{C}\to\mathcal{A}$ が定義され，$\mathcal{A}$ 上の恒等写像を $I$ とおき，$a\otimes\lambda=\lambda\otimes a=\lambda a$ により $\mathcal{A}\otimes_{\mathbb{C}}\mathbb{C}=\mathbb{C}\otimes_{\mathbb{C}}\mathcal{A}=\mathcal{A}$ と同一視すると，

## 3.3 淡中の双対定理

$$\mu\circ(\mu\otimes I) = \mu\circ(I\otimes\mu), \qquad (I\otimes u)\circ\mu = (u\otimes I)\circ\mu = I$$

$$\begin{array}{ccc} \mathcal{A}\otimes\mathcal{A}\otimes\mathcal{A} & \xrightarrow{\mu\otimes I} & \mathcal{A}\otimes\mathcal{A} \\ I\otimes\mu\downarrow & & \downarrow\mu \\ \mathcal{A}\otimes\mathcal{A} & \xrightarrow{\mu} & \mathcal{A} \end{array} \qquad \begin{array}{ccc} \mathcal{A} & \xrightarrow{I\otimes u} & \mathcal{A}\otimes\mathcal{A} \\ u\otimes I\downarrow & & \downarrow\mu \\ \mathcal{A}\otimes\mathcal{A} & \xrightarrow{\mu} & \mathcal{A} \end{array}$$

が成り立つ(第一の等式は $\mathcal{A}$ における積の結合法則であり,第二の等式は上で述べた同一視である).ここで写像の向きを全て逆転させた構造を考えよう.即ち複素ベクトル空間 $\mathcal{C}$ と複素線形写像 $\Delta\colon\mathcal{C}\to\mathcal{C}\otimes_{\mathbb{C}}\mathcal{C}$, $\varepsilon\colon\mathcal{C}\to\mathbb{C}$ であって,$v\otimes\lambda=\lambda\otimes v=\lambda v$ により $\mathcal{C}\otimes_{\mathbb{C}}\mathbb{C}=\mathbb{C}\otimes_{\mathbb{C}}\mathcal{C}=\mathcal{C}$ と同一視したとき

$$(\Delta\otimes I)\circ\Delta = (I\otimes\Delta)\circ\Delta, \qquad (I\otimes\varepsilon)\circ\Delta = (\varepsilon\otimes I)\circ\Delta = I$$

$$\begin{array}{ccc} \mathcal{C} & \xrightarrow{\Delta} & \mathcal{C}\otimes\mathcal{C} \\ \Delta\downarrow & & \downarrow\Delta\otimes I \\ \mathcal{C}\otimes\mathcal{C} & \xrightarrow{I\otimes\Delta} & \mathcal{C}\otimes\mathcal{C}\otimes\mathcal{C} \end{array} \qquad \begin{array}{ccc} \mathcal{C} & \xrightarrow{\Delta} & \mathcal{C}\otimes\mathcal{C} \\ \Delta\downarrow & & \downarrow I\otimes\varepsilon \\ \mathcal{C}\otimes\mathcal{C} & \xrightarrow{\varepsilon\otimes I} & \mathcal{C} \end{array}$$

が成り立つとき ($I$ は $\mathcal{C}$ 上の恒等写像),$(\mathcal{C},\Delta,\varepsilon)$ を $\mathbb{C}$-**余代数**と呼ぶ.$\mathbb{C}$-余代数 $(\mathcal{A},\Delta,\varepsilon)$ で,$\mathcal{A}$ 自身が 1 をもつ $\mathbb{C}$-代数であって,$\Delta,\varepsilon$ が共に $\mathbb{C}$-代数の準同型写像であり,更に $\mathbb{C}$-代数準同型写像 $S\colon\mathcal{A}\to\mathcal{A}$ があって

$$\mu\circ(S\otimes I)\circ\Delta = \mu\circ(I\otimes S)\circ\Delta = u\circ\varepsilon$$

が成り立つとき,$(\mathcal{A},\mu,u,\Delta,\varepsilon,S)$ を**複素 Hopf 代数**と呼ぶ.ここで重要なことは,$\mathcal{A}$ から $\mathbb{C}$ への $\mathbb{C}$-代数準同型写像の全体 $\mathcal{G}$ が $\alpha\cdot\beta=(\alpha\otimes\beta)\circ\Delta$ を群演算とする群となることである.単位元は $\varepsilon\in\mathcal{G}$ であり,$\alpha\in\mathcal{G}$ に対して $\alpha^{-1}=\alpha\circ S$ である.

さてコンパクト群 $K$ に対して,$L^2(K)$ の $K$-有限ベクトルの全体 $\mathfrak{A}=\mathfrak{A}(K)$ は $C(K)$ の $\mathbb{C}$-部分代数であり,$(\pi,V)$ が $K$ の有限次元ユニタリ表現をわたるときの $\varphi_{u,v}(x)=(\pi(x^{-1})u,v)\,(x\in K)$ の全体であった.更に定理 3.2.8 から,$\varphi,\psi\in\mathfrak{A}$ に対して,$\varphi\otimes\psi\in\mathfrak{A}\otimes_{\mathbb{C}}\mathfrak{A}$ と $K\times K$ の関数 $(x,y)\mapsto\varphi(x)\psi(y)$ を同一視することにより,自然に $\mathfrak{A}\otimes_{\mathbb{C}}\mathfrak{A}=\mathfrak{A}(K\times K)$ であるとみなせる.そこで $\mathbb{C}$-代数準同型写像

$$\Delta : \mathfrak{A} \to \mathfrak{A} \otimes \mathfrak{A}, \qquad \varepsilon : \mathfrak{A} \to \mathbb{C}, \qquad S : \mathfrak{A} \to \mathfrak{A}$$

を $(\Delta\varphi)(x,y)=\varphi(xy)$, $\varepsilon\varphi=\varphi(1)$ 及び $(S\varphi)(x)=\varphi(x^{-1})$ により定義すると，$(\mathfrak{A}, \mu, u, \Delta, \varepsilon, S)$ は複素 Hopf 代数となることは容易に確認できる．$K$ の有限次元ユニタリ表現 $(\pi, V)$ をとって $\varphi_{u,v}(x)=(\pi(x^{-1})u,v)$ $(x \in K)$ としたとき

$$\Delta \varphi_{u,v} = \sum_{i=1}^{d} \varphi_{u,u_i} \otimes \varphi_{u_i,v} \qquad (\{u_1,\cdots,u_d\} \text{ は } V \text{ の正規直交基底}) \qquad (3.3)$$

となり，$(\pi, V)$ の反傾表現 $(\tilde{\pi}, V^*)$ を考えて $\alpha=(*,u), \beta=(*,v) \in V^*$ とおけば，$S\varphi_{u,v}=\varphi_{\beta,\alpha}$ となることに注意しよう．一般論に従って，複素 Hopf 代数 $(\mathfrak{A}, \mu, u, \Delta, \varepsilon, S)$ に付随する群を $K_{\mathbb{C}}$ とする．即ち $K_{\mathbb{C}}$ は $\mathbb{C}$-代数準同型写像 $\alpha : \mathfrak{A} \to \mathbb{C}$ の全体に群演算 $\alpha \cdot \beta = (\alpha \otimes \beta) \circ \Delta$ を与えたものである．更に，任意の $\varphi \in \mathfrak{A}$ に対して $\alpha \mapsto \alpha(\varphi)$ が連続となる最弱の位相を $K_{\mathbb{C}}$ に与えよう．即ち，$\alpha \in K_{\mathbb{C}}$ と $(\alpha(\varphi))_{\varphi \in \mathfrak{A}} \in \mathbb{C}^{\mathfrak{A}}$ を同一視して，$\mathbb{C}^{\mathfrak{A}}$ 上の直積位相からの相対位相を $K_{\mathbb{C}}$ に与えるのである．このとき $\alpha, \beta \in K_{\mathbb{C}}$ に対して

$$(\alpha \cdot \beta)\varphi_{u,v} = \sum_{i=1}^{d} \alpha(\varphi_{u,u_i})\beta(\varphi_{u_i,v}), \qquad \alpha^{-1}\varphi_{u,v} = \alpha \circ S\varphi_{u,v}$$

だから，$K_{\mathbb{C}}$ は Hausdorff 位相群となる．更に，任意の $\varphi \in \mathfrak{A}$ に対して $\alpha(\overline{\varphi})=\overline{\alpha(\varphi)}$ となる $\alpha \in K_{\mathbb{C}}$ の全体 $\widetilde{K}$ は $K_{\mathbb{C}}$ の閉部分群となることも見易い．さて，この節の目標は次の定理を示すことにある．これを淡中の双対定理と呼ぼう．

**定理 3.3.1** $x \in K$ に対して $\widehat{x} \in K_{\mathbb{C}}$ を $\widehat{x}\varphi=\varphi(x)$ $(\varphi \in \mathfrak{A})$ により定義すると，$x \mapsto \widehat{x}$ は $K$ から $\widetilde{K}$ への位相群の同型写像を与える．

まず $x, y \in K$ に対して

$$(\widehat{x} \otimes \widehat{y}) \circ \Delta\varphi_{u,v} = \sum_{i=1}^{d} \varphi_{u,u_i}(x)\varphi_{u_i,v}(y) = \varphi_{u,v}(xy)$$

だから $x \mapsto \widehat{x}$ は群の準同型写像で，像は $\widetilde{K}$ に含まれる．また，$1 \neq x \in K$ に対して，$\varphi(x) \neq \varphi(1)$ なる $\varphi \in \mathfrak{A}$ がとれるから，$\widehat{x} \neq \varepsilon$ となり，$x \mapsto \widehat{x}$ は単射である．更に任意の $\varphi \in \mathfrak{A}$ に対して $x \mapsto \widehat{x}\varphi=\varphi(x)$ は連続だから，$x \mapsto \widehat{x}$ は連続写像であるが，$K$ はコンパクトだから，$K$ はその像と位相同型となる．そこで $x=\widehat{x}$

と同一視することにより $K$ を $\widehat{K}$ の閉部分群とみなそう．ところで $\alpha \in K_{\mathbb{C}}$ と $\varphi = \varphi_{u,v} \in \mathfrak{A}$ に対して

$$(I \otimes \alpha) \circ \Delta \varphi = \sum_{i=1}^{d} \alpha(\varphi_{u,u_i}) \cdot \varphi_{u_i,v},$$

$$\sum_{i=1}^{d} \int_K \varphi_{u,u_i}(x) d_K(x) \cdot \varphi_{u_i,v}(y) = \int_K (\pi(x^{-1})u, \pi(y)v) d_K(x)$$
$$= \int_K \varphi_{u,v}(x) d_K(x)$$

に注意すると $\int_K ((I \otimes \alpha) \circ \Delta \varphi)(x) d_K(x) = \int_K \varphi(x) d_K(x)$ であることがわかる．特に $\alpha \in \widetilde{K}$ のときには $\overline{(I \otimes \alpha) \circ \Delta \varphi} = (I \otimes \alpha) \circ \Delta(\overline{\varphi})$ だから

$$\int_K |((I \otimes \alpha) \circ \Delta \varphi)(x)|^2 d_K(x) = \int_K |\varphi(x)|^2 d_K(x)$$

である．一方 Schur の直交関係 (定理 3.1.2) より，$(\pi, V)$ が既約とすると

$$\int_K |((I \otimes \alpha) \circ \Delta \varphi)(x)|^2 d_K(x)$$
$$= \sum_{i,j=1}^{d} \alpha(\varphi_{u_i,v}) \overline{\alpha(\varphi_{u_j,v})} \int_K (\pi(x)u, u_i) \overline{(\pi(x)u, u_j)} d_K(x)$$
$$= (\dim \pi)^{-1} |u|^2 \sum_{i=1}^{d} |\alpha(\varphi_{u_i,v})|^2$$

となり，$\alpha = (\varepsilon \otimes \alpha) \circ \Delta = \varepsilon \circ (I \otimes \alpha) \circ \Delta$ より $\alpha(\varphi) = \sum_{i=1}^{d} \alpha(\varphi_{u_i,v}) \cdot \varphi_{u,u_i}(1)$ となる．したがって，任意の $\varphi \in \mathfrak{A}$ に対して，コンパクト部分集合 $D_\varphi \subset \mathbb{C}$ がとれて，全ての $\alpha \in \widetilde{K}$ に対して $\alpha(\varphi) \in D_\varphi$ となるようにできる．したがって $\widetilde{K}$ は $\mathbb{C}^{\mathfrak{A}}$ のコンパクト部分集合 $\prod_{\varphi \in \mathfrak{A}} D_\varphi$ の閉部分集合とみなせるからコンパクト群である．さて $\varphi \in \mathfrak{A}$ に対して，$\widetilde{K}$ 上の連続関数 $\widetilde{\varphi}$ が $\widetilde{\varphi}(\alpha) = \alpha(\varphi)$ により定義される．これは $\widetilde{K}$-有限である．実際，$\varphi = \varphi_{u,v} \in \mathfrak{A}$ と $\beta \in \widetilde{K}$ に対して

$$\widetilde{\varphi}(\beta^{-1} \cdot \alpha) = ((\beta \circ S) \otimes \alpha) \circ \Delta \varphi_{u,v} = \sum_{i=1}^{d} \beta(S \varphi_{u,u_i}) \alpha(\varphi_{u_i,v}) \qquad (\alpha \in \widetilde{K})$$

だから $\beta \cdot \widetilde{\varphi} = \sum_{i=1}^{d} \beta(\varphi_{u,u_i}) \cdot \widetilde{\varphi_{u_i,v}}$ となる．特に $\beta = \widehat{x}(x \in K)$ とすると $\widehat{x} \cdot \widetilde{\varphi} = \widetilde{x \cdot \varphi}$ となるが，更に精確に次の補題が成り立つ；

**補題 3.3.2**　$\varphi \mapsto \widetilde{\varphi}$ は $K$-加群の同型 $\mathfrak{A}(K) \xrightarrow{\sim} \mathfrak{A}(\widetilde{K})$ を与える．

[証明]　$\varphi \in \mathfrak{A}$ に対して $\widetilde{\varphi}(\widehat{x})=\varphi(x)\,(x\in K)$ より，$\varphi \mapsto \widetilde{\varphi}$ は単射となるから，$\varphi=\widetilde{\varphi}$ と同一視して $\mathfrak{A} \subset \mathfrak{A}(\widetilde{K})$ とみなそう．異なる二点 $\alpha,\beta \in \widetilde{K}$ に対して $\widetilde{\varphi}(\alpha)\neq\widetilde{\varphi}(\beta)$ なる $\varphi \in \mathfrak{A}$ があり，各点 $\alpha \in \widetilde{K}$ に対して $\widetilde{\varphi}(\alpha)\neq 0$ なる $\varphi \in \mathfrak{A}$ があり，更に $\overline{\widetilde{\varphi}}=\widetilde{\overline{\varphi}}\,(\varphi \in \mathfrak{A})$ だから，Stone-Weierstrass の定理 B.1.4 から $\mathfrak{A}$ は一様ノルムに関して $\mathfrak{A}(\widetilde{K})$ の稠密な部分代数である．一方で，$\mathfrak{A}(\widetilde{K})$ は有限次元複素ベクトル空間 $L^2(\widetilde{K},\pi)$ ($\pi$ は $\widetilde{K}$ の既約ユニタリ表現) の直交直和で，$\mathfrak{A}(K)$ も同様だから，$\mathfrak{A}$ は $\mathfrak{A}(\widetilde{K})$ の閉部分空間となる．したがって $\mathfrak{A}=\mathfrak{A}(\widetilde{K})$ となる．■

さて，$\varphi \in \mathfrak{A}$ に対して，$\widetilde{\varphi}(\widehat{x})=\varphi(x)\,(x\in K)$ だから，$\varphi \mapsto \widetilde{\varphi}$ により，$\mathfrak{A}$ の部分空間 $L^2(K,\mathbf{1}_K)$ (即ち，$K$ 上の定数関数) は $\mathfrak{A}(\widetilde{K})$ の部分空間 $L^2(\widetilde{K},\mathbf{1}_{\widetilde{K}})$ と同型になっている．そこで $\varphi \in \mathfrak{A}$ を

$$\varphi = \varphi_0+\varphi_1, \qquad \varphi_0 \in L^2(K,\mathbf{1}_K), \quad \varphi_1 \in L^2(K,\mathbf{1}_K)^{\perp}$$

と書けば，$\widetilde{\varphi}=\widetilde{\varphi}_0+\widetilde{\varphi}_1$ であって $\widetilde{\varphi}_0 \in L^2(\widetilde{K},\mathbf{1}_{\widetilde{K}})$, $\widetilde{\varphi}_1 \in L^2(\widetilde{K},\mathbf{1}_{\widetilde{K}})^{\perp}$ となる．更に $K$ の自明でない既約ユニタリ表現 $(\pi,V)$ に対して

$$\int_K \varphi_{u,v}(x)d_K(x) = \int_K (\pi(x)u,v)d_K(x) = (\pi(e_{\mathbf{1}_K})u,v) = 0$$

となるから $\int_K \varphi_1(x)d_K(x)=0$, $\int_{\widetilde{K}} \widetilde{\varphi}_1(\alpha)d_{\widetilde{K}}(\alpha)=0$ となる ($d_{\widetilde{K}}(\alpha)$ は $\widetilde{K}$ 上の Haar 測度で $\mathrm{vol}(\widetilde{K})=1$ なるものとする)．よって

$$\int_K \varphi(x)d_K(x) = \varphi_0 = \widetilde{\varphi}_0 = \int_{\widetilde{K}} \widetilde{\varphi}(\alpha)d_{\widetilde{K}}(\alpha)$$

となる．ところが命題 3.2.1 から，$\mathfrak{A}(\widetilde{K})$ は一様ノルムに関して $C(\widetilde{K})$ の稠密な部分空間だから，任意の $f \in C(\widetilde{K})$ に対して

$$\int_{\widetilde{K}} f(\alpha)d_{\widetilde{K}}(\alpha) = \int_K f(x)d_K(x)$$

となる．そこで $K \lneq \widetilde{K}$ であるとすると，$0 \neq f \in C^+(\widetilde{K})$ であって $f|_K=0$ なるものがとれるが，これは $\int_{\widetilde{K}} f(\alpha)d_{\widetilde{K}}(\alpha)>0$, $\int_K f(x)d_K(x)=0$ であり矛盾する．よって $K=\widetilde{K}$ となり，定理 3.3.1 の証明が完了する．

さて $K$ の有限次元ユニタリ表現 $(\pi,V)$ を考えよう．$V$ の一つの正規直交基

## 3.3 淡中の双対定理

底 $\{u_1,\cdots,u_d\}$ をとり，$\varphi_{ij}(x)=(\pi(x)u_j,u_i)$ $(x\in K)$ とおく．$\alpha\in K_{\mathbb{C}}$ に対して $\pi_{\mathbb{C}}(\alpha)=(\alpha(\varphi_{ij}))_{i,j=1,\cdots,d}\in M_d(\mathbb{C})$ とおくと，$\pi_{\mathbb{C}}$ は $K_{\mathbb{C}}$ から $GL_d(\mathbb{C})$ への連続な群の準同型写像となる．実際，$\Delta\varphi_{ij}=\sum_{k=1}^{d}\varphi_{ik}\otimes\varphi_{kj}$ であることが容易に確かめられるから，$\alpha,\beta\in K_{\mathbb{C}}$ に対して

$$(\alpha\cdot\beta)(\varphi_{ij}) = \sum_{k=1}^{d}\alpha(\varphi_{ik})\cdot\beta(\varphi_{kj})$$

となる．また，$\varepsilon(\varphi_{ij})=\varphi_{ij}(1)=\delta_{ij}$ である．よって $\pi_{\mathbb{C}}$ は $K_{\mathbb{C}}$ から $GL_d(\mathbb{C})$ への群の準同型写像となる．正規直交基底を経由しない書き方をすれば，$K_{\mathbb{C}}$ の有限次元連続表現 $(\pi_{\mathbb{C}},V)$ が $(\pi_{\mathbb{C}}(\alpha)u,v)=\alpha(\varphi_{u,v})$ $(u,v\in V)$ により定義されて，$\pi_{\mathbb{C}}(\hat{x})=\pi(x)$ $(x\in K)$ である．更に $\pi$ が既約である必要十分条件は $\pi_{\mathbb{C}}$ が既約となることである．

ここまでの議論を振り返って見ると，コンパクト群 $K$ に付随した複素 Hopf 代数 $\mathfrak{A}(K)$ は，$K$ の既約ユニタリ表現の行列成分を基底とし，積の構造は $K$ の既約ユニタリ表現のテンソル積がどのように既約分解されるかによって決定される．$\widetilde{K}$ は $\mathfrak{A}(K)$ の複素 Hopf 代数としての構造のみにより決定されるから，結局，コンパクト群 $K$ は $K$ の既約ユニタリ表現とそれらのテンソル積の既約分解の様子によって決定されることがわかる．

$\mathfrak{A}(K)$ が $\mathbb{C}$-代数として有限生成の場合が特に興味深い．言い換えれば，$K$ の有限個の有限次元ユニタリ表現があって，$K$ の全ての既約ユニタリ表現は，それら有限個のユニタリ表現の適当なテンソル積の既約分解に現れる，ということである．$\mathfrak{A}$ の生成元を $\varphi_1,\cdots,\varphi_r$ とすると，$\alpha\mapsto(\alpha(\varphi_1),\cdots,\alpha(\varphi_r))$ は $K_{\mathbb{C}}$ から $\mathbb{C}^r$ の閉部分集合の上への位相同型写像を与える．したがって $K_{\mathbb{C}}$ は局所コンパクト群となるが，実は更に詳しいことがわかる．多項式環 $\mathbb{C}[X_1,\cdots,X_r]$ から $\mathfrak{A}$ への全射 $\mathbb{C}$-代数準同型写像 $f\mapsto f(\varphi_1,\cdots,\varphi_r)$ ができるから，その核を $\mathfrak{a}$ としよう．$\sqrt{\mathfrak{a}}=\mathfrak{a}$[2]だから $\mathfrak{a}$ の共通零点集合を $V(\mathfrak{a})\subset\mathbb{C}^r$ とすると，$\alpha\mapsto(\alpha(\varphi_1),\cdots,\alpha(\varphi_r))$ は $K_{\mathbb{C}}$ から $V(\mathfrak{a})$ の上への位相同型写像を与える．即ち $K_{\mathbb{C}}$ は代数的アフィン多様体である．更に $K_{\mathbb{C}}$ 上の群演算の定義を見ればわかるとおり，写像 $(\alpha,\beta)\mapsto\alpha\cdot\beta$ と $\alpha\mapsto\alpha^{-1}$ は，それらを $V(\mathfrak{a})$ 上で見ると，座標成分

---

[2] 可換環 $A$ のイデアル $\mathfrak{a}$ に対して，何乗かすると $\mathfrak{a}$ に含まれるような $A$ の元全体は再び $A$ のイデアルとなり，それを $\sqrt{\mathfrak{a}}$ と書く．

の多項式で書くことができる．したがって $K_\mathbb{C}$ は複素線形代数群となる．特に $K_\mathbb{C}$ は複素 Lie 群となるから，その閉部分群である $K$ はコンパクト実 Lie 群となる．更に $K$ の任意の有限次元ユニタリ表現は $K_\mathbb{C}$ の連続表現に延長されるが，それは $V(\mathfrak{a})$ 上で見れば，座標成分の有理式で書かれるから，$K_\mathbb{C}$ の有理表現である．即ち，$K$ の任意の有限次元ユニタリ表現は，複素線形代数群 $K_\mathbb{C}$ の有限次元有理表現を $K$ に制限して得られる．

逆に $K$ がコンパクト実 Lie 群とする．定理 3.1.4 より，$K$ の全ての既約ユニタリ表現 $\pi$ にわたる $\mathrm{Ker}\,\pi$ の共通部分は $K$ の単位元のみである．したがって $K$ の単位元の任意の開近傍 $U$ に対して，有限個の $K$ の既約ユニタリ表現 $\pi_i\,(i=1,\cdots,r)$ があって，$\bigcap_{i=1}^r \mathrm{Ker}\,\pi_i \subset U$ となる．ところで $K$ は実 Lie 群だから，$U$ を十分小さくとれば $U$ に含まれる $K$ の部分群は自明なものに限るようにできるから，そのとき $\bigcap_{i=1}^r \mathrm{Ker}\,\pi_i=\{1\}$ である．よって $K$ のユニタリ表現 $\pi=\oplus_{i=1}^r \pi_i$ の表現空間を $V_\pi$ とすると，$\pi\colon K\to GL_\mathbb{C}(V_\pi)$ は連続な単射群準同型写像となるから，$\pi$ は $K$ からその像への位相群の同型写像を与える．よって $\pi$ とその反傾表現 $\check\pi$ の行列成分が $\mathfrak{A}(K)$ を $\mathbb{C}$-代数として生成する（補題 3.3.2 の証明を見よ）．即ち $\mathfrak{A}(K)$ は有限生成 $\mathbb{C}$-代数となる．

**例 3.3.3** $K=\mathbb{R}/\mathbb{Z}$ とする．$K$ の既約ユニタリ表現は全て 1 次元で（$K$ が可換群だから），$\varphi_n(x)=e^{2\pi\sqrt{-1}nx}\,(n\in\mathbb{Z})$ で尽くされる．$\varphi_1^{\otimes n}=\varphi_n$，$\varphi_{-1}^{\otimes n}=\varphi_{-n}$ $(0<n\in\mathbb{Z})$ だから，$\mathfrak{A}(K)=\mathbb{C}[\varphi_1,\varphi_{-1}]$ は $\mathbb{C}$-代数として有限生成である．多項式環 $\mathbb{C}[X,Y]$ からの全射 $f(X,Y)\mapsto f(\varphi_1,\varphi_{-1})$ の核は $\mathfrak{a}=(XY-1)$ となり $V(\mathfrak{a})=\{(z,w)\in\mathbb{C}^2|zw=1\}\xrightarrow{\sim}\mathbb{C}^\times\,((z,w)\mapsto z)$ である．即ち，$\alpha\mapsto\alpha(\varphi_1)$ が位相群の同型 $K_\mathbb{C}\xrightarrow{\sim}\mathbb{C}^\times$ を与える．$\alpha\in\widetilde{K}$ は $\alpha(\varphi_{-1})=\overline{\alpha(\varphi_1)}$ と同値だから，位相群の同型 $\widetilde{K}\xrightarrow{\sim}\mathbb{C}^1=\{z\in\mathbb{C}||z|=1\}\,(\alpha\mapsto\alpha(\varphi_1))$ を得る．位相同型 $K\xrightarrow{\sim}\widetilde{K}\,(x\mapsto\widehat{x})$ は，位相同型 $K\xrightarrow{\sim}\mathbb{C}^1\,(x\mapsto e^{2\pi\sqrt{-1}x})$ に対応している．

**問題 3.3.1** コンパクト群 $K,L$ と連続な群の準同型写像 $\theta\colon K\to L$ に対して次を示せ；
(1) $\mathbb{C}$-代数準同型写像 $\widetilde{\theta}\colon\mathfrak{A}(L)\to\mathfrak{A}(K)$ を $\widetilde{\theta}\varphi=\varphi\circ\theta$ により定義すると，連続な群の準同型写像 $\theta_\mathbb{C}\colon K_\mathbb{C}\to L_\mathbb{C}$ が $\theta_\mathbb{C}\alpha=\alpha\circ\widetilde{\theta}$ により定義される．

(2) $\theta$ が単射ならば $\theta_{\mathbb{C}}$ も単射である.

**問題 3.3.2** 有限アーベル群 $K$ を離散位相に関してコンパクト群とみて, $K_{\mathbb{C}}$ を求めよ.

**問題 3.3.3** コンパクト群 $K=SU(2,\mathbb{C})$ に対して, $K_{\mathbb{C}}=SL_2(\mathbb{C})$ かつ $x\mapsto \hat{x}$ を包含写像 $K\hookrightarrow SL_2(\mathbb{C})$ と同一視できることを示せ.

**問題 3.3.4** $K$ を複素ユニタリ群 $U_n(\mathbb{C})$ の閉部分群とするとき次を示せ；
(1) $K_{\mathbb{C}}$ は自然に $GL_n(\mathbb{C})$ の閉部分群と同一視されて, $GL_n(\mathbb{C})$ の自己同型写像 $g\mapsto {}^t g^{-1}$ に対して不変である(したがって $K_{\mathbb{C}}$ は簡約可能な代数群である),
(2) $K=\widetilde{K}=K_{\mathbb{C}}\cap U_n(\mathbb{C})$ である,
(3) $K\subset K_{\mathbb{C}}\subset GL_n(\mathbb{C})$ の Lie 環を $\mathfrak{g}\subset \mathfrak{g}_{\mathbb{C}}\subset \mathfrak{gl}_n(\mathbb{C})$ とすると, $\mathfrak{g}_{\mathbb{C}}=\mathfrak{g}\otimes_{\mathbb{R}}\mathbb{C}$ である.

# 第4章

# Banach ∗-環の表現

　この章の目標は Banach ∗-環の表現を調べ，それを用いて可換な Banach ∗-環に関する Bochner の定理(定理 4.5.7)と Plancherel の定理(定理 4.5.8)を導くことである．

　$(\rho, H)$ を複素 Banach 環 $A$ の表現としよう．即ち複素 Hilbert 空間 $H$ と複素 Banach 環の連続な準同型写像 $\rho\colon A \to \mathcal{L}(H)$ を考えよう．$u \in H$ をとると $A$ の複素線形形式 $\varphi_{\rho,u}(x) = (\rho(x)u, u)\,(x \in A)$ が定まる．そこで $A$ の表現 $(\rho, H)$ を $A$ の線形形式 $\varphi_{\rho,u}$ によって制御することを考えよう．即ち $(\rho, H)$ の同型類は $\varphi_{\rho,u}$ によって決まるか(命題 4.3.3)，逆に $A$ のどのような線形形式は $\varphi_{\rho,u}$ として現れるか(定理 4.3.4)，あるいは $(\rho, H)$ の既約性を $\varphi_{\rho,u}$ を通して見ることができるか(定理 4.3.6)，などの疑問に答えるのが目標である．特に $A$ が Banach ∗-環で $\rho(x^*) = \rho(x)^*$ が成り立つとき($A$ の ∗-表現)が重要である．この場合 Banach ∗-環 $A$ に付随して $C^*$-環 $\widetilde{A}$ と準同型写像 $\tau\colon A \to \widetilde{A}$ が定まって，$A$ の ∗-表現と $\widetilde{A}$ の ∗-表現が $\tau$ を通して一対一に対応することがわかる．言い換えれば Banach ∗-環の表現論は $C^*$-環の表現論に帰着される．一方 $A$ 上の複素線形形式は Gelfand 変換を通して局所コンパクト空間 $\Delta(A)$ 上の測度と関係する．特に $A$ が可換の場合には，付随する $C^*$-環 $\widetilde{A}$ も可換となり，そこを経由することにより一般の可換 Banach ∗-環に関する Bochner の定理と Plancherel の定理が導かれる．

## 4.1 von Neumann 環

以下，複素 Hilbert 空間 $H$ を固定しておく．$\mathcal{L}(H)$ の部分集合 $\mathcal{S}$ に対して，任意の $S \in \mathcal{S}$ に対して $T \circ S = S \circ T$ である $T \in \mathcal{L}(H)$ の全体 $C_H(\mathcal{S})$ は $\mathcal{L}(H)$ の 1 をもつ $\mathbb{C}$-部分代数である．これを $\mathcal{L}(H)$ における $\mathcal{S}$ の**中心化環**と呼ぶ．

$\mathcal{L}(H)$ の 1 を含む $\mathbb{C}$-部分環 $\mathcal{A}$ が自己共役的(即ち，$T \in \mathcal{A}$ ならば $T^* \in \mathcal{A}$)かつ $\mathcal{A} = C_H(C_H(\mathcal{A}))$ であるとき，$\mathcal{A}$ を $H$ 上の **von Neumann 環**と呼ぶ．この節では von Neumann 環のいくつかの特徴付けを与える．

まず $\mathcal{L}(H)$ に与えられる位相を整理しておこう．$\mathcal{L}(H)$ をノルム $|T| = \sup_{0 \neq x \in H} |Tx|/|x|$ に関するノルム環とみたものを $\mathcal{L}_u(H)$ と書き，この位相を $\mathcal{L}(H)$ の**一様位相**と呼ぶ．例 1.1.5 より $\mathcal{L}_u(H)$ は $C^*$-環である．$\mathcal{L}(H)$ に強位相を与えたものを $\mathcal{L}_s(H)$ と書く．即ち，任意の $v \in H$ に対して $T \mapsto Tv$ が連続となる最弱の位相である．$\mathcal{L}_s(H)$ は半ノルム $p_v(T) = |Tv| \, (v \in H)$ の系 $\{p_v\}_{v \in H}$ による局所凸 Hausdorff 空間である．任意の $u, v \in H$ に対して $T \mapsto (Tu, v)$ が連続となる最弱の位相を与えた $\mathcal{L}(H)$ を $\mathcal{L}_w(H)$ と書き，この位相を $\mathcal{L}(H)$ の**弱位相**と呼ぶ．$\mathcal{L}_w(H)$ は半ノルム $p_{u,v}(T) = |(Tu, v)| \, (u, v \in H)$ の系 $\{p_{u,v}\}_{u,v \in H}$ による局所凸 Hausdorff 空間である．$\mathcal{L}(H)$ 上の位相の強さは

$$\text{弱位相} \leq \text{強位相} \leq \text{一様位相}$$

である．von Neumann 環をこれらの位相との関係から特徴付けるのである．まず任意の $S \in \mathcal{L}(H)$ に対して $T \mapsto T \circ S - S \circ T$ は $\mathcal{L}(H)$ の弱位相に関して連続だから，次の命題は明らかである；

**命題 4.1.1** 部分集合 $\mathcal{S} \subset \mathcal{L}(H)$ に対して $C_H(\mathcal{S})$ は弱位相に関して閉集合である．

よって $H$ 上の von Neumann 環は $\mathcal{L}(H)$ 上の弱位相に関して閉集合．したがって強位相に関しても閉集合である．特に $H$ 上の von Neumann 環は $\mathcal{L}_u(H)$ の 1 をもつ $C^*$-部分環である．一方，

**命題 4.1.2**　$\mathcal{L}(H)$ の 1 を含む自己共役的な $\mathbb{C}$-部分環 $\mathcal{A}$ の強位相に関する閉包を $\overline{\mathcal{A}}$ とすると，$C_H(C_H(\mathcal{A}))=\overline{\mathcal{A}}$ である．

［証明］　$S \in C_H(C_H(\mathcal{A}))$ とする．まず，任意の $0<\varepsilon \in \mathbb{R}$ と $v \in H$ に対して，$|Sv-Tv|<\varepsilon$ なる $v \in H$ が存在する；実際，$H$ における $\{Tv|T \in \mathcal{A}\}$ の閉包を $M$ とすると，任意の $T \in \mathcal{A}$ に対して $TM \subset M$ である．$\mathcal{A}$ は自己共役的だから，任意の $T \in \mathcal{A}$ に対して $T(M^\perp) \subset M^\perp$ である．よって $H$ から $M$ への直交射影を $P$ とすると $P \in C_H(\mathcal{A})$ だから，$P \circ S = S \circ P$ である．$v \in M$ だから $Pv=v$，よって $P \circ Sv = Sv$，したがって $Sv \in M$ となる．そこで任意の $0<\varepsilon \in \mathbb{R}$ と有限部分集合 $\{v_1, \cdots, v_r\} \subset H$ をとる．$H^r$ は自然に複素 Hilbert 空間となり，$T \in \mathcal{L}(H)$ に対して $\widetilde{T} = \bigoplus^r T \in \mathcal{L}(H^r)$ である．そこで $\widetilde{\mathcal{A}} = \{\widetilde{T}|T \in \mathcal{A}\}$ と $\widetilde{S} \in C_{H^r}(C_{H^r}(\widetilde{\mathcal{A}}))$ に上で示した主張を適用すれば，$|Sv_i-Tv_i|<\varepsilon (i=1,2, \cdots, r)$ なる $T \in \mathcal{A}$ が存在する．よって $S \in \overline{\mathcal{A}}$ である．よって $C_H(C_H(\mathcal{A})) \subset \overline{\mathcal{A}}$ であるが，命題 4.1.1 より $C_H(C_H(\mathcal{A}))$ は $\mathcal{A}$ を含む強位相に関する閉集合だから $\overline{\mathcal{A}} \subset C_H(C_H(\mathcal{A}))$ である．∎

この命題は **von Neumann の稠密性定理** と呼ばれる．ここから直ちに von Neumann 環は次のような特徴付けが得られる；

**定理 4.1.3**　$\mathcal{L}(H)$ の 1 を含む自己共役的な $\mathbb{C}$-部分環 $\mathcal{A}$ に対して次は同値である；
(1) $\mathcal{A}$ は $H$ 上の von Neumann 環である，
(2) $\mathcal{A}$ は $\mathcal{L}(H)$ の弱位相に関して閉集合である，
(3) $\mathcal{A}$ は $\mathcal{L}(H)$ の強位相に関して閉集合である．

$\mathcal{L}(H)$ の自己共役的部分集合 $\mathcal{S}$ に対して $\mathcal{A}=C_{\mathcal{L}(H)}(C_{\mathcal{L}(H)}(\mathcal{S}))$ は $H$ 上の von Neumann 環である．$\mathcal{S}$ と $1 \in \mathcal{L}(H)$ によって生成された $\mathcal{L}(H)$ の $\mathbb{C}$-部分代数を $\mathbb{C}[\mathcal{S}]$ とすると，$\mathcal{A}$ は $\mathcal{L}(H)$ における $\mathbb{C}[\mathcal{S}]$ の弱位相に関する閉包であり，$\mathcal{L}(H)$ における $\mathbb{C}[\mathcal{S}]$ の強位相に関する閉包でもある．$\mathcal{A}$ を $\mathcal{S}$ で生成された $H$ 上の **von Neumann 環** と呼ぶ．

さて，$\mathcal{B} \subset \mathcal{L}(H)$ を 1 を含む可換な $C^*$-部分環とする．$\mathcal{X}=\Delta(\mathcal{B})$ はコンパク

## 4.1 von Neumann 環

ト Hausdorff 空間であり (命題 1.6.3)，$T \mapsto \widehat{T}$ は $\mathcal{B}$ から $C(\mathcal{X})$ への $C^*$-環の同型写像である (定理 1.6.6) から，その逆写像を $f \mapsto T_f$ とする．任意の $u, v \in H$ に対して，複素線形写像 $\nu_{u,v}: C(\mathcal{X}) \to \mathbb{C}$ を $\nu_{u,v}(f) = (T_f u, v)$ と定義すると $|\nu_{u,v}(f)| \leq |f| \|u\| \|v\|$ だから $\nu_{u,v} \in M(\mathcal{X})$ は $\mathcal{X}$ 上の有界複素測度で $|\nu_{u,v}| \leq \|u\| \|v\|$ である．そこで任意の $u, v \in H$ に対して $\nu_{u,v}$-可測となる $\mathcal{X}$ 上の複素数値有界関数の全体を $L_0^\infty(\mathcal{X})$ とおくと，$L_0^\infty(\mathcal{X})$ は $|f| = \sup_{\alpha \in \mathcal{X}} |f(\alpha)|$ をノルムとする複素ノルム環である．任意の $f \in L_0^\infty(\mathcal{X})$ に対して

$$\left| \int_\mathcal{X} f(\alpha) d\nu_{u,v}(\alpha) \right| \leq |f| |\nu_{u,v}| \leq |f| \|u\| \|v\| \qquad (u, v \in H)$$

だから，任意の $u, v \in H$ に対して $(T_f u, v) = \int_\mathcal{X} f(\alpha) d\nu_{u,v}(\alpha)$ となる $T_f \in \mathcal{L}(H)$ が一意的に存在する．$|T_f| \leq |f|$ かつ $T_{\bar{f}} = T_f^*$ であり，$f \mapsto T_f$ は $L_0^\infty(\mathcal{X})$ から $\mathcal{L}(H)$ への $\mathbb{C}$-代数準同型写像である．また，任意の $f \in L_0^\infty(\mathcal{X})$ に対して $T_f \in C_H(C_H(\mathcal{B}))$ である；実際，$S \in C_H(\mathcal{B})$ とすると，任意の $u, v \in H$ に対して

$$(T_f \circ S u, v) = \int_\mathcal{X} f(\alpha) d\nu_{Su,v}(\alpha) = \int_\mathcal{X} f(\alpha) d\nu_{u, S^* v}(\alpha)$$
$$= (T_f u, S^* v) = (S \circ T_f u, v)$$

となる．さて，任意の $u, v \in H$ に対して $\nu_{u,v}$-可測なる部分集合 $Y \subset \mathcal{X}$ の特性関数 $\chi_Y \in L_0^\infty(\mathcal{X})$ に対して $E_Y = T_{\chi_Y} \in C_H(C_H(\mathcal{B}))$ とおくと，$\chi_Y^2 = \chi_Y = \overline{\chi}_Y$ だから $E_Y^2 = E_Y = E_Y^*$ である．更に $\langle \chi_Y | Y \subset \mathcal{X} \rangle_\mathbb{C}$ は $L_0^\infty(\mathcal{X})$ の稠密な部分集合だから，$\langle E_Y | Y \subset \mathcal{X} \rangle_\mathbb{C}$ は $\{T_f | f \in L_0^\infty(\mathcal{X})\}$ の稠密な部分集合となる．よって $T \in \mathcal{L}(H)$ が任意の $E_Y$ と可換ならば $T \in C_H(\mathcal{B})$ である．これを利用して次の定理が導かれる；

**定理 4.1.4** $\mathcal{A}$ を $H$ 上の von Neumann 環とする．$\mathcal{A}$ に含まれる $H$ 上の直交射影 (即ち $P^2 = P = P^*$ なる $P \in \mathcal{L}(H)$) の全体を $\mathcal{M}$ とおくと $\mathcal{A} = C_H(C_H(\mathcal{M}))$ である．

[証明] $C_H(\mathcal{A}) \subset C_H(\mathcal{M})$ は明らか．逆に $T \in C_H(\mathcal{M})$ とする．任意の $S \in \mathcal{A}$ に対して $\langle S^n | 0 \leq n \in \mathbb{Z} \rangle_\mathbb{C} \subset \mathcal{L}(H)$ ($S^0 = 1$ とする) の一様位相に関する閉包 $\mathcal{B}$ は 1 を含む可換な $C^*$-部分環であるから，上で述べた一般論を用いる．任意の $u, v \in H$ に対して $\nu_{u,v}$-可測なる部分集合 $Y \subset \Delta(\mathcal{B})$ に対して $E_Y \in C_H(C_H(\mathcal{B}))$

$\subset C_H(C_H(\mathcal{A}))=\mathcal{A}$ だから $E_Y\in\mathcal{M}$，よって $T\circ E_Y=E_Y\circ T$ となる．よって $T\in C_H(\mathcal{B})$ となるから $T\circ S=S\circ T$ である．よって $T\in C_H(\mathcal{A})$ となる．よって $C_H(\mathcal{A})=C_H(\mathcal{M})$ だから $C_H(C_H(\mathcal{M}))=\mathcal{A}$ となる．∎

## 4.2 Banach *-環上の正値線形形式

以下，$A$ を Banach *-環として，複素線形形式 $\varphi: A\to\mathbb{C}$ を考える．

任意の $x\in A$ に対して $\varphi(x^*x)\geq 0$ となるとき，$\varphi$ は**正値**であるという．このとき

$$\overline{\varphi(x^*y)} = \varphi(y^*x), \qquad |\varphi(x^*y)|^2 \leq \varphi(x^*x)\cdot\varphi(y^*y) \qquad (x,y\in A) \quad (4.1)$$

である；実際，任意の $\lambda\in\mathbb{C}$ に対して

$$\varphi(x^*x)+\lambda\varphi(x^*y)+\overline{\lambda}\varphi(y^*x)+|\lambda|^2\varphi(y^*y) = \varphi((x+\lambda y)^*(x+\lambda y)) \geq 0.$$

$\lambda=1$ または $\lambda=\sqrt{-1}$ として，$\varphi(x^*y)+\varphi(y^*x)\in\mathbb{R}$ または $\varphi(x^*y)-\varphi(y^*x)\in\sqrt{-1}\mathbb{R}$ だから，第一の等式を得る．また，$\varphi(x^*y)\neq 0$ のとき，$\lambda=-\varphi(x^*x)/\varphi(x^*y)$ とおいて，第二の不等式を得る．

任意の $x\in A$ に対して $\varphi(x^*)=\overline{\varphi(x)}$ であるとき，$\varphi$ は **Hermite 的**であるという．$\varphi$ が Hermite 的である必要十分条件は，$x^*=x$ なる任意の $x\in A$ に対して $\varphi(x)\in\mathbb{R}$ となることである．

一般に複素線形形式 $\varphi: A\to\mathbb{C}$ が正値 Hermite 的で，任意の $x\in A$ に対して $|\varphi(x)|^2\leq\lambda\cdot\varphi(x^*x)$ となる $0<\lambda\in\mathbb{R}$ が存在するとき，$\varphi$ は**有界変動**であるといい，そのような $0<\lambda\in\mathbb{R}$ の下限を $v(\varphi)$ と書いて $\varphi$ の**全変動**と呼ぶ．$A$ 上の正値 Hermite 的かつ有界変動なる複素線形形式 $\varphi,\psi$ に対して

$$v(\varphi+\psi) \leq v(\varphi)+v(\psi), \qquad v(\lambda\cdot\varphi) = \lambda\cdot v(\varphi) \qquad (0\leq\lambda\in\mathbb{R}) \quad (4.2)$$

である．

$A$ が 1 をもつならば，正値複素線形形式 $\varphi$ は自動的に Hermite 的かつ有界変動であって，$v(\varphi)=\varphi(1)$ である．$A$ が 1 をもたないとき，正値複素線形形式 $\varphi$ に対して次は同値である；

4.2 Banach ∗-環上の正値線形形式　　　　　　　　　　95

(1) $\varphi$ は Hermite 的かつ有界変動,
(2) $\varphi$ は正値複素線形形式 $\Phi$: $A_e\to\mathbb{C}$ に延長される.

実際，$\varphi$ が Hermite 的かつ有界変動のとき，$v(\varphi)\leq\alpha$ なる任意の $\alpha\in\mathbb{R}$ をとって $\Phi(x,\lambda)=\varphi(x)+\alpha\lambda$ $((x,\lambda)\in A_e)$ とおけば

$$|\mathrm{Re}\,\varphi(\bar\lambda x)|\leq|\lambda||\varphi(x)|\leq|\lambda|\{v(\varphi)\varphi(x^*x)\}^{1/2}\leq|\lambda|\{\alpha\varphi(x^*x)\}^{1/2}$$

より $\Phi((x,\lambda)^*(x,\lambda))\geq(\varphi(x^*x)-\sqrt{\alpha}|\lambda|)^2\geq0$ となる.逆は明らか.

次の命題が示すように，正値複素線形形式に対して，Hermite 的かつ有界変動であることは連続であることと近い性質である.

**命題 4.2.1**　正値複素線形形式 $\varphi$: $A\to\mathbb{C}$ に対して
(1) $\varphi$ が Hermite 的かつ有界変動ならば $\varphi$ は連続で $|\varphi|\leq v(\varphi)\cdot\sqrt{c}$, ただし $c=\sup\limits_{0\neq x}|x^*|/|x|$ である,
(2) $A$ が弱い意味で近似的な 1 をもつとき，$\varphi$ が連続ならば $\varphi$ は Hermite 的かつ有界変動である.

［証明］(1) $A_e$ への延長を考えれば $A$ は 1 をもつとしてよい.まず $x^*=x$ なる $x\in A$ に対して，$|x|<r$ とすると $y^2=1-r^{-1}\cdot x$ かつ $y^*=y$ なる $y\in A$ がとれるから $\varphi(1)-\varphi(r^{-1}x)=\varphi(y^*y)\geq0$. 同様に $\varphi(1)+\varphi(r^{-1}x)\geq0$, したがって $|\varphi(x)|<\varphi(1)r$ となるから，$|\varphi(x)|\leq\varphi(1)|x|$ である.よって任意の $x\in A$ に対して $|\varphi(x)|^2\leq\varphi(1)\varphi(x^*x)\leq\varphi(1)^2|x^*x|\leq\varphi(1)^2c|x|^2$ を得る.

(2) 定数 $C>0$ があって，任意の $x\in A$ に対して $|x^*|\leq C|x|$ かつ $|\varphi(x)|\leq C|x|$ である.任意の $x\in A$ と $\varepsilon>0$ に対して，$|u|\leq1, |ux-x|\leq\varepsilon$ かつ $|xu-x|\leq\varepsilon$ なる $u\in A$ をとる.

$$|\varphi(x^*)-\overline{\varphi(x)}|\leq|\varphi(x^*-u^*x^*)|+|\varphi(ux-x)|\leq C^2\varepsilon+C\varepsilon$$

だから $\varphi(x^*)=\overline{\varphi(x)}$ である. $|\varphi(x)-\varphi(ux)|\leq C\varepsilon$ より

$$|\varphi(x)|^2\leq|\varphi(ux)|^2+2|\varphi(ux)|C\varepsilon+C^2\varepsilon^2$$
$$\leq\varphi(u^*u)\varphi(x^*x)+2C^2|x|\varepsilon+C^2\varepsilon^2$$
$$\leq C^2\varphi(x^*x)+2C^2|x|\varepsilon+C^2\varepsilon^2$$

となり，$|\varphi(x)|^2 \leq C^2 \varphi(x^*x)$ を得る．∎

次の節で Banach $*$-環の表現論を展開する際に利用するために，いくつか言葉を定義しておく．$\varphi: A \to \mathbb{C}$ を正値 Hermite 的かつ有界変動な複素線形形式とする．$\varphi = \psi_1 + \psi_2$ なる正値 Hermite 的複素線形形式 $\psi_i (i=1,2)$ を $\varphi$ の**分解**と呼ぶ．特に $\psi_1 = \lambda \varphi$, $\psi_2 = (1-\lambda)\varphi (0 \leq \lambda \leq 1)$ のとき $\{\psi_1, \psi_2\}$ を $\varphi$ の**自明な分解**と呼ぶ．$\varphi$ の分解が自明なものに限るとき，$\varphi$ を $A$ の**純粋状態**と呼ぶ．即ち，正値 Hermite 的かつ有界変動なる複素線形形式 $\psi: A \to \mathbb{C}$ で $\varphi - \psi$ が正値なるもの全体を $\mathcal{H}(A, \varphi)$ とおくと $\{\lambda \cdot \varphi | 0 \leq \lambda \leq 1\} \subset \mathcal{H}(A, \varphi)$ で，これが一致するときに $\varphi$ を純粋状態と呼ぶのである．

**問題 4.2.1** Banach $*$-環 $A$ 上の正値複素線形形式 $\varphi: A \to \mathbb{C}$ と $a \in A$ に対して $\varphi^a(x) = \varphi(a^*xa) (x \in A)$ とおくと，$\varphi^a$ は正値 Hermite 的かつ有界変動で $v(\varphi^a) \leq \varphi(u^*u)$ となることを示せ．

**問題 4.2.2** $C^*$-環 $A$ 上の正値複素線形形式 $\varphi: A \to \mathbb{C}$ は連続であることを示せ．

## 4.3 Banach $*$-環の $*$-表現

この節では Banach $*$-環の表現論の基礎を解説する．後に局所コンパクト群に付随して Banach $*$-環をいくつか定義するが(そのうちの一つは既に示した例 1.1.4 である)，それを通して局所コンパクト群の表現論に応用される．

以下，$A$ を Banach $*$-環とする．

複素 Hilbert 空間 $H$ と $\mathbb{C}$-代数準同型写像 $\rho: A \to \mathcal{L}(H)$ が $\rho(x^*) = \rho(x)^*$ を満たすとき，$(\rho, H)$ を(あるいは簡単に $\rho$ を)Banach $*$-環 $A$ の $*$-**表現**と呼び，$H$ を $\rho$ の**表現空間**と呼ぶ．$\mathcal{L}(H)$ は $C^*$-環だから，命題 1.4.3 より $\rho: A \to \mathcal{L}(H)$ は連続である．

$A$ の $*$-表現 $(\rho_i, H_i)(i=1,2)$ に対して，任意の $x \in A$ に対して $U \circ \rho_1(x) = \rho_2(x) \circ U$ なる $U \in \mathcal{L}(H_1, H_2)$ を $\rho_1$ から $\rho_2$ への**繋絡作用素**と呼び，その全体を $\mathcal{L}_A(H_1, H_2)$ と書く．特に $H_1$ から $H_2$ へのユニタリ同型写像なる $U \in \mathcal{L}_A(H_1,$

4.3 Banach $*$-環の $*$-表現

$H_2$) が存在するとき，$\rho_1, \rho_2$ はユニタリ同値であるといい，$U$ をユニタリ同値写像と呼ぶ．

$A$ の $*$-表現 $(\rho, H)$ に対して，任意の $x \in A$ に対して $\rho(x)M \subset M$ なる複素ベクトル閉部分空間 $M \subset H$ があれば，$\rho(x) \in \mathcal{L}(H)$ の $M$ の制限 $\rho|_M(x) = \rho(x)|_M \in \mathcal{L}(M)$ は $A$ の $M$ 上の表現 $(\rho|_M, M)$ を定義する．これを表現 $(\rho, H)$ の $*$-部分表現と呼ぶ．$M = \{0\}$ と $M = H$ はそれぞれ $*$-部分表現を定めるが，これらを自明な $*$-部分表現と呼ぶ．$(\rho, H)$ の $*$-部分表現が自明なものに限るとき，$(\rho, H)$ を既約な $*$-表現と呼ぶ．

$A$ の一般の $*$-表現 $(\rho, H)$ に話をもどして，$\rho(A)$ は $\mathcal{L}(H)$ の自己共役的な部分集合だから，$\mathcal{A}_\rho = C_H(C_H(\rho(A)))$ は $H$ 上の von Neumann 環となる．$\mathcal{A}_\rho$ は $\rho(A)$ を含む最小の von Neumann 環であって，$*$-表現 $(\rho, H)$ に付随する von Neumann 環と呼ぶ．一方，$\mathcal{L}_\rho(H) = C_H(\rho(A))$ も $H$ 上の von Neumann 環となり，$(\rho, H)$ の自己繋絡作用素のなす von Neumann 環と呼ぶ．$\mathcal{L}_\rho(H) = C_H(\mathcal{A}_\rho)$ である．これらの von Neumann 環を用いて，既約表現を特徴付けることができる；

**定理 4.3.1** $A$ の $*$-表現 $(\rho, H)$ に対して，次は同値である；
(1) $(\rho, H)$ は既約，
(2) 任意の $T \in \mathcal{A}_\rho$ に対して $TM \subset M$ なる $\mathbb{C}$-ベクトル閉部分空間 $M \subset H$ は $M = \{0\}$ と $M = H$ に限る，
(3) $\mathcal{A}_\rho = \mathcal{L}(H)$,
(4) $\mathcal{L}_\rho(H) = \mathbb{C} \cdot 1$.

［証明］ 閉部分空間 $M \subset H$ に対応する直交射影 $P: H \to M$ に対して次は同値である；
(1) 任意の $x \in A$ に対して $\rho(x)M \subset M$ である，
(2) 任意の $x \in A$ に対して $P \circ \rho(x) = \rho(x) \circ P$ である，
(3) $P \in \mathcal{L}_\rho(H) = C_H(\mathcal{A}_\rho)$ である，
(4) 任意の $T \in \mathcal{A}_\rho$ に対して $P \circ T = T \circ P$ である，
(5) 任意の $T \in \mathcal{A}_\rho$ に対して $TM \subset M$ である．

よって定理 4.1.4 から，(1), (2), (4) が同値であることがわかる．(4)⇒(3) は

明らか. 逆に $\mathcal{A}_\rho = \mathcal{L}(H)$ と仮定して, $T \in \mathcal{L}_\rho(H) = C_H(\mathcal{A}_\rho)$ をとる. $0 \neq u \in H$ として $P_u \in \mathcal{L}(H)$ を $\langle u \rangle_{\mathbb{C}}$ への直交射影とすると, $T \circ P_u = P_u \circ T$ だから $Tu = \lambda(u)$ なる $\lambda(u) \in \mathbb{C}$ がある. 任意の $0 \neq c \in \mathbb{C}$ に対して

$$c\lambda(u)u = T(cu) = \lambda(cu)cu$$

より $\lambda(cu) = \lambda(u)$. また $\{u, v\} \subset H$ が $\mathbb{C}$ 上 1 次独立ならば

$$\lambda(u+v)(u+v) = T(u+v) = Tu+Tv = \lambda(u)u+\lambda(v)v$$

より $\lambda(u) = \lambda(v)$. よって $\lambda(u) = \lambda$ は $u \in H$ に依らない定数である. 即ち $T = \lambda \cdot 1$ となる. ■

ここで Banach $*$-環の表現と前の節で導入した正値線形形式を結び付ける. 即ち, $(\rho, H)$ を $A$ の $*$-表現としたとき, $u \in H$ に対して $\varphi_{\rho,u}(x) = (\rho(x)u, u)$ $(x \in A)$ とおくと, 任意の $x \in A$ に対して

$$\varphi_{\rho,u}(x^*x) = (\rho(x)^* \circ \rho(x)u, u) = |\rho(x)u|^2 \geq 0,$$

$$\varphi_{\rho,u}(x^*) = (\rho(x)^*u, u) = (u, \rho(x)u) = \overline{\varphi_{\rho,u}(x)}$$

だから $\varphi_{\rho,u}$ は正値 Hermite 的であり

$$|\varphi_{\rho,u}(x)|^2 = |(\rho(x)u, u)|^2 \leq |\rho(x)u|^2 |u|^2 = \varphi_{\rho,u}(x^*x) \cdot |u|^2$$

だから有界変動で $v(\varphi_{\rho,u}) \leq |u|^2$ である. この関係を更に精密に調べるために, $A$ の $*$-表現 $(\rho, H)$ に対して, $\{\rho(x)u | x \in A\}$ が $H$ で稠密となる $u \in H$ が存在するとき, $(\rho, H)$ を巡回 $*$-表現と呼び, $u$ を $(\rho, H)$ の巡回ベクトルと呼ぶ. するとまず

**命題 4.3.2** $A$ の巡回 $*$-表現 $(\rho, H)$ の巡回ベクトル $u \in H$ に対して $v(\varphi_{\rho,u}) = |u|^2$ である.

［証明］ $x_n \in A$ をとって $\lim_{n \to \infty} \rho(x_n)u = u$ とできる.

$$|(\rho(x_n)u,u)-|u|^2| = |(\rho(x_n)u-u,u)| \leq |\rho(x_n)u-u||u|$$

より $\lim_{n\to\infty}(\rho(x_n)u,u)=|u|^2$. よって

$$\lim_{n\to\infty}\frac{|\varphi_{\rho,u}(x_n)|^2}{\varphi_{\rho,u}(x_n^*x_n)} = \lim_{n\to\infty}\left(\frac{|(\rho(x_n)u,u)|}{|\rho(x_n)u|}\right)^2 = |u|^2$$

より $v(\varphi_{\rho,u})=|u|^2$ となる. ∎

実際には $A$ の巡回 $*$-表現は付随する線形形式 $\varphi_{\rho,u}$ により決定される. 即ち, 次の命題が成り立つ；

**命題 4.3.3** $A$ の巡回 $*$-表現 $(\rho_i, H_i)(i=1,2)$ と巡回ベクトル $u_i \in H_i$ に対して, $\varphi_{\rho_1,u_1}=\varphi_{\rho_2,u_2}$ ならば, ユニタリ同値写像 $U \in \mathcal{L}_A(H_1, H_2)$ があって $Uu_1=u_2$ となる.

［証明］ $\varphi_{\rho_1,u_1}=\varphi_{\rho_2,u_2}$ より任意の $x,y \in A$ に対して $(\rho_1(x)u_1,\rho_1(y)u_1)$ $=(\rho_2(x)u_2,\rho_2(y)u_2)$ となるから, 任意の $x \in A$ に対して $U(\rho_1(x)u_1)=\rho_2(x)u_2$ なる複素 Hilbert 空間のユニタリ同型写像 $U\colon H_1 \xrightarrow{\sim} H_2$ が存在する. このとき任意の $x \in A$ に対して $U \circ \rho_1(x)=\rho_2(x) \circ U$ であり,

$$(\rho_2(x)u_2, u_2) = \varphi_{\rho_2,u_2}(x) = \varphi_{\rho_1,u_1}(x) = (\rho_1(x)u_1, u_1)$$
$$= (U\circ\rho_1(x)u_1, Uu_1) = (\rho_2(x)u_2, Uu_1)$$

となるから $Uu_1=u_2$ である. ∎

更に

**定理 4.3.4** 正値 Hermite 的かつ有界変動の線形形式 $\varphi\colon A\to\mathbb{C}$ に対して, $\varphi_{\rho,u}=\varphi$ となる $A$ の巡回 $*$-表現 $(\rho,H)$ と巡回ベクトル $u \in H$ が存在する.

［証明］ $|\varphi(yx)|^2 \leq \varphi(yy^*)\varphi(x^*x)$ $(x,y \in A)$ より, $\varphi(x^*x)=0$ なる $x \in A$ 全体 $\mathfrak{a}$ は $A$ の左イデアルをなす. $A/\mathfrak{a}$ は $(\dot{x},\dot{y})=\varphi(y^*x)$ を内積とする前 Hilbert 空間となるから, その完備化を $H$ とする. $A/\mathfrak{a}$ は左 $A$-加群だから $a \in A$ に対して $\rho(a)\dot{x}=a\dot{x}$ $(\dot{x} \in A/\mathfrak{a})$ とおく. 問題 4.2.1 と命題 4.2.1 より

$$|\rho(a)\dot{x}|^2 = \varphi((ax)^*ax) = \varphi^x(a^*a) \leq |\varphi^x||a^*a|$$
$$\leq C^{3/2}\cdot v(\varphi)|a|^2 \leq C^{3/2}\varphi(x^*x)\cdot|a|^2 = C^{3/2}|a|^2|\dot{x}|^2$$

($C= \sup\limits_{0\neq x\in A} |x^*|/|x|$) となるから，$\widetilde{\rho}(a)\in\mathcal{L}(H)$ を $\rho(a)\in\mathrm{End}_{\mathbb{C}}(A/\mathfrak{a})$ の連続な延長とする．任意の $a\in A$ と $\dot{x}, \dot{y}\in A/\mathfrak{a}$ に対して

$$(\rho(a^*)\dot{x}, \dot{y}) = \varphi(y^*a^*x) = \varphi((ay)^*x) = (\dot{x}, \rho(a)\dot{y})$$

となるから $(\widetilde{\rho}, H)$ は $A$ の $*$-表現である．ここで $|\varphi(x)|^2 \leq v(\varphi)\varphi(x^*x) (x\in A)$ だから，複素線形形式 $\alpha: A/\mathfrak{a}\to\mathbb{C}$ が $\alpha(\dot{x})=\varphi(x)$ により定義されて，任意の $\dot{x}\in A/\mathfrak{a}$ に対して $|\alpha(\dot{x})|^2=|\varphi(x)|^2\leq v(\varphi)\varphi(x^*x)=v(\varphi)|\dot{x}|^2$ であるから，$\widetilde{\alpha}: H\to\mathbb{C}$ を $\alpha$ の連続な延長とする．Riesz の定理より $\widetilde{\alpha}=(*, u)$ なる $u\in H$ をとると，任意の $a\in A$ に対して

$$(\dot{x}, \widetilde{\rho}(a)u) = (\rho(a^*)\cdot\dot{x}, u) = \varphi(a^*x) = (\dot{x}, \dot{a}) \quad (\dot{x}\in A/\mathfrak{a})$$

だから $\widetilde{\rho}(a)u=\dot{a}$ となる．よって $u\in H$ は $\widetilde{\rho}$ の巡回ベクトルであり，任意の $x\in A$ に対して $(\widetilde{\rho}(x)u, u)=(\dot{x}, u)=\alpha(\dot{x})=\varphi(x)$ だから $\varphi_{\widetilde{\rho}, u}=\varphi$ となる．∎

このようにして Banach $*$-環 $A$ の巡回 $*$-表現は $A$ 上の正値 Hermite 的かつ有界変動なる複素線形形式をとおして制御されている．それでは $*$-表現の既約性はどのように見ることができるだろうか．それを見るために，$A$ の $*$-表現 $(\rho, H)$ に対して $\mathcal{L}_{\rho}^{+}(H)=\mathcal{L}_{\rho}(H)\cap\mathcal{L}(H)^{+}$ とおく．即ち $\mathcal{L}_{\rho}^{+}(H)$ は，任意の $x\in A$ に対して $\rho(x)\circ T=T\circ\rho(x)$ となる $T^*=T$ かつ任意の $u\in H$ に対して $(Tu, u)\geq 0$ なる $T\in\mathcal{L}(H)$ の全体である．更に $|T|\leq 1$ なる $T\in\mathcal{L}_{\rho}^{+}(H)$ の全体を $\mathcal{H}(\rho, H)$ とおく．次の命題が基本的である；

**命題 4.3.5** $A$ の巡回 $*$-表現 $(\rho, H)$ の巡回ベクトルを $u\in H$ とする．$T\in\mathcal{H}(\rho, H)$ に対して $\varphi_T(x)=(T\circ\rho(x)u, u) (x\in A)$ とおくと，$T\mapsto\varphi_T$ は $\mathcal{H}(\rho, H)$ から $\mathcal{H}(A, \varphi_{\rho, u})$ (96頁) への全単射である．

［証明］ $T\in\mathcal{H}(\rho, H)$ とする．明らかに $\varphi_T: A\to\mathbb{C}$ は正値 Hermite 的な線形形式である．定理 1.6.8 より $S^*=S$ かつ $T=S^2$ なる $\mathcal{L}_{\rho}(H)$ があるから，任意

## 4.3 Banach ∗-環の ∗-表現

の $x{\in}A$ に対して

$$|\varphi_T(x)|^2 = |(S{\circ}\rho(x)u, Su)|^2$$
$$\leq |S{\circ}\rho(x)u|^2|Su|^2 = \varphi_T(x^*x){\cdot}|Su|^2$$

となるから，$\varphi_T$ は有界変動である．更に任意の $x{\in}A$ に対して

$$\varphi_T(x^*x) = (T{\circ}\rho(x)u, \rho(x)u) \leq |T||\rho(x)u|^2 \leq \varphi_{\rho,u}(x^*x)$$

だから $\varphi_{\rho,u}-\varphi_T$ は正値である．ここで任意の $x,y{\in}A$ に対して $\varphi_T(y^*x)$= $(T{\circ}\rho(x)u, \rho(y)u)$ で，$\rho(A)u$ は $H$ の稠密な部分空間だから，$T{\mapsto}\varphi_T$ は $\mathcal{H}(\rho, H)$ から $\mathcal{H}(A, \varphi_{\rho,u})$ への単射である．逆に $\varphi{\in}\mathcal{H}(A, \varphi_{\rho,u})$ とする．任意の $x,y{\in}A$ に対して

$$|\varphi(y^*x)|^2 \leq \varphi(x^*x)\varphi(y^*y) \leq \varphi_{\rho,u}(x^*x)\varphi_{\rho,u}(y^*y) = |\rho(x)u|^2|\rho(y)u|^2$$

で $\rho(A)u$ は $H$ の稠密な部分空間だから，$\mathbb{R}$-双線形形式 $Q{:}\,H{\times}H{\to}\mathbb{C}$ であって

(1) 任意の $x,y{\in}A$ に対して $Q(\rho(x)u, \rho(y)u)$=$\varphi(y^*x)$，
(2) $\overline{Q(v,w)}$=$Q(w,v)$ かつ $Q(\lambda v, w)$=$\lambda Q(v,w)$ $(\lambda{\in}\mathbb{C})$，
(3) $|Q(v,w)|{\leq}|v||w|$ かつ $Q(v,v){\geq}0$

なるものが存在する．Riesz の定理より $Q(v,w)$=$(Tv,w)$ なる $T{\in}\mathcal{L}(H)$ をとる．任意の $x,y,z{\in}A$ に対して

$$(T{\circ}\rho(x){\circ}\rho(y)u, \rho(z)u) = Q(\rho(xy)u, \rho(z)u) = \varphi(z^*xy) = \varphi((x^*z)^*y)$$
$$= (T{\circ}\rho(y)u, \rho(x^*z)u)$$
$$= (\rho(x){\circ}T{\circ}\rho(y)u, \rho(z)u)$$

で $\rho(A)u$ は $H$ で稠密だから $T{\circ}\rho(x)$=$\rho(x){\circ}T$ となり，$T{\in}\mathcal{L}_\rho(H)$ である．更に $T^*$=$T$ かつ，任意の $v{\in}H$ に対して $(Tv,v)$=$Q(v,v){\geq}0$ だから $T{\in}\mathcal{L}_\rho^+(H)$ である．また，任意の $v{\in}H$ に対して

$$|Tv|^2 = (Tv, Tv) = |Q(v, Tv)| \leq |v||Tv|$$

より $|T|{\leq}1$．よって $T{\in}\mathcal{H}(\rho, H)$ である．ここで任意の $x{\in}A$ に対して

$$|\varphi(x)|^2 \leq v(\varphi)\varphi(x^*x) \leq v(\varphi)\varphi_{\rho,u}(x^*x) = v(\varphi)|\rho(x)u|^2$$

で $\rho(A)u$ は $H$ で稠密だから，Riesz の定理から任意の $x \in A$ に対して $\varphi(x) = (\rho(x)u, v)$ なる $v \in H$ が存在する．ここで任意の $x, y \in A$ に対して

$$(T \circ \rho(x)u, \rho(y)u) = Q(\rho(x)u, \rho(y)u) = \varphi(y^*x)$$
$$= (\rho(y^*x)u, v) = (\rho(x)u, \rho(y)v)$$

で $\rho(A)u$ は $H$ で稠密だから $T \circ \rho(x)u = \rho(x)v$ となる．よって

$$\varphi_T(x) = (\rho(x)v, u) = \overline{(\rho(x^*)u, v)} = \overline{\varphi(x^*)} = \varphi(x)$$

となる． ∎

すると巡回 ∗-表現の既約性は次のように述べることができる；

**定理 4.3.6** $A$ の巡回 ∗-表現 $(\rho, H)$ の巡回ベクトルを $u \in H$ とする．$\rho$ が既約であるための必要十分条件は $\varphi_{\rho,u}$ が $A$ の純粋状態となることである．

［証明］ $\rho$ が既約ならば $\mathcal{L}_\rho(H) = \mathbb{C} \cdot 1$ だから(定理 4.3.1)，命題 4.3.5 より $\varphi_{\rho,u}$ は純粋状態である．逆に $\varphi_{\rho,u}$ が $A$ の純粋状態であるとすると，命題 4.3.5 より $\mathcal{H}(\rho, H) = \{\lambda \cdot 1 \in \mathcal{L}(H) | 0 \leq \lambda \leq 1\}$ である．$M \subset H$ を，任意の $x \in A$ に対して $\rho(x)M \subset M$ なる閉部分空間として，直交射影 $P: H \to M$ は $P \in \mathcal{L}_\rho(H)$ かつ $|P| \leq 1$ である．更に $(Pu, u) = (P^2u, u) = |Pu|^2 \geq 0 (u \in H)$ より $P \in \mathcal{H}(\rho, H)$ である．よって $P = 0$ または $P = 1$，したがって $M = \{0\}$ または $M = H$ である． ∎

ところで Banach ∗-環は既約な巡回 ∗-表現をもつだろうか．それに答えるために，正値 Hermite 的かつ有界変動なる線形形式 $\varphi: A \to \mathbb{C}$ で $v(\varphi) \leq 1$ なるもの全体を $K(A)$ と書くことにする．$0 \in K(A)$ は $K(A)$ の端点である(端点については付録 A.1 を参照)；実際 $\varphi, \psi \in K(A)$ と $0 < \lambda < 1$ に対して $\lambda\varphi + (1-\lambda)\psi = 0$ ならば，任意の $x \in A$ に対して $\lambda\varphi(x^*x) + (1-\lambda)\psi(x^*x) = 0$，$\varphi(x^*x) \geq 0$，$\psi(x^*x) \geq 0$ より $\varphi(x^*x) = \psi(x^*x) = 0$，よって $|\varphi(x)|^2 \leq v(\varphi)\varphi(x^*x)$ より $\varphi = \psi =$

0 となる．更に $A'=\mathcal{L}(A,\mathbb{C})$ に対して

**命題 4.3.7**　$K(A)\subset A'$ は強位相に関してコンパクトな凸集合である．

［証明］$K(A)$ は，任意の $x\in A$ に対して $\alpha(x^*)=\overline{\alpha(x)}$ かつ $|\alpha(x^2)|\leq\alpha(x^*x)$ を満たす $\alpha\in A'$ の全体だから，強位相に関する $A'$ の閉集合であることは明らか．命題 4.2.1 より $K(A)\subset\mathcal{L}(A,\mathbb{C})$ は同程度連続だから，定理 A.1.8 より $K(A)\subset A'$ は強位相に関してコンパクトである．凸集合であることは(4.2)よりわかる．■

$K(A)$ と既約な巡回 $*$-表現は次の定理により結び付けられる；

**定理 4.3.8**　$0\neq\varphi\in K(A)$ に対して，$\varphi$ が $K(A)$ の端点である必要十分条件は，$\varphi$ が $A$ 上の純粋状態かつ $v(\varphi)=1$ となることである．

［証明］$\varphi$ が $K(A)$ の端点であるとする．$\varphi\neq 0$ だから $v(\varphi)>0$ であるが $v(\varphi)<1$ とすると，$\lambda=v(\varphi), \psi=\lambda^{-1}\varphi\in K(A)$ とおけば $\varphi=\lambda\psi+(1-\lambda)\cdot 0$ となり，$\varphi$ が $K(A)$ の端点であることに反する．よって $v(\varphi)=1$．定理 4.3.4 より $A$ の巡回 $*$-表現 $(\rho,H)$ と巡回ベクトル $u\in H$ で $\varphi=\varphi_{\rho,u}$ なるものが存在する．$(\rho,H)$ は既約である．実際，$M_1\subset H$ を $\rho(x)M_1\subset M_1 (x\in A)$ なる閉部分空間とする．$M_2=M^{\perp}$ として，$u=u_1+u_2 (u_i\in M_i)$ とおくと，$u_i$ は部分表現 $\rho_i=\rho|_{M_i}$ の巡回ベクトルである．$\varphi_i=\varphi_{\rho_i,u_i}$ とおくと，命題 4.3.2 より $v(\varphi_i)=|u_i|^2$ で

$$1=v(\varphi)=|u|^2=|u_1|^2+|u_2|^2=v(\varphi_1)+v(\varphi_2)$$

である．ここで $v(\varphi_1)>0, v(\varphi_2)>0$ とすると，$\psi_i=v(\varphi_i)^{-1}\varphi_i$ とおけば $\varphi\neq\psi_i\in K(A)$ かつ $\varphi=v(\varphi_1)\psi_1+v(\varphi_2)\psi_2$ となり，$\varphi$ が $K(A)$ の端点であることに反する．よって定理 4.3.6 より $\varphi$ は $A$ の純粋状態である．逆に $\varphi$ が $A$ の純粋状態かつ $v(\varphi)=1$ であるとする．$\varphi_i\in K(A)$ と $0<\lambda_i\in\mathbb{R} (i=1,2)$ に対して $\varphi=\lambda_1\varphi_1+\lambda_2\varphi_2$, $\lambda_1+\lambda_2=1$ とすると，$0\leq v(\varphi_i)\leq 1$ かつ $1=v(\varphi)\leq\lambda_1 v(\varphi_1)+\lambda_2 v(\varphi_2)\leq\lambda_1+\lambda_2=1$ だから $v(\varphi_1)=v(\varphi_2)=1$ である．一方，$\varphi$ は $A$ の純粋状態で，$\lambda_i\varphi_i\in\mathcal{H}(A,\varphi)$ だから $\lambda_i\varphi_i=\mu_i\varphi$ なる $0\leq\mu_i\leq 1$ が存在する．よって $\lambda_i=v(\lambda_i\varphi_i)=v(\mu_i\varphi)=\mu_i$ となり $\varphi_1=\varphi_2=\varphi$ となる．よって $\varphi$ は $K(A)$ の端点であ

る. ∎

ここから次の定理を得る；

**定理 4.3.9** $a \in A$ に対して次は同値である；
(1) $A$ の既約 *-表現 $(\rho, H)$ で $\rho(a) \neq 0$ なるものが存在する，
(2) $A$ の *-表現 $(\rho, H)$ で $\rho(a) \neq 0$ なるものが存在する，
(3) $A$ 上の正値 Hermite 的かつ有界変動なる線形形式 $\varphi: A \to \mathbb{C}$ であって $\varphi(a^*a) \neq 0$ なるものが存在する．

［証明］ (3) を仮定して (1) を導こう．$0 < v(\varphi) < \infty$ だから $\varphi' = v(\varphi)^{-1}\varphi \in K(A)$ かつ $\varphi'(a^*a) > 0$ である．命題 4.3.7 と Kreĭn-Mil'man の定理 A.1.11 より，$\psi(a^*a) > 0$ なる $K(A)$ の端点 $\psi$ が存在する．そこで定理 4.3.4 により $A$ の巡回 *-表現 $(\rho, H)$ と巡回ベクトル $u \in H$ で $\psi = \varphi_{\rho,u}$ なるものをとると，定理 4.3.8 より $(\rho, H)$ は既約である．ここで

$$|\rho(a)u|^2 = (\rho(a^*a)u, u) = \varphi_{\rho,u}(a^*a) > 0$$

だから $\rho(a) \neq 0$ である．(1) から (2) が従うことは明らかだから，(2) を仮定して (3) を導こう．$\rho(a)u \neq 0$ なる $u \in H$ が存在するから，$\varphi = \varphi_{\rho,u}$ とおくと，命題 4.3.2 より $\varphi$ は正値 Hermite 的かつ有界変動なる複素線形形式で $\varphi(a^*a) = |\rho(a)u|^2 > 0$ である．∎

最後に非有界作用素（付録 A.3 参照）との関係を注意しておく．

**定理 4.3.10** Banach *-環 $A$ の *-表現 $(\pi, X), (\rho, Y)$ をとり，$(\pi, X)$ は既約であるとする．稠密に定義された 0 でない閉作用素 $T: X \dashrightarrow Y$ は，任意の $x \in A$ に対して $\pi(x)\mathcal{D}_T \subset \mathcal{D}_T$ かつ $T \circ \pi(x) = \rho(x) \circ T$ であるとする．このとき $\mathcal{D}_T = X$ であり，ユニタリな $U \in \mathcal{L}_A(X, Y)$ があって $T = \lambda \cdot U$ ($0 < \lambda \in \mathbb{R}$) となる．特に $\mathcal{L}_A(X, Y) \neq 0$ である．

［証明］ 命題 A.3.5 より作用素 $T^* \circ T: X \dashrightarrow X$ は稠密に定義される．任意の $x \in A$ に対して $\pi(x)^*\mathcal{D}_T = \pi(x^*)\mathcal{D}_T \subset \mathcal{D}_T$ かつ $T \circ \pi(x)^* = \rho(x)^* \circ T$ だから，

命題 A.3.2 より $\rho(x)\mathcal{D}_{T^*}\subset\mathcal{D}_{T^*}$ かつ $T^*\circ\rho(x)=\pi(x)\circ T^*$ となる．よって任意の $x\in A$ に対して

$$\pi(x)\mathcal{D}_{T^*\circ T} = \pi(x)(\mathcal{D}_T\cap T^{-1}\mathcal{D}_{T^*})$$
$$\subset (\pi(x)\mathcal{D}_T)\cap T^{-1}(\rho(x)\mathcal{D}_{T^*}) \subset \mathcal{D}_T\cap T^{-1}\mathcal{D}_{T^*} = \mathcal{D}_{T^*\circ T}$$

かつ $(T^*\circ T)\circ\pi(x)=\pi(x)\circ(T^*\circ T)$ である．ここで $(\pi,X)$ は既約だから $\mathbb{C}[\pi(A)]$ は $\mathcal{L}_s(X)$ の稠密な部分空間である．よって命題 A.3.3 より任意の $S\in\mathcal{L}(X)$ に対して $S\mathcal{D}_{T^*\circ T}\subset\mathcal{D}_{T^*\circ T}$ かつ $(T^*\circ T)\circ S=S\circ(T^*\circ T)$ となる．よって命題 A.3.4 より，適当な $\alpha\in\mathbb{C}$ に対して $T^*\circ T$ は $\alpha$-倍写像である．$(Tu,Tu)=(T^*\circ Tu,u)=\alpha\cdot(u,u)$ $(u\in\mathcal{D}_T)$ だから $\alpha=\lambda^2$ $(\lambda>0)$ とおける．$(\lambda^{-1}Tu,\lambda^{-1}Tu)=(u,u)$ $(u\in\mathcal{D}_T)$ で $\mathcal{D}_T\subset X$ は稠密である．よってユニタリな $U\in(\pi,\rho)$ があって $Tu=\lambda\cdot Uu(u\in\mathcal{D}_T)$ とできる．ここで $T\colon X\dashrightarrow Y$ は閉作用素だから $\mathcal{D}_T=X$ となり $T=\lambda\cdot U$ となる．∎

**問題 4.3.1** 可換 Banach $*$-環 $A$ の $*$-表現 $(\rho,H)$ が既約ならば $\dim_{\mathbb{C}} H=1$ であることを示せ．

## 4.4 Banach $*$-環に付随する $C^*$-環

前節で展開した Banach $*$-環の $*$-表現の一般論を用いて，Banach $*$-環に自然に付随する $C^*$-環が定義できて，Banach $*$-環の表現論を $C^*$-環の表現論に帰着させることができることを示そう．

以下，$A$ を Banach $*$-環として，$K(A)\supsetneq\{0\}$ と仮定する[1]．すると命題 4.3.7 と定理 4.3.8 から $A$ の純粋状態 $\varphi$ で $v(\varphi)=1$ なるものが存在するから，その全体を $P(A)$ とする．また，定理 4.3.4 と定理 4.3.6 より $A$ の非自明な既約 $*$-表現が存在するから，そのユニタリ同値類の全体を $\widehat{A}$ とする．$A$ の $*$-表現のユニタリ同値類の全体を $R(A)$ と書く．このとき

---

[1] 局所コンパクト群 $G$ に付随する Banach $*$-環 $L^1(G)$ に対して $K(L^1(G))\supsetneq\{0\}$ である．問題 4.4.1 参照．

**命題 4.4.1** 任意の $x \in A$ に対して
$$\sup_{\rho \in R(A)} |\rho(x)| = \sup_{\rho \in \widehat{A}} |\rho(x)| = \sup_{\varphi \in K(A)} |\varphi(x^*x)|^{1/2} = \sup_{\varphi \in P(A)} |\varphi(x^*x)|^{1/2}$$
は有限で，この値を $|x|'$ とおくと次が成り立つ；
 (1) $x \mapsto |x|'$ は $A$ 上の半ノルムで $|x|' \leq C^{1/2} \cdot |x|$ $(C = \sup_{0 \neq x \in A} |x^*|/|x|)$,
 (2) $|xy|' \leq |x|'|y|'$, $|x^*x|' = |x|'^2$, $|x^*|' = |x|'$.

[証明] 一連の上限を左から順に $a, b, c, d$ とする．命題 1.4.3 より $a \leq C^{1/2}$ である．$b \leq a$ は明らか．$\varphi \in P(A)$ に対して定理 4.3.4 より $A$ の巡回 *-表現 $(\rho, H)$ と巡回ベクトル $u \in H (|u|=1)$ で $\varphi(x) = (\rho(x)u, u) (x \in A)$ なるものをとると，定理 4.3.6 より $\rho \in \widehat{A}$ となり $|\varphi(x^*x)| = |\rho(x)u|^2 \leq |\rho(x)|^2$ となるから，$d \leq b$ である．定理 4.3.8 と Kreĭn-Mil'man の定理 A.1.11 から $K(A)$ は凸包 $[P(A) \cup \{0\}] = [P(A)]$ の $A' = \mathcal{L}(A, \mathbb{C})$ における閉包であるから $c \leq d$ である．$(\rho, H) \in \widehat{A}$ に対して $|u|=1$ なる $u \in H$ をとると $u \in H$ は巡回ベクトルで $\varphi(x) = (\rho(x)u, u) (x \in A)$ は $A$ 上の正値 Hermite 的かつ有界変動なる線形形式で $v(\varphi) = |u| = 1$ となり，$|\rho(x)u|^2 = |\varphi(x^*x)| \leq c^2$ だから $a \leq c$ となる．他の性質は $\rho \in R(A)$ に対して
$$|\rho(x+y)| \leq |\rho(x)| + |\rho(y)|, \quad |\rho(\lambda x)| = |\lambda||\rho(x)|$$
と $|\rho(xy)| = |\rho(x) \circ \rho(y)| \leq |\rho(x)||\rho(y)|$ 及び
$$|\rho(x^*x)| = |\rho(x)^* \circ \rho(x)| = |\rho(x)|^2, \quad |\rho(x^*)| = |\rho(x)^*| = |\rho(x)|$$
より明らか．■

そこで $\mathfrak{a} = \{x \in A | |x|' = 0\}$ は $A$ の閉イデアルだから $A/\mathfrak{a}$ 上のノルムを $|\dot{x}| = |x|'$ により定義する．また $\mathfrak{a}^* = \mathfrak{a}$ だから $A/\mathfrak{a}$ 上の対合を $\dot{x}^* = (\dot{x^*})$ により定義すると $A/\mathfrak{a}$ 上で $|x^*x|' = |x|'^2$ となる．そこで $A/\mathfrak{a}$ の $|*|'$ に関する完備化 $\widetilde{A} = C^*(A)$ を $A$ の $C^*$-包絡環と呼び，自然な写像 $\tau: A \to A/\mathfrak{a} \subset \widetilde{A}$ を自然写像と呼ぶ．定義から明らかなように，$A$ の任意の *-表現 $(\rho, H)$ に対して，$\widetilde{A}$ の *-表現 $(\widetilde{\rho}, H)$ が唯一存在して $\rho(x) = \widetilde{\rho} \circ \tau(x) (x \in A)$ となる．更に $\rho$ と $\widetilde{\rho}$ は同時に既約となり，また同時に巡回表現となる．この意味で Banach *-環 $A$ の表現論

は $C^*$-環 $\tilde{A}$ の表現論に帰着される.

**問題 4.4.1**
(1) Banach $*$-環 $A$ に対して $\alpha(x^*)=\overline{\alpha(x)}$ $(x\in A)$ なる $\alpha\in\Delta(A)$ の全体を $\Delta_u(A)$ とおくと $\Delta_u(A)\subset K(A)$ であることを示せ,
(2) 局所コンパクト群 $G$ に付随する Banach $*$-環 $L^1(G)$ に対して $\Delta_u(L^1(G))\neq\varnothing$ であることを示せ.

**問題 4.4.2** Banach $*$-環 $A$ が可換かつ $\Delta_u(A)\neq\varnothing$ のとき,次を示せ;
(1) $x\in A$ に対して $|x|'=\sup\limits_{\alpha\in\Delta_u(A)}|\alpha(x)|$ とおくと,$\mathfrak{a}=\{x\in A||x|'=0\}$ は $A$ のイデアルである,
(2) $\mathbb{C}$-代数 $A/\mathfrak{a}$ 上の対合が $\dot{x}\mapsto \dot{x}^*$ により定義される,
(3) $A/\mathfrak{a}$ 上のノルムが $|\dot{x}|=|x|'$ により定まり,それによる $A/\mathfrak{a}$ の完備化は $C^*$-環となる,
(4) $A$ に付随する $C^*$-環は $C_0(\Delta_u(A))$ と同型である.

## 4.5 抽象的 Plancherel の定理

可換な Banach $*$-環上の Gelfand 変換がある種の Fourier 変換であることを示すことがこの節の目的である.これらの結果を局所コンパクト可換群の場合に適用すると古典的な Fourier 変換の理論が導かれる(6.3 節).その意味で以下に示す一連の定理を抽象的 Plancherel の定理と呼ぶのである.

以下,$A$ を $\Delta(A)\neq\varnothing$ なる可換な Banach $*$-環とする.更に $A$ は高々可算個の元からなる強い意味の近似的 1 をもつと仮定する[2].したがって $\Delta(A)$ は局所コンパクト空間で高々可算個のコンパクト集合の和集合である(命題 1.6.3 参照).次の定理は **Bochner の定理**と呼ばれるものである.

**定理 4.5.1** 任意の $x\in A$ に対して $\widehat{x^*}=\overline{\hat{x}}$ であると仮定すると,$A$ 上の複素

---

[2] 局所コンパクト可換群 $G$ が可算個の元からなる単位元の基本近傍系をもつとき,$G$ に付随する Banach $*$-環 $L^1(G)$ はそのような一例である.問題 4.4.1 及び定理 1.2.1 とその証明を参照.

線形形式 $\varphi: A \to \mathbb{C}$ に対して次は同値である；
(1) $\varphi$ は正値 Hermite 的かつ有界変動，
(2) 局所コンパクト空間 $\Delta(A)$ 上の有界測度 $\mu \in M^+(\Delta(A))$ が存在して
$$\varphi(x) = \int_{\Delta(A)} \widehat{x}(\alpha) d\mu(\alpha) \, (x \in A) \text{ となる}.$$
このとき $|\varphi(x)| \leq v(\varphi) \cdot |\widehat{x}| \, (x \in A)$ であり $v(\varphi) = |\mu| = \mu(\Delta(A))$ である．

［証明］　まず $\mu \in M^+(\Delta(A))$ に対して $\varphi(x) = \mu(\widehat{x}) \, (x \in A)$ とすると，任意の $a \in A$ に対して $\varphi(a^*) = \mu(\widehat{a^*}) = \overline{\mu(\widehat{a})} = \overline{\varphi(a)}$, $\varphi(a^*a) = \mu(|\widehat{a}|^2) \geq 0$ となるから，$\varphi$ は正値 Hermite 的であり

$$|\varphi(a)|^2 = \left| \int_{\Delta(A)} \widehat{a} d\mu \right|^2 \leq \int_{\Delta(A)} |\widehat{a}|^2 d\mu \cdot \int_{\Delta(A)} d\mu = \mu(\Delta(A)) \cdot \varphi(a^*a)$$

となるから，$\varphi$ は有界変動で $v(\varphi) \leq \mu(\Delta(A))$ となる．逆に $\varphi$ が正値 Hermite 的かつ有界変動とすると，命題 4.2.1 より $\varphi$ は連続である．ここで $x^* = x$ なる $x \in A$ に対して，$|\varphi(x)| \leq v(\varphi)^{1/2} |\varphi(x^2)|^{1/2}$ を繰り返し適用して

$$|\varphi(x)| \leq v(\varphi)^{2^{-1} + \cdots + 2^{-n}} |\varphi(x^{2^n})|^{2^{-n}} \leq v(\varphi)^{2^{-1} + \cdots + 2^{-n}} |\varphi|^{2^{-n}} |x^{2^n}|^{2^{-n}}$$

となるから，定理 1.3.3 と系 1.6.5 より $|\varphi(x)| \leq v(\varphi) \lim_{n \to \infty} |x^n|^{1/n} = v(\varphi) |\widehat{x}|$ となる．よって任意の $x \in A$ に対して

$$|\varphi(x)|^2 \leq v(\varphi) |\varphi(x^*x)| \leq v(\varphi)^2 |\widehat{x^*x}| = v(\varphi)^2 |\widehat{x}|^2$$

となり $|\varphi(x)| \leq v(\varphi) |\widehat{x}|$ を得る．注意 1.6.7 より $A$ の Gelfand 変換像 $\widehat{A}$ は $C_0(\Delta(A))$ の稠密な部分環だから，連続な複素線形形式 $\mu: C_0(\Delta(A)) \to \mathbb{C}$ であって $\mu(\widehat{x}) = \varphi(x) \, (x \in A)$ なるものが存在する．任意の $f \in C_c^+(\Delta(A))$ に対して $\sqrt{f} = \lim_{n \to \infty} \widehat{x_n} \, (x_n \in A)$ とおくと

$$\widehat{x_n^* x_n} = \widehat{x_n}^* \widehat{x_n} \to f, \qquad \mu\left(\widehat{x_n^* x_n}\right) = \varphi(x_n^* x_n) \geq 0$$

より $\mu(f) \geq 0$. よって $\mu \in M^+(\Delta(A))$ である．更に，

$$\mu(\Delta(A)) = |\mu| = \sup_{0 \neq \widehat{x} \in \widehat{A}} |\mu(\widehat{x})|/|\widehat{x}| = \sup_{0 \neq \widehat{x} \in \widehat{A}} |\varphi(x)|/|\widehat{x}| \leq v(\varphi).$$

よって $\mu(\Delta(A)) = |\mu| = v(\varphi)$ となる．∎

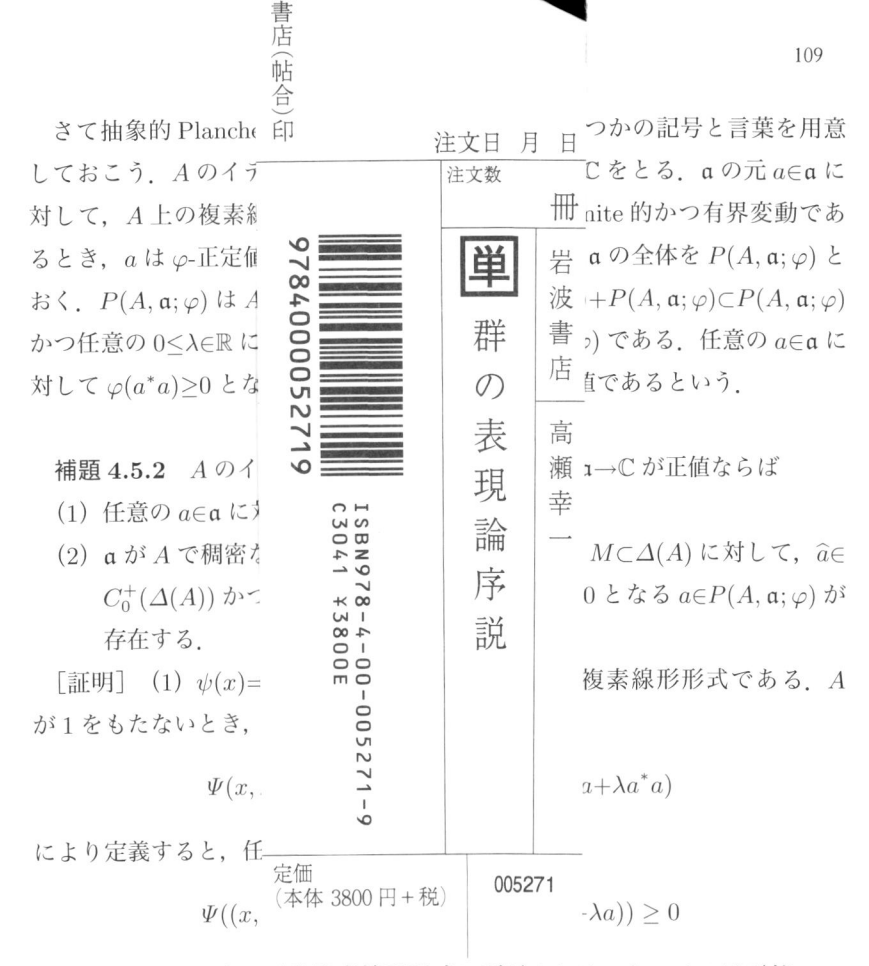

さて抽象的 Plancherel ～ つかの記号と言葉を用意
しておこう．$A$ のイ～ ～$\mathbb{C}$ をとる．$\mathfrak{a}$ の元 $a\in\mathfrak{a}$ に
対して，$A$ 上の複素～ ～nite 的かつ有界変動で あ
るとき，$a$ は $\varphi$-正定値～ ～$\mathfrak{a}$ の全体を $P(A,\mathfrak{a};\varphi)$ と
おく．$P(A,\mathfrak{a};\varphi)$ は $A$ ～$+P(A,\mathfrak{a};\varphi)\subset P(A,\mathfrak{a};\varphi)$
かつ任意の $0\leq\lambda\in\mathbb{R}$ に ～ ～) である．任意の $a\in\mathfrak{a}$ に
対して $\varphi(a^*a)\geq 0$ と～ ～値であるという．

**補題 4.5.2** $A$ のイ～
(1) 任意の $a\in\mathfrak{a}$ に～ ～$\mathfrak{a}\to\mathbb{C}$ が正値ならば
(2) $\mathfrak{a}$ が $A$ で稠密な～
　$C_0^+(\Delta(A))$ かつ～ $M\subset\Delta(A)$ に対して，$\widehat{a}\in$
　存在する． ～$0$ となる $a\in P(A,\mathfrak{a};\varphi)$ が

[証明] (1) $\psi(x)=$ ～ 複素線形形式である．$A$
が 1 をもたないとき,

$$\Psi(x,\ldots \ldots a+\lambda a^*a)$$

により定義すると，任～

$$\Psi((x,\ldots \ldots -\lambda a))\geq 0$$

となり，$\psi$ は $A_e$ 上の正値複素線形形式に延長される．よって $\psi$ は正値 Hermite 的かつ有界変動である．

(2) 任意の $\alpha\in\Delta(A)$ に対して，$\mathfrak{a}$ は $A$ で稠密だから，$\widehat{a}(\alpha)\neq 0$ なる $a\in\mathfrak{a}$ が存在して $\widehat{a^*a}(\alpha)=|\widehat{a}(\alpha)|^2>0$ である．よって $\alpha$ を含む開集合 $V\subset\Delta(A)$ があって，任意の $\beta\in V$ に対して $\widehat{a^*a}(\beta)>0$ となる．$M$ はコンパクトだから，有限集合 $\{a_1,\cdots,a_r\}\subset\mathfrak{a}$ を適当にとって $a=a_1^*a_1+\cdots+a_r^*a_r$ とおくと，任意の $\alpha\in M$ に対して $\widehat{a}(\alpha)>0$ とできる．(1) より $a\in P(A,\mathfrak{a};\varphi)$． ∎

抽象的 Plancherel の定理を次のように述べることができる；

**定理 4.5.3** 任意の $x\in A$ に対して、...
イデアル $\mathfrak{a}$ 上の正値複素線形式 $\varphi\colon \mathfrak{a}\to$ ...
$\mu$ で次の二つの条件を満たすものが存在する；
  (1) 任意の $a\in P(A,\mathfrak{a};\varphi)$ に対して $\int_{\Delta(A)} |\hat{a}|d\mu<$ ...
  (2) 任意の $a\in P(A,\mathfrak{a};\varphi)$ と $b\in A$ に対して $\varphi(ba)=\int_{\Delta(A)}$ ...

［証明］ まず任意の $x\in P(A,\mathfrak{a};\varphi)$ に対して，定理 4.5.1 よ...
界測度 $\mu_x$ で $\mu_x(\hat{y})=\varphi(xy)\ (y\in A)$ なるものが唯一存在する．こ...
$x,y\in P(A,\mathfrak{a};\varphi)$ に対して $\mu_y(\widehat{zx})=\varphi(yzx)=\varphi(xzy)=\mu_x(\widehat{zy})\ (z\in A)$ か
$C_0(\Delta(A))$ の稠密部分空間だから

$$\mu_y(h\cdot\hat{x}) = \mu_x(h\hat{y}) \quad (h\in C_0(\Delta(A))) \tag{4.3}$$

が成り立つ．そこで $f\in C_c(\Delta(A))$ に対して，補題 4.5.2 より $\operatorname{supp} f$ 上で $\hat{x}$ が
正となる $x\in P(A,\mathfrak{a};\varphi)$ をとって $\mu(f)=\mu_x(f/\hat{x})$ とおくと（$\alpha\notin\operatorname{supp} f$ に対して
は $(f/\hat{x})(\alpha)=0$ と定義する），関係式 (4.3) より $\mathbb{C}$-線形式 $\mu\colon C_c(\Delta(A))\to\mathbb{C}$ が
定義されて，$f\in C_c^+(\Delta(A))$ に対しては $\mu(f)\geq 0$ となる．付随する Radon 測度
が求める Radon 測度である．実際，任意の $x\in P(A,\mathfrak{a};\varphi)$ をとる．任意の $h\in C_c(\Delta(A))$ に対して，$\hat{y}$ が $\operatorname{supp}(h\hat{x})$ 上で正となる $y\in P(A,\mathfrak{a};\varphi)$ をとると，関
係式 (4.3) より

$$\int_{\Delta(A)} h\cdot\hat{x}\,d\mu = \mu(h\cdot\hat{x}) = \mu_y(h\widehat{x}/\hat{y}) = \mu_x(h)$$

よって $\left|\int_{\Delta(A)} h\cdot\hat{x}\,d\mu\right|=|\mu_x(h)|\leq\|\mu_x\|\|h\|<\infty$，よって $\hat{x}\in L^1(\Delta(A),\mu)$ となり
$\int_{\Delta(A)} \hat{y}\cdot\hat{x}\,d\mu=\mu_x(\hat{y})=\varphi(yx)\ (y\in A)$ を得る．∎

上の定理の前提条件を緩和するために，$\alpha\in\Delta(A)$ で $\alpha(x^*)=\overline{\alpha(x)}\ (x\in A)$ な
るもの全体を $\Delta_u(A)$ と書き，$\Delta_u(A)\neq\varnothing$ と仮定する．$\Delta_u(A)$ は $\Delta(A)$ の閉部
分空間である．$x\in A$ に対して $\Delta_u(A)$ 上では $\widehat{x^*}=\overline{\hat{x}}$ だから，Stone-Weierstrass
の近似定理 B.1.4 より $\{\hat{x}|_{\Delta_u(A)}|x\in A\}$ は $C_0(\Delta_u(A))$ の稠密な部分代数である．
$\alpha\in\Delta_u(A)$ とすると $\alpha(x^*x)=|\alpha(x)|^2\ (x\in A)$ だから，$\Delta_u(A)\subset K(A)$ である．特
に $K(A)\supsetneqq\{0\}$ となるから，$A$ の $C^*$-閉包 $\widetilde{A}$ が定義される．例 1.6.2 から次の

## 4.5 抽象的 Plancherel の定理

ような例が典型的である；

**例 4.5.4** $G$ が局所コンパクト可換群ならば，Banach $*$-環 $L^1(G)$ に対して $\Delta_u(L^1(G)) \neq \emptyset$ である．

**命題 4.5.5** $A$ が $C^*$-環ならば $\Delta_u(A) = \Delta(A)$ である．

［証明］ $\alpha \in \Delta(A)$ をとる．$x^* = x$ なる $x \in A$ に対して $\hat{x}(\Delta(A)) \subset \sigma_A(x) \subset \mathbb{R}$ だから(定理 1.4.1)，$\alpha(x) \in \mathbb{R}$．任意の $x \in A$ に対して $x = y + \sqrt{-1}z$ $(y = (x + x^*)/2, z = (x - x^*)/2\sqrt{-1} \in A)$ とおくと $y^* = y, z^* = z$ だから $\alpha(x^*) = \alpha(y - \sqrt{-1}z) = \alpha(y) - \sqrt{-1}\alpha(z) = \overline{\alpha(x)}$ となる．∎

これを用いて，Bochner の定理を次のように述べることができる；

**命題 4.5.6** 可換 Banach $*$-環 $A$ は 1 をもつとする．正値線形形式 $\varphi: A \to \mathbb{C}$ に対して $\varphi(x) = \int_{\Delta_u(A)} \hat{x}(\alpha) d\mu(\alpha)$ $(x \in A)$ なる $\Delta_u(A)$ 上の有界測度 $\mu \in M^+(\Delta_u(A))$ が存在する．このとき $\mu(\Delta_u(A)) = \varphi(1)$ である．

［証明］ $A$ の $C^*$-包絡環を $\widetilde{A}$，自然写像を $\tau: A \to A/\mathfrak{a} \subset \widetilde{A}$ とする(106 頁)．$\Delta_u(\widetilde{A}) = \Delta(\widetilde{A})$ だから，$\alpha \mapsto \alpha \circ \tau$ は $\Delta(\widetilde{A})$ から $\Delta_u(A)$ への全単射かつ連続であるが，$\widetilde{A}$ は 1 をもつから $\Delta(\widetilde{A})$ はコンパクト，よって $\Delta(\widetilde{A})$ から $\Delta_u(A)$ への位相同型写像を与える．そこで $\varphi \neq 0$ のとき，$v(\varphi) = \varphi(1) > 0$ だから $\psi = v(\varphi)^{-1}\varphi$ とおくと，$\psi \in K(A)$ だから $|\psi(x)|^2 \leq \psi(1)\psi(x^*x) \leq |x|'^2$，したがって $|\varphi(x)| \leq \varphi(1)|x|'$ $(x \in A)$ となる．よって $A/\mathfrak{a} \ni \dot{x} \mapsto \varphi(x) \in \mathbb{C}$ の連続な延長 $\widetilde{\varphi}: \widetilde{A} \to \mathbb{C}$ は正値線形形式となる．よって定理 4.5.1 より

$$\widetilde{\varphi}(x) = \int_{\Delta(\widetilde{A})} \hat{x}(\alpha) d\mu(\alpha) \qquad (x \in \widetilde{A})$$

なる $\Delta(\widetilde{A})$ 上の有界測度 $\mu \in M^+(\Delta(\widetilde{A}))$ が存在して $\mu(\Delta(\widetilde{A})) = \widetilde{\varphi}(1) = \varphi(1)$ である．よって $\varphi(x) = \widetilde{\varphi}(\dot{x})$ $(x \in A)$ より $\varphi(x) = \int_{\Delta_u(A)} \hat{x}(\alpha) d\nu(\alpha)$ $(x \in A)$ なる $\Delta_u(A)$ 上の有界測度 $\nu \in M^+(\Delta_u(A))$ が存在して $\nu(\Delta_u(A)) = \varphi(1)$ となる．∎

この命題から一般の可換 Banach $*$-環 $A$ に対して次の定理が導かれる；

**定理 4.5.7** 正値 Hermite 的かつ有界変動の線形形式 $\varphi: A \to \mathbb{C}$ に対して $\varphi(x) = \int_{\Delta_u(A)} \widehat{x}(\alpha) d\mu(\alpha) \, (x \in A)$ なる $\Delta_u(A)$ 上の有界測度 $\mu \in M^+(\Delta_u(A))$ が存在する.

［証明］ $A$ が 1 をもつときは命題 4.5.6 でよいから, $A$ は 1 をもたないとする. $\alpha|_A \neq 0$ なる $\alpha \in \Delta(A_e)$ (または $\alpha \in \Delta_u(A_e)$) の全体を $\Delta'(A_e)$ (または $\Delta'_u(A_e)$) とすると, これらは $\Delta(A_e)$ (または $\Delta_u(A_e)$) の開部分空間である. 更に $\alpha \mapsto [(x,\lambda) \mapsto \alpha(x)+\lambda]$ は位相同型 $\Delta(A) \xrightarrow{\sim} \Delta'(A_e)$, $\Delta_u(A) \xrightarrow{\sim} \Delta'_u(A_e)$ を与える. ここで $t \geq v(\varphi)$ なる任意の $t \in \mathbb{R}$ をとって $\Phi(x,\lambda) = \varphi(x) + t\lambda$ とおくと, $\Phi: A_e \to \mathbb{C}$ は正値線形形式となるから, 命題 4.5.6 から

$$\Phi(x) = \int_{\Delta_u(A_e)} \widehat{x}(\alpha) d\nu(\alpha) \qquad (x \in A_e)$$

なる $\Delta_u(A_e)$ 上の有界測度 $\nu \in M^+(\Delta_u(A_e))$ が存在する. $\mu = \nu|_{\Delta'_u(A_e)} \in M^+(\Delta'_u(A_e))$ とおけば, $\mu \in M^+(\Delta_u(A))$ で

$$\varphi(x) = \Phi(x,0) = \int_{\Delta_u(A_e)} (x,0)\widehat{\phantom{x}}(\alpha) d\nu(\alpha) = \int_{\Delta_u(A)} \widehat{x}(\alpha) d\mu(\alpha) \quad (x \in A)$$

となる. ∎

定理 4.5.3 の証明と同様にして次の定理を得る;

**定理 4.5.8** 可換 Banach *-環 $A$ の稠密なイデアル $\mathfrak{a}$ 上の正値線形形式 $\varphi: \mathfrak{a} \to \mathbb{C}$ に対して, $\Delta_u(A)$ 上の Radon 測度 $\mu$ が存在して次を満たす;
 (1) 任意の $x \in P(A, \mathfrak{a}; \varphi)$ に対して $\int_{\Delta_u(A)} |\widehat{x}(\alpha)| d\mu(\alpha) < \infty$ かつ,
 (2) 任意の $y \in A$, $x \in P(A, \mathfrak{a}; \varphi)$ に対して $\varphi(yx) = \int_{\Delta_u(A)} \widehat{y} \cdot \widehat{x} d\mu$.

# 第5章

# 局所コンパクト群の表現

　局所コンパクト群上の複素数値可積分関数全体は畳込み積に関して Banach ∗-環となるから，これに第 4 章で展開した Banach ∗-環の表現論を適用して，局所コンパクト群のユニタリ表現を調べるのが本章の初めの三節の目標である．まず局所コンパクト群は異なる二点を分離できる程の既約ユニタリ表現をもつこと(Gelfand-Raikov の定理 5.1.7)を示す．5.2 節では von Neumann 環の性質を利用して Schur の補題(系 5.2.4)を示す．ところで局所コンパクト群 $G$ のユニタリ表現 $(\pi, H)$ に対して，$0 \neq u \in H$ をとると $G$ 上の連続関数

$$\varphi_{\pi,u}(x) = (\pi(x)u, u) \qquad (x \in G)$$

ができるが，5.3 節では $\varphi_{\pi,u}$ と Banach ∗-環上の正値線形形式を結びつけて，ユニタリ表現 $\pi$ が $\varphi_{\pi,u}$ によってどのように制御されるかを調べる．本章の残りの三節では，少し具体的なユニタリ表現を扱う．まずユニタリ表現を作り出す基本的な道具として誘導表現を導入する(5.4 節)．次に 5.5 節では $\varphi_{\pi,u}$ が $G$ 上で二乗可積分となるような既約ユニタリ表現 $\pi$ を調べる．コンパクト群では，そのユニタリ表現の行列係数は常に二乗可積分となるが，一般の局所コンパクト群ではそうなる保証はなく，行列係数が二乗可積分となる既約ユニタリ表現は，その存在も含めて自明ではない．最後の 5.6 節では $SL_2(\mathbb{R})$ の二乗可積分表現を具体的に構成する．

　この章を通して $G$ は局所コンパクト群として，簡単のために位相空間 $G$ は高々可算個のコンパクト集合の和集合であると仮定しておく．$G$ の左 Haar 測

度 $d_G(x)$ を一つ固定しておく．$G$ のモジュラー関数を $\Delta_G$ とする．

## 5.1 局所コンパクト群の表現と群環の表現

この節では局所コンパクト群に付随する Banach $*$-環を定義して，第 4 章で展開した Banach $*$-環の表現論を局所コンパクト群の表現論に応用する．

既に例 1.1.4 に見たように，複素 Banach 空間 $L^1(G)$ は畳込み積

$$(\varphi * \psi)(x) = \int_G \varphi(xy)\psi(y^{-1})dG(y) \qquad (x \in G)$$

と対合 $\varphi^*(x) = \overline{\varphi(x^{-1})}\Delta_G(x^{-1})$ に関して $|\varphi^*| = |\varphi|$ なる Banach $*$-環となる．応用上，もう少し大きな Banach $*$-環を考えたほうが見通しが良い．即ち，$G$ 上の有界複素測度の全体 $M(G) = \mathcal{L}(C_0(G), \mathbb{C})$ (201 頁参照) は $|\mu| = \sup_{0 \neq \varphi \in C_0(G)} |\mu(\varphi)|/|\varphi|$ をノルムとする複素 Banach 空間であるが，更に積と対合を定義して $M(G)$ を Banach $*$-環とすることができるのである．まず次の補題から始める；

**補題 5.1.1** $\mu \in M(G)$ と $\varphi \in C_0(G)$ に対して $(\mu \bullet \varphi)(x) = \mu(x^{-1} \cdot \varphi)\,(x \in G)$ とおくと $\mu \bullet \varphi \in C_0(G)$ である．

［証明］ $0 \neq \mu \in M^+(G)$，即ち，$\mu$ は $G$ 上の正の Radon 測度と仮定してよい．任意の $\varepsilon > 0$ に対して，$G$ の単位元の開近傍 $V$ をとって，$xy^{-1} \in V$ なる任意の $x, y \in G$ に対して $|\varphi(x) - \varphi(y)| < \varepsilon$ となるようにできる (命題 B.1.1)．このとき

$$|\mu(x^{-1} \cdot \varphi) - \mu(y^{-1} \cdot \varphi)| \leq |\mu||x^{-1} \cdot \varphi - y^{-1} \cdot \varphi|$$
$$= |\mu| \cdot \sup_{z \in G} |\varphi(xz) - \varphi(yz)| \leq |\mu| \cdot \varepsilon$$

だから，$\mu \bullet \varphi$ は $G$ 上の連続関数である．$0 < \mu(G) < \infty$ だから，任意の $\varepsilon > 0$ に対して $\mu(K) > 0,\ \mu(G \setminus K) < \varepsilon$ かつ $K^{-1} = K$ なるコンパクト部分集合 $K \subset G$ がとれる．任意の $x \in G$ に対して

## 5.1 局所コンパクト群の表現と群環の表現

$$|\mu(x^{-1}\cdot\varphi)| \leq \int_K |\varphi(xy)|d\mu(y) + \int_{G\setminus K} |\varphi(xy)|d\mu(y)$$
$$\leq \int_K |\varphi(xy)|d\mu(y) + |\varphi|\cdot\varepsilon.$$

ここで $L=\{x\in G||\varphi(x)|\geq\varepsilon\}$ はコンパクトだから $LK$ もコンパクトで,$x\notin LK$ とすると,任意の $y\in K$ に対して $|\varphi(xy)|<\varepsilon$ だから

$$|\mu(x^{-1}\cdot\varphi)| \leq \varepsilon\mu(K) + |\varphi|\varepsilon \leq (\mu(G) + |\varphi|)\varepsilon$$

となる.∎

上の補題から $\mu,\nu\in M(G)$ に対して $(\nu*\mu)(\varphi)=\nu(\mu\bullet\varphi)(\varphi\in C_0(G))$ とおくと $|(\nu*\mu)(\varphi)|\leq|\nu||\mu\bullet\varphi|\leq|\nu||\mu||\varphi|$ だから $\nu*\mu\in M(G)$ で $|\nu*\mu|\leq|\nu||\mu|$ となる.これを $\nu,\mu\in M(G)$ の**畳込み積**と呼ぶ.積分の形で書けば

$$(\nu*\mu)(\varphi) = \int_{G\times G}\varphi(xy)d(\nu\times\mu)(x,y) \qquad (\varphi\in C_0(G))$$

である.よって $\delta*(\nu*\mu)=(\delta*\nu)*\mu (\delta,\nu,\mu\in M(G))$ である.一方,$x,y\in G$ に対して $\delta_x*\delta_y=\delta_{xy}$ であり,任意の $\nu\in M(G)$ に対して $\delta_1*\nu=\nu*\delta_1=\nu$ である.即ち,$M(G)$ は畳込み積に関して 1 をもつ Banach 環となる.更に $\nu\in M(G)$ に対して $\nu^*(\varphi)=\overline{\nu(\varphi')}(\varphi\in C_0(G)$,ただし $\varphi'(x)=\overline{\varphi(x^{-1})})$ とおくと,$\nu^*\in M(G)$ で $|\nu^*|=|\nu|$ である.$\bar\nu(\varphi)=\overline{\nu(\bar\varphi)}(\varphi\in C_0(G))$ とおけば $\bar\nu\in M(G)$ で

$$\nu^*(\varphi) = \int_G \varphi(x^{-1})d\bar\nu(x) \qquad (\varphi\in C_0(G))$$

であるから,$\nu,\mu\in M(G)$ に対して $(\nu*\mu)^*=\mu^**\nu^*$ となる.よって $M(G)$ は 1 をもつ Banach *-環である.$f\in L^1(G)$ に対して $\mu_f\in M(G)$ を

$$\mu_f(\varphi) = \int_G \varphi(x)f(x)d_G(x) \qquad (\varphi\in C_0(G))$$

により定義すると,$f\mapsto\mu_f$ は Banach *-環の準同型写像で $|\mu_f|=|f|_1$ である.また,$f\in L^1(G)$ と $x\in G$ に対して

$$\delta_x*\mu_f = \mu_{x\cdot f}, \qquad \mu_f*\delta_x = \Delta_G(x^{-1})\cdot\mu_{f\cdot x}$$

である．$M(G)=\mathcal{L}(C_0(G),\mathbb{C})$ 上の強位相(184頁参照)に関して，$\nu\mapsto\nu^*$ は連続であり，任意の $\mu\in M(G)$ に対して $\nu\mapsto\nu*\mu$ は連続である．よって $\nu\mapsto\mu*\nu=(\nu^**\mu^*)^*$ も連続である．$G$ 上のコンパクト台の複素測度全体 $M_c(G)$ に関して次の命題が成り立つ；

**命題 5.1.2** $M_c(G)$ は $M(G)$ の部分環である．$M_c(G)$ から $M_c(G)$ への写像 $\nu\mapsto\nu^*$ 及び $\nu\mapsto\mu*\nu*\mu'$ ($\mu,\mu'\in M_c(G)$)は強位相に関して連続である．コンパクト部分集合 $L\subset G$ に対して

$$M_{c,L}(G)=\{\mu\in M_c(G)\mid \mathrm{supp}(\mu)\subset L\}$$

とおくと，$M_{c,L}(G)\times M_{c,L}(G)$ から $M_c(G)$ への写像 $(\mu,\nu)\mapsto\mu*\nu$ は強位相に関して連続である．

［証明］$\mu,\nu\in M_c(G)$ とする．$\nu$ の u.c.c. 連続性(付録 B.2 参照)から $|\nu(\varphi)|\le C\cdot|\varphi|_L$ ($\varphi\in C^0(G)$)なるコンパクト部分集合 $L\subset G$ と $0<C\in\mathbb{R}$ がある($|\varphi|_L=\sup_{x\in L}|\varphi(x)|$)．任意のコンパクト部分集合 $M\subset G$ と $\varphi\in C^0(G)$ に対して

$$p_M(\nu\bullet\varphi)=\sup_{x\in M}|\nu(x^{-1}\cdot\varphi)|\le C\cdot|\varphi|_{ML}$$

だから $\varphi\mapsto\nu\bullet\varphi$ は u.c.c. 連続である．よって

$$\mu*\nu:C^0(G)\ni\varphi\mapsto\mu(\nu\bullet\varphi)\in\mathbb{C}$$

は u.c.c.-連続となり，$\mu*\nu\in M_c(G)$ となる．二つ目の主張は $M(G)$ の場合と同様だから，三つ目の主張を示そう．任意の $\varphi\in C^0(G)$ に対して，$M_{c,L}(G)\times M_{c,L}(G)$ から $\mathbb{C}$ への写像 $(\mu,\nu)\mapsto(\mu*\nu)(\varphi)=\int_G\int_G\varphi(xy)d\nu(y)d\mu(x)$ が強位相に関して連続であることを示せばよい．$(\mu,\nu)\in M_{c,L}(G)\times M_{c,L}(G)$ を固定し，任意の $\varepsilon>0$ をとる．$L\times L\subset U$ かつ $\overline{U}$ がコンパクトなる $G\times G$ の開集合 $U$ をとる．$\mathrm{supp}(\mu\times\nu)\subset\mathrm{supp}(\mu)\times\mathrm{supp}(\nu)\subset U$ である．$\theta\in C_c(G\times G)$ を $G\times G$ 上では $0\le\theta(x,y)\le 1$，$L\times L$ 上では $\theta(x,y)=1$ かつ $(x,y)\notin U$ ならば $\theta(x,y)=0$ となるようにとって，$\psi=\varphi\cdot\theta\in C_c(G\times G)$ とおく．$\overline{U}\subset V\times W$ かつ $\overline{V},\overline{W}$ がコンパクトなる $X$ の開集合 $V,W$ をとると，$\sup_{(x,y)\in V\times W}\left|\psi(xy)-\sum_{i=1}^n\varphi_i(x)\psi_i(y)\right|<\varepsilon$ なる $\varphi_i\in C_{c,V}(G)$, $\psi_i\in C_{c,W}(G)$ がある．$\alpha,\beta\in C_c^+(G)$ はそれぞれ $\overline{V},\overline{W}$ 上

## 5.1 局所コンパクト群の表現と群環の表現

では値 1 をとるとすると

$$\left|(\mu*\nu)(\varphi)-\sum_{i=1}^n \mu(\varphi_i)\nu(\psi_i)\right| \leq \int_G\int_G\left|\psi(xy)-\sum_{i=1}^n \varphi_i(x)\psi_i(y)\right|d\widetilde{\nu}(y)d\widetilde{\mu}(x)$$
$$\leq \widetilde{\mu}(\alpha)\widetilde{\nu}(\beta)\cdot\varepsilon$$

となる.そこで $\mu',\nu'\in M_{c,L}(G)$ を $|\mu(\varphi_i)-\mu'(\varphi_i)|, |\nu(\psi_i)-\nu'(\psi_i)| (i=1,\cdots,n)$ が十分小さくなるようにとると $\left|\sum_{i=1}^n \mu(\varphi_i)\nu(\psi_i)-\sum_{i=1}^n \mu'(\varphi_i)\nu'(\psi_i)\right|\leq\widetilde{\mu}(\alpha)\widetilde{\nu}(\beta)\cdot\varepsilon$ とできる.更に $|\mu(\alpha)-\mu'(\alpha)|, |\nu(\beta)-\nu'(\beta)|$ を十分小さくとれば

$$\left|(\mu'*\nu')(\varphi)-\sum_{i=1}^n \mu'(\varphi_i)\nu'(\psi_i)\right| \leq 2\widetilde{\mu}(\alpha)\widetilde{\nu}(\beta)\varepsilon$$

とできる.よって,このとき $|(\mu*\nu)(\varphi)-(\mu'*\nu')(\varphi)|\leq 4\widetilde{\mu}(\alpha)\widetilde{\nu}(\beta)\varepsilon$ となる.∎

さて $G$ の Banach 表現と Banach $*$-環 $L^1(G)$ または $M(G)$ の表現を関連付けるために,$|\pi|=\sup_{x\in G}|\pi(x)|<\infty$ なる $G$ の Banach 表現 $(\pi,H)$ を**有界な Banach 表現**と呼ぶことにする.

**命題 5.1.3** $(\pi,H)$ を $G$ の有界な Banach 表現とし $\nu\in M(G)$ とすると,任意の $v\in H, \alpha\in H'$ に対して $\int_G|\langle\pi(x)v,\alpha\rangle|d\widetilde{\nu}(x)<\infty$ であり

$$\langle\pi(\nu)v,\alpha\rangle = \int_G\langle\pi(x)v,\alpha\rangle d\nu(x) \qquad (v\in H,\ \alpha\in H')$$

なる $\pi(\nu)\in\mathcal{L}(H)$ が唯一存在する.更に $\nu\mapsto\pi(\nu)$ は Banach 環 $M(G)$ から $\mathcal{L}_u(H)$ への連続な $\mathbb{C}$-代数準同型写像で

(1) 任意の $x\in G$ に対して $\pi(x)=\pi(\delta_x)$,
(2) $\sup_{0\neq\nu\in M(G)}|\pi(\nu)|/|\nu|=|\pi|$

である.

[証明] 任意の $v\in H, \alpha\in H'$ に対して

$$|\langle\pi(x)v,\alpha\rangle| \leq |\alpha|\cdot|\pi(x)v| \leq |\alpha|\cdot|\pi|\cdot|v| \qquad (x\in G)$$

だから $\int_G|\langle\pi(x)v,\alpha\rangle|d\widetilde{\nu}(x)\leq|\alpha|\cdot|\pi|\cdot|v|\cdot|\nu|<\infty$ である.即ち,任意の $v\in H$ に対して $x\mapsto\pi(x)v$ は $H$ に値をとる $G$ 上の $\nu$-可積分な関数である(203 頁参照).

更に $|\pi(x)v|\leq|\pi||v|\,(x\in G)$ だから，命題 B.2.7 より

$$\int_G \pi(x)vd\nu(x)\in H, \qquad \left|\int_G \pi(x)vd\nu(x)\right|\leq|\nu|\cdot|\pi|\cdot|v|$$

である．よって $\pi(\nu)\in\mathcal{L}(H)$ を $\pi(\nu)v=\int_G \pi(x)vd\nu(x)\,(v\in H)$ により定義すればよい．このとき $|\pi(\nu)|\leq|\pi|\cdot|\nu|$ だから $\nu\mapsto\pi(\nu)$ は $M(G)$ から $\mathcal{L}_u(H)$ への連続 $\mathbb{C}$-線形写像である．更に $\mu,\nu\in M(G)$ として，任意の $v\in H, \alpha\in H'$ に対して

$$\begin{aligned}\langle\pi(\nu*\mu)v,\alpha\rangle &= \int_G\int_G \langle\pi(xy)v,\alpha\rangle d\nu(x)d\mu(y)\\ &= \int_G \langle\pi(\nu)\circ\pi(y)v,\alpha\rangle d\mu(y)\\ &= \langle\pi(\mu)v,\alpha\circ\pi(\nu)\rangle = \langle\pi(\nu)\circ\pi(\mu)v,\alpha\rangle\end{aligned}$$

だから $\pi(\nu*\mu)=\pi(\nu)\circ\pi(\mu)$ となる．また，

$$\langle\delta_x u,\alpha\rangle = \int_G \langle\pi(y)v,\alpha\rangle d\delta_x(y) = \langle\pi(x)v,\alpha\rangle$$

だから $\pi(\delta_x)=\pi(x)$ である．よって

$$|\pi|\geq \sup_{0\neq\nu\in M(G)}|\pi(\nu)|/|\nu|\geq \sup_{x\in G}|\pi(\delta_x)|/|\delta_x|=\sup_{x\in G}|\pi(x)|=|\pi|$$

となる．■

$(\pi,H)$ を $G$ の有界 Banach 表現として，$\varphi\in L^1(G)$ に対して $\pi(\varphi)=\pi(\mu_\varphi)$ とおけば，$\varphi\mapsto\pi(\varphi)$ は Banach 環 $L^1(G)$ から $\mathcal{L}_u(H)$ への連続な $\mathbb{C}$-代数準同型写像で，$|\pi(\varphi)|\leq|\pi|\cdot|\varphi|_1$ である．例えば $G$ の Banach 表現 $(\pi_{l,p}, L^p(G))\,(1\leq p\leq\infty)$ に関しては，$|\pi_{l,p}|=1$ で $\varphi\in L^1(G)$ と $f\in L^p(G)$ に対して $\pi_{l,p}(\varphi)f=\varphi*f$ である．

**命題 5.1.4** $(\pi,H)$ を $G$ の有界 Banach 表現とする．任意の $u\in H$ は $\{\pi(\varphi)u|\varphi\in C_c(G)\}$ の閉包に含まれる．特に $\{\pi(\varphi)u|\varphi\in C_c(G), u\in H\}$ は $H$ の稠密な部分集合である．

［証明］任意の $\varepsilon>0$ をとると，任意の $x\in V$ に対して $|\pi(x)u-u|<\varepsilon$ となる $G$ の単位元のコンパクト近傍 $V$ をとり，$\mathrm{supp}\,\varphi\subset V$ かつ $\int_G \varphi(x)d_G(x)=1$ な

る非負実数値連続関数 $\varphi \in C_c(G)$ をとると
$$|\pi(\varphi)u-u| \leq \int_G \varphi(x)|\pi(x)u-u|d_G(x) < \varepsilon$$
となる. ∎

逆に

**定理 5.1.5** 複素 Banach 空間 $H$ と連続な $\mathbb{C}$-代数準同型写像 $\rho\colon L^1(G) \to \mathcal{L}_u(H)$ があって, $\{\rho(\varphi)u|\varphi \in L^1(G), u \in H\}$ が $H$ の稠密な部分空間を $\mathbb{C}$ 上で張るならば, $|\pi|=|\rho|$ かつ $\pi(\varphi)=\rho(\varphi)$ $(\varphi \in L^1(G))$ なる $G$ の $H$ 上の有界 Banach 表現 $(\pi, H)$ が存在する.

[証明] $\{\rho(\varphi)u|\varphi \in L^1(G), u \in H\}$ が $\mathbb{C}$ 上で張る $H$ の部分空間を $M$ とする. 任意の $x \in G$ に対して $\mathbb{C}$-線形写像 $\sigma(x) \in \mathrm{End}_{\mathbb{C}}(H)$ で

(1) 任意の $\varphi \in L^1(G), u \in H$ に対して $\sigma(x)(\rho(\varphi)u) = \rho(x \cdot \varphi)u$,

(2) 任意の $u \in H$ に対して $|\sigma(x)u| \leq |u|$

なるものが存在する. 実際, 定理 1.2.1 より $L^1(G)$ の強い意味の近似的 1 を $\{\varepsilon_\lambda\}_{\lambda \in \Lambda}$ とする. 任意の $x \in G, \varphi \in L^1(G)$ に対して
$$\lim_{\lambda \in \Lambda} (x \cdot \varepsilon_\lambda) * \varphi = \lim_{\lambda \in \Lambda} x \cdot (\varepsilon_\lambda * \varphi) = x \cdot \varphi$$
だから $\lim_{\lambda \in \Lambda} \rho(x \cdot \varepsilon_\lambda) \circ \rho(\varphi) = \rho(x \cdot \varphi)$ となり, 任意の $u \in H$ に対して
$$\lim_{\lambda \in \Lambda} \rho(x \cdot \varepsilon_\lambda) \circ \rho(\varphi)u = \rho(x \cdot \varphi)u$$
となる. そこで任意の $v \in M$ に対して $\sigma(x)v = \lim_{\lambda \in \Lambda} \rho(x \cdot \varepsilon_\lambda)v \in M$ とおくと, $\sigma(x) \in \mathrm{End}_{\mathbb{C}}(M)$ で, 任意の $\varphi \in L^1(G)$ と $u \in H$ に対して $\sigma(x)(\rho(\varphi)u) = \rho(x \cdot \varphi)u$ である. 更に任意の $v \in M$ に対して $|\rho(x \cdot \varepsilon_\lambda)v| \leq |\rho||v| \leq |v|$ だから $|\sigma(x)v| \leq |v|$ となる. $M \subset H$ は稠密だから, $\sigma(x) \in \mathrm{End}_{\mathbb{C}}(M)$ は $\pi(x) \in \mathcal{L}(H)$ に一意的に延長される. 任意の $x, y \in G$ に対して $\sigma(xy) = \sigma(x) \circ \sigma(y)$ だから $\pi(xy) = \pi(x) \circ \pi(y)$ となる. 任意の $\varphi \in L^1(G)$ に対して, $x \mapsto x \cdot \varphi$ は $G$ から $L^1(G)$ への連続写像だから, 任意の $u \in H$ に対して $x \mapsto \pi(x)(\rho(\varphi)u) = \rho(x \cdot \varphi)u$ は $G$ から $H$ への連続写像となる. よって命題 0.7.3 より $(\pi, H)$ は $G$ の Ba-

nach 表現である．最後に $v=\rho(\varphi)u\in M$ ($\varphi\in L^1(G)$, $u\in H$) として，任意の $\alpha \in H'$ をとる．$\psi \mapsto \langle \rho(\psi)u, \alpha \rangle$ は $L^1(G)$ の連続な $\mathbb{C}$-線形形式だから，任意の $\psi \in L^1(G)$ に対して $\langle \rho(\psi)u, \alpha \rangle = \int_G \psi(x)h(x)dG(x)$ なる $h \in L^\infty(G)$ がとれるから

$$\langle \rho(\psi)v, \alpha \rangle = \langle \rho(\psi*\varphi)u, \alpha \rangle = \int_G \int_G \psi(y)\varphi(y^{-1}x)h(x)dG(y)dG(x)$$
$$= \int_G \psi(y)\langle \rho(y \cdot \varphi)u, \alpha \rangle dG(y) = \int_G \psi(y)\langle \pi(x)v, \alpha \rangle dG(y)$$
$$= \langle \pi(\psi)v, \alpha \rangle.$$

よって，$\pi(\psi)=\rho(\psi)$ となり，$|\pi| \geq |\pi(\psi)| = |\rho(\psi)|$. よって $|\pi|=|\rho|$. ∎

$(\pi, H)$ が $G$ のユニタリ表現の場合には，$\nu \in M(G)$ に対して

$$(\pi(\nu)u, v) = \int_G (\pi(x)u, v)d\nu(x) \qquad (u, v \in H)$$

により $\pi(\nu) \in \mathcal{L}(H)$ は定義される．更に

$$(\pi(\nu)^*u, v) = \overline{\int_G (\pi(x)v, u)d\nu(x)}$$
$$= \int_G (\pi(x^{-1})u, v)d\overline{\nu}(x) = (\pi(\nu^*)u, v) \qquad (u, v \in H)$$

より $\pi(\nu^*)=\pi(\nu)^*$ となる．即ち，$\nu \mapsto \pi(\nu)$ は Banach $*$-環 $M(G)$ の $H$ 上の $*$-表現である．$f \mapsto \pi(f)$ は Banach $*$-環 $L^1(G)$ の $*$-表現となる．

逆に，定理 5.1.5 から $L^1(G)$ の $*$-表現に付随する $G$ のユニタリ表現が存在する．即ち，

**定理 5.1.6** $L^1(G)$ の $*$-表現 $(\rho, H)$ で $\{\rho(\varphi)u | \varphi \in L^1(G), u \in H\}$ が $H$ の稠密な部分空間を $\mathbb{C}$ 上で張るならば，$\pi(\varphi)=\rho(\varphi)$ $(\varphi \in L^1(G))$ なる $G$ の $H$ 上のユニタリ表現 $(\pi, H)$ が存在する．

[証明] 命題 1.4.3(とその証明)から，$\rho: L^1(G) \to \mathcal{L}_u(H)$ は連続で $|\rho| \leq 1$ である．よって定理 5.1.5 より $G$ の $H$ 上の Banach 表現 $\pi$ で $|\pi|=|\rho| \leq 1$ かつ $\pi(\varphi)=\rho(\varphi)$ $(\varphi \in L^1(G))$ なるものが存在する．定理 1.2.1 より $L^1(G)$ の強い意味の近似的 1 を $\{\varepsilon_\lambda\}_{\lambda \in \Lambda}$ とすると

## 5.1 局所コンパクト群の表現と群環の表現

$$(x^{-1}\cdot\varphi^*)^* = \Delta_G(x^{-1})\cdot(\varphi\cdot x), \qquad \varphi*(x\cdot\varepsilon_\lambda) = \Delta_G(x^{-1})(\varphi\cdot x)*\varepsilon_\lambda$$

より $\lim_{\lambda\in\Lambda}\varphi*(x\cdot\varepsilon_\lambda)=(x^{-1}\cdot\varphi^*)^*$, よって $\lim_{\lambda\in\Lambda}(x\cdot\varepsilon_\lambda)^**\varphi=x^{-1}\cdot\varphi$ だから

$$\lim_{\lambda\in\Lambda}\rho(x\cdot\varepsilon_\lambda)^*\circ\rho(\varphi) = \lim_{\lambda\in\Lambda}\rho(x\cdot\varepsilon_\lambda)*\varphi$$
$$= \rho(x^{-1}\cdot\varphi) = \pi(x^{-1})\circ\rho(\varphi).$$

よって $\pi(x)^*=\pi(x^{-1})$ となり，$\pi$ は $H$ 上のユニタリ表現となる．∎

応用として，局所コンパクト群は十分多くの既約ユニタリ表現をもつことを保証する **Gelfand-Raikov** の定理を証明してみよう．

**定理 5.1.7** 単位元でない任意の $g\in G$ に対して，$\pi(g)\neq 1$ なる $G$ の既約ユニタリ表現 $(\pi, H)$ が存在する．

［証明］ 先ず初めに $G$ の左正則表現 $(\pi_{l,2}, L^2(G))$ を考える．$\varphi\in L^1(G)$ と $f\in L^2(G)$ に対して，$(\pi_{l,2}(x)f)(y)=f(x^{-1}y)$ だから，$\pi_{l,2}(\varphi)f=\varphi*f$ である．ここで $\varphi\neq 0$ ならば $\pi_{l,2}(\varphi)\neq 0$ である．実際，$\varphi\neq 0$ とすると

$$\varphi*\psi(1) = \int_G \varphi(x)\psi(x^{-1})dG(x) \neq 0$$

なる $\psi\in C_c(G)$ が存在する．ここで

$$|\varphi*\psi(x)-\varphi*\psi(x')| \leq \int_G |\varphi(xy)-\varphi(x'y)||\psi(y^{-1})|dG(y)$$
$$\leq |x^{-1}\cdot\varphi-x'^{-1}\cdot\varphi|_1\cdot|\psi|$$

だから $\varphi*\psi$ は $G$ 上の連続関数である．よって $\psi\in L^2(G)$ とみて $L^2(G)$ の元として $\pi_{l,2}(\varphi)\psi\neq 0$ となる．よって定理 4.3.9 より，任意の $0\neq\varphi\in L^1(G)$ に対して $\rho(\varphi)\neq 0$ なる Banach $*$-環 $L^1(G)$ の既約 $*$-表現 $\rho$ が存在する．さて $1\neq g\in G$ とする．$g\cdot\varphi\neq\varphi$ なる $\varphi\in L^1(G)$ が存在するから，$L^1(G)$ の既約 $*$-表現 $\rho$ で $\rho(g\cdot\varphi-\varphi)\neq 0$ なるものがある．よって定理 5.1.6 より $G$ のユニタリ表現 $\pi$ で $\pi(\psi)=\rho(\psi)(\psi\in L^1(G))$ なるものが存在する．$\rho$ が既約だから $\pi$ も既約である．更に $\pi(g)\circ\rho(\varphi)=\rho(g\cdot\varphi)\neq\rho(\varphi)$ だから $\pi(g)\neq 1$ である．∎

## 5.2　ユニタリ表現の繋絡作用素

$(\pi_i, H_i)(i=1,2)$ を $G$ の二つのユニタリ表現として，任意の $x \in G$ に対して $T \circ \pi_1(x) = \pi_2(x) \circ T$ なる $T \in \mathcal{L}(H_1, H_2)$ を $\pi_1$ から $\pi_2$ への**繋絡作用素**と呼び，その全体の成す複素ベクトル空間を $\mathcal{L}_G(H_1, H_2)$ または $(\pi_1, \pi_2)$ と書く．$T \in \mathcal{L}_G(H_1, H_2)$ の極分解を $T = U \circ S$ として

$$M_1 = (\operatorname{Ker} T)^\perp = \overline{\operatorname{Im} T^*}, \qquad M_2 = (\operatorname{Ker} T^*)^\perp = \overline{\operatorname{Im} T}$$

とおくと，$U$ は部分表現 $(\pi_1|_{M_1}, M_1)$ から $(\pi_2|_{M_2}, M_2)$ へのユニタリ同値写像となる(71頁の議論を参照)．特に $\pi_1$ が既約ならば $U$ は $(\pi_1, H_1)$ から $(\pi_2, H_2)$ の部分表現へのユニタリ同値写像を与える．

繋絡作用素を von Neumann 環と関連させて考えよう．準備として，

**命題 5.2.1**　$G$ のユニタリ表現 $(\pi_i, H_i)(i=1,2)$ と連続線形写像 $T \in \mathcal{L}(H_1, H_2)$ に対して次は同値である；

(1) 任意の $x \in G$ に対して $T \circ \pi_1(x) = \pi_2(x) \circ T$，即ち，$T \in (\pi_1, \pi_2)$,
(2) 任意の $\varphi \in C_c(G)$ に対して $T \circ \pi_1(\varphi) = \pi_2(\varphi) \circ T$,
(3) 任意の $\nu \in M(G)$ に対して $T \circ \pi_1(\nu) = \pi_2(\nu) \circ T$.

［証明］(1)から(3)，(3)から(2)が従うことは明らかだから，(2)から(1)を導く．$g \in G$ として，任意の $u \in H_1$ と $\varepsilon > 0$ に対して $g$ の開近傍 $V$ があって，任意の $x \in V$ に対して

$$|\pi_1(x)u - \pi_1(g)u| < \varepsilon, \qquad |\pi_2(x) \circ Tu - \pi_2(g) \circ Tu| < \varepsilon$$

とできる．$\operatorname{supp} \varphi \subset V$ かつ $\int_G \varphi(x) d_G(x) = 1$ なる $G$ 上の非負実数値連続関数 $\varphi$ をとると，任意の $\beta = (*, v) \in H_2'(v \in H_2)$ に対して

$$|\langle (T\circ\pi_1(g)-T\circ\pi_1(\varphi))u,\beta\rangle| = \left|\int_G \varphi(x)\langle T\circ(\pi_1(g)-\pi_1(x))u,\beta\rangle d_G(x)\right|$$
$$\leq \int_G \varphi(x)|T||(\pi_1(g)-\pi_1(x))u||\beta|d_G(x)$$
$$\leq |T||\beta|\varepsilon,$$
$$|\langle (\pi_2(\varphi)\circ T-\pi_2(g)\circ T)u,\beta\rangle| = \left|\int_G \varphi(x)((\pi_2(x)-\pi_2(g))\circ Tu,v)d_G(x)\right|$$
$$\leq \int_G \varphi(x)|(\pi_2(x)-\pi_2(g))\circ Tu||v|d_G(x)$$
$$\leq |\beta|\varepsilon.$$

よって $T\circ\pi_1(\varphi)=\pi_2(\varphi)\circ T$ より

$$|\langle (T\circ\pi_1(g)-\pi_2(g)\circ T)u,\beta\rangle| \leq (1+|T|)|\beta|\varepsilon$$

となる．よって $T\circ\pi_1(g)=\pi_2(g)\circ T$ である． ∎

$(\pi,H)$ を $G$ のユニタリ表現とすると，$\mathcal{L}(H)$ の自己共役的部分集合 $\pi(G)\subset \mathcal{L}(H)$ で生成された von Neumann 環 (92頁) $\mathcal{A}_\pi=C_H(C_H(\pi(G)))$ をユニタリ表現 $\pi$ の von Neumann 環と呼ぶ．その中心化環

$$\mathcal{L}_\pi(H) = C_H(\pi(G)) = \mathcal{L}_G(H,H)$$

は $(\pi,H)$ から自分自身への繋絡作用素の全体である．上の命題 5.2.1 より，

$$\mathcal{L}_\pi(H) = C_H(\pi(C_c(G))) = C_H(\pi(M(G))),$$
$$\mathcal{A}_\pi = C_H(C_H(\pi(C_c(G)))) = C_H(C_H(\pi(M(G))))$$

である．

**命題 5.2.2** $G$ のユニタリ表現 $(\pi,H)$ の von Neumann 環 $\mathcal{A}_\pi$ は $\pi(C_c(G))$ $\subset\mathcal{L}(H)$ の強位相に関する閉包に等しい．

[証明] $1\in\mathcal{L}(H)$ と $\pi(C_c(G))\subset\mathcal{L}(H)$ で生成された $\mathbb{C}$-部分代数 $\mathbb{C}[\pi(C_c(G))]=\mathbb{C}\cdot 1\oplus\pi(C_c(G))$ の強位相に関する閉包が $\mathcal{A}_\pi$ であるから，$\pi(C_c(G))$ の強位相に関する閉包に $1\in\mathcal{L}(H)$ が含まれることを示せばよい．任

意の有限部分集合 $\{u_1,\cdots,u_r\}\subset H$ と任意の $\varepsilon>0$ に対して，閉包がコンパクトなる $1\in G$ の開近傍 $V$ があって，任意の $x\in V$ に対して $|\pi(x)u_i-u_i|<\varepsilon\,(i=1,\cdots,r)$ とできる．更に $\operatorname{supp}\varphi\subset V$ であって $\int_G\varphi(x)d_G(x)=1$ かつ任意の $x\in G$ に対して $\varphi(x)\geq 0$ なる $\varphi\in C_c(G)$ がある．そこで任意の $v\in H$ と $i=1,\cdots,r$ に対して

$$|((\pi(\varphi)-1)u_i,v)| \leq \int_G \varphi(x)|((\pi(x)-1)u_i,v)|d_G(x)$$
$$\leq \int_G \varphi(x)|\pi(x)u_i-u_i|\cdot|v|d_G(x) < \varepsilon\cdot|v|.$$

よって $|(\pi(\varphi)-1)u_i|\leq\varepsilon\,(i=1,\cdots,r)$ となる．∎

定理 4.3.1 から次の系を得る；

**系 5.2.3** $G$ のユニタリ表現 $(\pi,H)$ に対して，次の五つの命題は同値である；
(1) $(\pi,H)$ は $G$ の表現として既約である，
(2) $(\pi,H)$ は Banach $*$-環 $L^1(G)$ の $*$-表現として既約である，
(3) $(\pi,H)$ は Banach $*$-環 $M(G)$ の $*$-表現として既約である，
(4) $\mathcal{A}_\pi=\mathcal{L}(H)$ である，
(5) $\mathcal{L}_\pi(H)=\mathbb{C}\cdot 1$ である．

本節の最初に述べたことに注意すれば，次のユニタリ表現に関する **Schur の補題** を得る；

**系 5.2.4** $G$ の既約ユニタリ表現 $(\pi_i,H_i)\,(i=1,2)$ に対して
$$\dim_{\mathbb{C}}\mathcal{L}_G(H_1,H_2) = \begin{cases} 1 & : \pi_1 \text{ と } \pi_2 \text{ がユニタリ同値のとき} \\ 0 & : \pi_1 \text{ と } \pi_2 \text{ がユニタリ同値でないとき} \end{cases}$$
である．

Schur の補題が成り立つので，コンパクト群の場合と同様に議論を進めるこ

とができる．即ち，$(\sigma, E)$ を $G$ のユニタリ表現とし，$(\pi, H)$ を $G$ の既約ユニタリ表現として，$E$ の閉部分空間

$$E(\pi) = \overline{\sum_{T \in \mathcal{L}_G(H,E)} \mathrm{Im}\, T}$$

をユニタリ表現 $(\sigma, E)$ の $\pi$-成分と呼ぶ．$\Lambda \subset \mathcal{L}_G(H, E)$ を

(1) 任意の $T \in \Lambda$ と $u \in H$ に対して $|Tu|=|u|$，
(2) $\sum_{T \in \Lambda} \mathrm{Im}\, T = \bigoplus_{T \in \Lambda} \mathrm{Im}\, T$ は直交直和

なる極大な部分集合とする ($\mathcal{L}_G(H, E) = \{0\}$ の場合には $\Lambda = \emptyset$ とする)．任意の $T \in \Lambda$ に対して，$\mathrm{Im}\, T$ は $E$ の閉部分空間であり，$T$ は $\pi$ から部分表現 $(\sigma|_{\mathrm{Im}\, T}, \mathrm{Im}\, T)$ へのユニタリ同値写像である．また，$\Lambda$ の極大性から

$$E(\pi) = \overline{\bigoplus_{T \in \Lambda} \mathrm{Im}\, T}$$

である．ここで $\Lambda$ は $\mathbb{C}$ 上 1 次独立であるが，更に $\Lambda$ が有限集合ならば $\Lambda$ は $\mathcal{L}_G(H, E)$ の $\mathbb{C}$ 上の基底をなす．そこで $\Lambda$ の個数，即ち $\dim_{\mathbb{C}} \mathcal{L}_G(H, E)$ を $\sigma$ における $\pi$ の**重複度**と呼び $m(\pi, \sigma)$ と書く．

## 5.3　正定値関数と巡回表現

さて，局所コンパクト群 $G$ に付随した Banach $*$-環 $L^1(G), M(G), M_c(G)$ を利用して，$G$ 上の正定値関数を特徴づけてみよう．$G$ 上の複素数値連続関数 $\varphi$ が正定値であるとは，任意の有限部分集合 $\{x_1, \cdots, x_n\} \subset G$ に対して正方行列 $(\varphi(x_i x_j^{-1}))_{1 \leq i,j \leq n}$ が半正定値 Hermite 行列になることをいう．典型的な例は

**例 5.3.1**　$(\pi, H)$ を $G$ のユニタリ表現とすると，任意の $u \in H$ に対して $\varphi(x) = (\pi(x)u, u)$ $(x \in G)$ は $G$ 上の正定値関数である．

$\varphi$ を $G$ 上の正定値関数とすると
(1) $\varphi(x^{-1}) = \overline{\varphi(x)}$，$|\varphi(x)| \leq \varphi(1)$，
(2) $|\varphi(x) - \varphi(y)|^2 \leq 2 \cdot \varphi(1) \cdot \mathrm{Re}\,(\varphi(1) - \varphi(xy^{-1}))$

である．実際，$\begin{bmatrix} \varphi(1) & \varphi(x) \\ \varphi(x^{-1}) & \varphi(1) \end{bmatrix}$ が半正定値 Hermite 行列であり，その行列式は非負実数となるから (1) を得る．$x_1=1, x_2=x, x_3=y$ として

$$\sum_{1\leq i,j\leq 3}\varphi(x_i x_j^{-1})\lambda_i \overline{\lambda_j} \geq 0 \qquad (\lambda_i \in \mathbb{C})$$

だから，$\varphi(x)\neq\varphi(y)$ のとき，任意の $t\in\mathbb{R}$ に対して

$$\lambda_1 = 1, \qquad \lambda_2 = t\cdot\frac{|\varphi(x)-\varphi(y)|}{\varphi(x)-\varphi(y)}, \qquad \lambda_3 = -\lambda_2$$

とおいて $\varphi(1)+2t|\varphi(x)-\varphi(y)|+2t^2\cdot\mathrm{Re}(\varphi(1)-\varphi(xy^{-1}))\geq 0$ となるから (2) を得る．さて $G$ 上の複素数値有界連続関数 $\varphi$ に対して

$$\varphi_M(\nu) = \int_G \varphi(x)d\nu(x) \qquad (\nu \in M(G))$$

$$\varphi_L(f) = \varphi_M(\mu_f) = \int_G f(x)\varphi(x)dG(x) \qquad (f \in L^1(G))$$

により，Banach $*$-環 $M(G), L^1(G)$ 上の連続な複素線形形式 $\varphi_M, \varphi_L$ を定義する．このとき $G$ 上の正定値関数と Banach $*$-環上の正値複素線形形式が次のように関連付けられる；

**定理 5.3.2** $G$ 上の複素数値連続関数 $\varphi$ に対して次は同値である；
(1) $\varphi$ は $G$ 上の正定値関数である，
(2) $\varphi_M$ は $M(G)$ 上の正値線形形式である，
(3) $\varphi_L$ は $L^1(G)$ 上の正値線形形式である，
(4) 任意の $\nu\in M_c(G)$ に対して $\varphi_M(\nu^**\nu)\geq 0$,
(5) 任意の $\psi\in C_c(G)$ に対して $\varphi_L(\psi^**\psi)\geq 0$.

このとき $\varphi_M, \varphi_L$ は $M(G), L^1(G)$ 上で Hermite 的かつ有界変動である．

［証明］ $L^1(G)$ のノルムに関して $\psi\mapsto\varphi_L(\psi^**\psi)$ は連続であり，$C_c(G)\subset L^1(G)$ は稠密だから (3) と (5) は同値である．同様に命題 B.2.3 を用いて (2) と (4) は同値である．(4) が (5) を導くことは明らか．有限部分集合 $\{x_1,\cdots,x_n\}\subset G$ と $\lambda_i\in\mathbb{C}$ に対して，$\nu=\sum_{i=1}^n \lambda_i \delta_{x_i}\in M_c(G)$ で $\varphi_M(\nu^**\nu)=\sum_{i,j=1}^n \overline{\lambda_i}\lambda_j\cdot\varphi(x_i^{-1}x_j)$ となるから，(4) から (1) が導かれる．最後に (1) または (5) から (4) が導かれることを示そう．$\overline{V}$ がコンパクトなる開集合 $V\subset G$ に対して $M_{c,V}(G)=$

$\{\mu\in M_c(G)|\mathrm{supp}(\mu)\subset V\}$ とおくと，命題 B.2.4 より $\{\mu_f|f\in C_{c,V}(G)\}$ と $\langle\delta_x|x\in V\rangle_{\mathbb{C}}$ はそれぞれ強位相に関して $M_{c,V}(G)$ の稠密な部分空間である．一方，命題 5.1.2 より，$M_{c,V}(G)\times M_{c,V}(G)$ から $M_c(G)$ への写像 $(\mu,\nu)\mapsto\mu*\nu$ は強位相に関して連続だから，(1)または(5)が成り立てば(4)が成り立つ．このとき $M(G)$ は 1 をもち，$L^1(G)$ は強い意味で近似的 1 をもつから，命題 4.2.1 より $\varphi_M,\varphi_L$ は共に Hermite 的かつ有界変動である．■

$G$ のユニタリ表現 $(\pi,H)$ の von Neumann 環 $\mathcal{A}_\pi$ は $\mathcal{L}(H)$ の自己共役な部分集合 $\mathbb{C}[\pi(G)]$, $\pi(L^1(G))$ 及び $\pi(M(G))$ の弱位相に関する閉包だから，$u\in H$ に関する次の四つの主張は同値である；
(1) $u$ はユニタリ表現 $(\pi,H)$ の巡回ベクトルである，
(2) $u$ は $L^1(G)$ の $*$-表現 $(\pi,H)$ の巡回ベクトルである，
(3) $u$ は $M(G)$ の $*$-表現 $(\pi,H)$ の巡回ベクトルである，
(4) $\{Tu|T\in\mathcal{A}_\pi\}$ は $H$ の稠密な部分空間である．
したがって定理 5.1.6 と命題 5.2.1 に注意すれば，4.3 節にある Banach $*$-環の巡回表現の一般論から次の二つの定理が直ちに従う；

**定理 5.3.3** $G$ の巡回表現 $(\pi_i,H_i)(i=1,2)$ と巡回ベクトル $u_i\in H_i$ に対して，$\varphi_{\pi_1,u_1}=\varphi_{\pi_2,u_2}$ ならば，ユニタリ同値写像 $U:(\pi_1,H_1)\tilde{\to}(\pi_2,H_2)$ で $Uu_1=u_2$ なるものが存在する．

**定理 5.3.4** $G$ 上の正定値連続関数 $\varphi$ に対して，$G$ の巡回表現 $(\pi,H)$ と巡回ベクトル $u\in H$ で $\varphi=\varphi_{\pi,u}$ なるものが存在する．

**問題 5.3.1** 定理 5.3.3 を Banach $*$-環の表現論を用いずに直接証明せよ．

**問題 5.3.2** 定理 5.3.4 を Banach $*$-環の表現論を用いずに直接証明せよ．

**問題 5.3.3** 局所コンパクト群の任意のユニタリ表現は巡回表現の直交直和に書けることを示せ．

## 5.4 誘導表現

$G$ の閉部分群 $H$ のユニタリ表現 $(\chi, V)$ から $G$ のユニタリ表現を構成してみよう．$H$ の左 Haar 測度 $d_H(h)$ を一つ固定し，$H$ のモジュラー関数を $\Delta_H$ とする．また，$H$ に関する $G$ 上の $\rho$-関数 $\rho$ を一つとって(命題 B.3.4 参照)，付随する $G/H$ 上の Radon 測度を $\mu_\rho$ とする(207 頁参照)．複素 Hilbert 空間 $V$ の内積を $(u,v)_V$ とおき，対応するノルムを $|v|_V = (v,v)^{1/2}$ とする．$V$ に値をとる $G$ 上の可測関数 $\varphi$ であって

(1) 任意の $h \in H$ に対して $|\varphi(xh)| = \rho(h)^{1/2} |\varphi(x)|$ かつ
(2) $\int_{G/H} \rho(x)^{-1} |\varphi(x)|_V^2 d\mu_\rho(\dot{x}) < \infty$

なるもの全体のなす複素ベクトル空間(を上の積分が 0 となる $\varphi$ のなす部分空間で割った商空間) $L^2_\rho(G, H; V)$ は

$$(\varphi, \psi)_\rho = \int_{G/H} \rho(x)^{-1} (\varphi(x), \psi(x))_V d\mu_\rho(\dot{x})$$

を内積とする複素 Hilbert 空間となる．$g \in G$ と $\varphi \in L^2_\rho(G, H; V)$ に対して，$(g \cdot \varphi)(x) = \varphi(g^{-1}x)$ $(x \in G)$ とおくと $g \cdot \varphi \in L^2_\rho(G, H; V)$ かつ $|g \cdot \varphi|_\rho = |\varphi|_\rho$ である．特に $V$ に値をとる $G$ 上の連続関数 $\varphi$ であって

(1) 任意の $h \in H$ に対して $\varphi(xh) = \rho(h)^{1/2} \chi(h)^{-1} \varphi(x)$ かつ
(2) $G/H$ 上の関数 $\dot{x} \mapsto \rho(x)^{-1/2} |\varphi(x)|_V$ の台がコンパクト

なるもの全体のなす $L^2_\rho(G, H; V)$ の部分空間 $E_{\rho,c}(G, H; \chi)$ は $G$ の作用に関して不変である．そこで $L^2_\rho(G, H; V)$ における $E_{\rho,c}(G, H; \chi)$ の閉包を $E_\rho(G, H; \chi)$ として，$g \in G$ と $\varphi \in E_\rho(G, H; \chi)$ に対して $\pi_\chi(g)\varphi = g \cdot \varphi$ とおく．我々の目標は次の定理を示すことにある；

**定理 5.4.1** $E_\rho(G, H; \chi) \neq \{0\}$ で $(\pi_\chi, E_\rho(G, H; \chi))$ は $G$ のユニタリ表現である．

このようにして構成された $G$ のユニタリ表現 $(\pi_\chi, E_\rho(G, H; \chi))$ を，$H$ のユニタリ表現 $(\chi, V)$ から誘導された**誘導表現**と呼び，$\mathrm{Ind}(G, H; \chi)$ あるいは

$\mathrm{Ind}_H^G \chi$ と書く.

$E_{\rho,c}(G,H;\chi)$ の元を具体的に構成してみよう. $V$ に値をとる $G$ 上の連続関数 $f$ で台 $\mathrm{supp}(f)$ がコンパクトなるもの全体のなす複素ベクトル空間を $C_c(G;V)$ と書く. $f \in C_c(G;V)$ に対して $V$ に値をとる $G$ 上の関数 $\vartheta_{\chi,f}$ を

$$(\vartheta_{\chi,f}(x), v)_V = \int_H (\chi(h) f(xh), v)_V d_H(h) \qquad (x \in G,\ v \in V)$$

により定義する. $f$ の一様連続性(命題 B.1.1)より $\vartheta_{\chi,f}$ は $G$ 上で一様連続である(即ち,任意の $\varepsilon>0$ に対して $G$ の単位元の開近傍 $V$ があって,任意の $x,y \in G$ に対して $xy^{-1} \in V$ ならば $|\vartheta_{\chi,f}(x) - \vartheta_{\chi,f}(y)| < \varepsilon$ となる). 任意の $h \in H$ に対して $\vartheta_{\chi,f}(xh) = \chi(h)^{-1} \vartheta_{\chi,f}(x)$ となり,更に $G/H$ 上の関数 $\dot{x} \mapsto |\vartheta_{\chi,f}(x)|$ の台は $\mathrm{supp}(f)$ の自然な全射 $G \to G/H$ による像に含まれる. よって $\rho^{1/2} \cdot \vartheta_{\chi,f}$ は $E_{\rho,c}(G,H;\chi)$ の元である. 実は更に

**補題 5.4.2**

(1) 任意の $g \in G$ に対して $\{\vartheta_{\chi,f\cdot v}(g) \in V \mid f \in C_c(G), v \in V\}$ は $V$ の稠密な部分空間を張る,

(2) $E_{\rho,c}(G,H;\chi) = \{\rho^{1/2} \cdot \vartheta_{\chi,f} \mid f \in C_c(G;V)\}$.

[証明] (1) $V$ における $\{\vartheta_{\chi,f\cdot v}(g) \mid f \in C_c(G), v \in V\}$ の直交補空間を $W$ とおく. 任意の $x,y \in G$ と $f \in C_c(G;V)$ に対して $\vartheta_{\chi,f}(x^{-1}y) = \vartheta_{\chi,x\cdot f}(y)$ だから, $W$ は $\{\vartheta_{\chi,f\cdot v}(x) \mid f \in C_c(G), v \in V, x \in G\}$ の $V$ における直交補空間に等しい. よって任意の $h \in H$ に対して $\chi(h)W \subset W$ となるから,$\chi_W(h) = \chi(h)|_W$ とおいて,$H$ のユニタリ表現 $(\chi_W, W)$ を得る. ここで $w \in W$ として任意の $\varphi \in C_c(G)$ に対して

$$(\vartheta_{\chi,\varphi\cdot w}(1), v)_V = \int_H \varphi(h)(\chi(h)w, v)_V d_H(h) = (\chi_W(\varphi|_H)w, v)_V \qquad (v \in W)$$

となるから $\vartheta_{\chi,\varphi\cdot w}(1) = \chi(\varphi|_H) w \in W$,よって

$$|\chi_W(\varphi|_H)w|^2 = (\chi_W(\varphi|_H)w, \vartheta_{\chi,\varphi\cdot w}(1))_V = 0$$

となる. $\varphi \mapsto \varphi|_H$ は $C_c(G)$ から $C_c(H)$ への全射だから(問題 B.1.1),命題 5.1.4 より $w=0$ となる.

(2) $\varphi \in E_{\rho,c}(G,H;\chi)$ として，$G/H$ 上の関数 $\dot{x} \mapsto |\varphi(x)|$ の台 $S$ はコンパクトだから問題 B.3.1 より，$\psi \in C_c(G)$ を適当にとって

$$\widetilde{\psi}(\dot{x}) = \int_H \psi(xh) d_H(h) \qquad (\dot{x} \in G/H)$$

とおくと，$G/H$ 上で $0 \le \widetilde{\psi}(\dot{x}) \le 1$ かつ $S$ 上では $\widetilde{\psi}(\dot{x})=1$ となるようにできる．$f = \psi \cdot \rho^{-1/2} \cdot \varphi \in C_c(G;V)$ とおくと $\vartheta_{\chi,f}(x) = \rho(x)^{-1/2} \varphi(x) \widetilde{\psi}(\dot{x})\,(x \in G)$ となる．∎

次の補題を示せば，定理 5.4.1 の証明が完了する；

**補題 5.4.3** 任意の $\varphi \in E_{\rho,c}(G,H;\chi)$ に対して，$g \mapsto \pi_\chi(g)\varphi$ は $G$ から $E_{\rho,c}(G,H;\chi)$ への連続写像である．

［証明］ 補題 5.4.2 より $\varphi = \rho^{1/2} \cdot \vartheta_{\chi,f}\,(f \in C_c(G;V))$ としてよい．$G/H$ 上の関数 $\dot{x} \mapsto |\varphi(x)|$ の台 $S$ はコンパクトである．任意の $\varepsilon > 0$ に対して，$G$ の単位元の開近傍 $U$ であって $U^{-1} = U$ かつ $\overline{U}$ はコンパクト，更に
 (1) 任意の $g \in U$ と $x \in G$ に対して $|\vartheta_{\chi,f}(gx) - \vartheta_{\chi,f}(x)| < \varepsilon$,
 (2) 任意の $g \in U$ と $\dot{x} \in U \cdot S$ に対して $|J_\rho(g,\dot{x}) - 1| < \varepsilon$
なるものがとれる．そこで $M = \sup\{|\vartheta_{\chi,f}(x)|, |J_\rho(g,\dot{x})| \mid g \in U, \dot{x} \in U \cdot S\}$ とおくと，任意の $g \in U$ と $\dot{x} \in U \cdot S$ に対して

$$\begin{aligned}&|(\pi_\chi(g)\psi)(x) - \psi(x)| \\ &\le \rho(x)^{1/2} \Big\{ J_\rho(g^{-1},\dot{x})^{1/2} |\vartheta_{\chi,\varphi}(g^{-1}x) - \vartheta_{\chi,\varphi}(x)| \\ &\qquad + |\vartheta_{\chi,\varphi}(x)| |J_\rho(g^{-1},\dot{x})^{1/2} - 1| \Big\} \le 2\rho(x)^{1/2} M\varepsilon\end{aligned}$$

となるから

$$\begin{aligned}|\pi_\chi(g)\psi - \psi|^2 &= \int_{U \cdot S} |(\pi_\chi(g)\psi)(x) - \psi(x)|^2 \rho(x)^{-1} d\mu_\rho(\dot{x}) \\ &\le 2M\varepsilon \cdot \mathrm{vol}(U \cdot S)\end{aligned}$$

となり，$g \mapsto \pi_\chi(g)\varphi$ は連続写像である．∎

任意の $h\in H$ に対して $\varphi(xh)=\rho(h)^{1/2}\chi(h)^{-1}\varphi(x)$ である $\varphi\in L^2_\rho(G,H;V)$ のなす部分空間を $L^2_\rho(G,H;\chi)$ と書くと，これは $L^2_\rho(G,H;V)$ の閉部分空間であり，$E_\rho(G,H;\chi)$ を含む．更に

**命題 5.4.4** $G$ と $V$ が共に可分(即ち，稠密な可算部分集合をもつ)ならば $E_\rho(G,H;\chi)=L^2_\rho(G,H;\chi)$ である．

［証明］補題 5.4.2 から，$\psi\in L^2_\rho(G,H;\chi)$ は $\{\rho^{1/2}\cdot\vartheta_{\chi,\varphi}|\varphi\in C_c(G;V)\}$ の各元と直交しているとして，$\psi=0$ を示せばよい．$\varphi\in C_c(G;V)$, $g\in G$ として，任意の $\xi\in C_c(G/H)$ に対して

$$\int_{G/H}\xi(\dot y)\rho(y)^{-1/2}(\vartheta_{\chi,\varphi}(g^{-1}y),\psi(y))_V d\mu_\rho(\dot y) = (\rho^{1/2}\cdot\vartheta_{\chi,\xi\cdot(g\cdot\varphi)},\psi) = 0$$

となる．ここで $\xi\cdot(g\cdot\varphi)$ は $G$ 上の連続関数 $x\mapsto\xi(\dot x)\cdot\varphi(g^{-1}x)$ である．よって $\mu_\rho(S_{\varphi,g})=0$ なる可測集合 $S_{\varphi,g}\subset G/H$ があって，任意の $\dot y\in G/H\setminus S_{\varphi,g}$ に対して $(\vartheta_{\chi,\varphi}(g^{-1}y),\psi(y))_V=0$ となる．再び補題 5.4.2 に注意して，$V$ は可分だから $\{\vartheta_{\chi,\varphi_k}(1)\}_{k=1,2,\ldots}$ が $V$ の稠密な部分集合となるように $\{\varphi_k\}_{k=1,2,\ldots}\subset C_c(G;V)$ をとることができる．$G$ は稠密な可算部分集合 $\Gamma$ をもつから

$$S = \bigcup_{k\geq 1}\bigcup_{g\in\Gamma}S_{\varphi_k,g}$$

は $\mu_\rho(S)=0$ なる $G/H$ の可測集合である．そこで $\psi(y)\neq 0$ なる $y\in G$ に対して $(\vartheta_{\chi,\varphi_k}(1),\psi(y))_V\neq 0$ なる $k\geq 1$ があり，また $y\in G$ の近傍 $U$ があって，任意の $x\in U$ に対して $(\vartheta_{\chi,\varphi_k}(x^{-1}y),\psi(y))_V\neq 0$ となる．よって $\Gamma\cap U\neq\emptyset$ だから $\dot y\in S$ である．よって

$$|\psi|^2_\rho = \int_{G/H}|\psi(y)|^2_V\rho(y)^{-1}d\mu_\rho(\dot y) = 0$$

となる．■

任意の $h\in H$ に対して $\Delta_G(h)=\Delta_H(h)$ であるとき(例えば $G, H$ がともにユニモジュラーのとき)，$\rho$-関数 $\rho$ は $G$ 上で恒等的に 1 であるとしてよくて，$\mu_\rho$ は $G/H$ 上の左 $G$-不変測度となるから(定理 B.3.3 参照)，それを $d_{G/H}(\dot x)$ と書こう．更に $\chi$ が $H$ の自明な 1 次元表現のとき，$L^2_\rho(G,H;\chi)$ の元 $\varphi$ は，任

意の $h \in H$ に対して $\varphi(xh)=\varphi(x)$ かつ
$$\int_{G/H} |\varphi(x)|^2 d_{G/H}(\dot{x}) < \infty$$
なる $G$ 上の複素数値可測関数だから，それを $G/H$ 上の関数 $\dot{x} \mapsto \varphi(x)$ と同一視すれば，$E_{\rho,c}(G,H;\chi)=C_c(G/H)$ であり，$E_\rho(G,H;\chi)=L^2_\rho(G,H;\chi)=L^2(G/H)$ となる．更に $H=\{1\}$ のときには，誘導表現 $(\pi_\chi, L^2_\rho(G,H;\chi))$ は例 0.7.5 にある $G$ の左正則表現となる．

**問題 5.4.1** 誘導表現 $\mathrm{Ind}_H^G \chi$ の表現空間を $E=E_\rho(G,H;\chi)$ として，$G$ のユニタリ表現 $(\sigma, W)$ に対して次を示せ；
(1) $(\theta(w \otimes \varphi))(x)=(\sigma(x^{-1})w) \otimes \varphi(x)$ ($w \in W, \varphi \in E, x \in G$) により複素 Hilbert 空間のユニタリ同型写像 $\theta: W \widehat{\otimes}_{\mathbb{C}} E \xrightarrow{\sim} E_\rho(G,H;\sigma|_H \otimes \chi)$ が定まる，
(2) $\theta$ は $G$ のユニタリ表現のユニタリ同値 $\sigma \otimes \mathrm{Ind}_H^G \chi \xrightarrow{\sim} \mathrm{Ind}_H^G(\sigma|_H \otimes \chi)$ を与える．

**問題 5.4.2** 局所コンパクト群 $G$ のユニタリ表現 $(\sigma, W)$ に対して，$W$ の $G$-固定部分空間を $W^G$ と書こう．即ち，任意の $g \in G$ に対して $\sigma(g)w=w$ なる $w \in W$ の全体を $W^G$ とする．$G$ はコンパクトとして，$H$ のユニタリ表現 $(\chi, V)$ からの誘導表現 $\mathrm{Ind}_H^G \chi$ の表現空間を $E=E_\rho(G,H;\chi)$ とおくと，複素 Hilbert 空間のユニタリ同型写像 $E^G \xrightarrow{\sim} V^H$ が $\varphi \mapsto \varphi(1)$ により与えられることを示せ．

**問題 5.4.3** 局所コンパクト群 $G$ のユニタリ表現 $(\pi_i, H_i)$ ($i=1,2$) に対して $\mathcal{H}_G(H_1, H_2)=\mathcal{H}(H_1, H_2) \cap \mathcal{L}_G(H_1, H_2)$ とおく．$G$ はコンパクトとして，$H$ のユニタリ表現 $(\chi, V)$ からの誘導表現 $\mathrm{Ind}_H^G \chi$ の表現空間を $E=E_\rho(G,H;\chi)$ とおくと，$G$ のユニタリ表現 $(\sigma, W)$ に対して複素 Hilbert 空間の同型 $\mathcal{H}_G(W, E) \xrightarrow{\sim} \mathcal{H}_H(W, V)$ が $T \mapsto [w \mapsto (Tw)(1)]$ により与えられることを示せ．

**問題 5.4.4** コンパクト群 $G$ の閉部分群 $H$ の既約ユニタリ表現 $(\chi, V)$ と $G$ の既約ユニタリ表現 $(\sigma, W)$ に対して $m(\sigma, \mathrm{Ind}_H^G \chi)=m(\chi, \sigma|_H)$ であることを示せ．これをコンパクト群の **Frobenius 相互律**と呼ぶ．

## 5.5 二乗可積分表現

ここで一般の局所コンパクト群に話を戻して,局所コンパクト・ユニモジュラー群 $G$ の既約ユニタリ表現 $(\pi, H)$ に対して,$\int_G |(\pi(x)u,u)|^2 d_G(x) < \infty$ なる $0 \neq u \in H$ が存在するとき,$(\pi, H)$ を**二乗可積分表現**あるいは,**離散系列表現**と呼ぶ.ここで次の定理が成り立つ;

**定理 5.5.1** $G$ の既約ユニタリ表現 $(\pi, H)$ に関して次は同値である;
(1) $\pi$ は二乗可積分表現である,
(2) $\int_G |(\pi(x)u,v)|^2 d_G(x) < \infty$ なる $0$ でない $u, v \in H$ が存在する,
(3) 全ての $u, v \in H$ に対して $\int_G |(\pi(x)u,v)|^2 d_G(x) < \infty$,
(4) $\pi$ は左正則表現 $(\pi_{l,2}, L^2(G))$ の部分表現とユニタリ同値.

[証明] (2) から (3) を導く.$\int_G |(\pi(x)u_0, v_0)|^2 d_G(x) < \infty$ $(0 \neq u_0, v_0 \in H)$ とする.まず $\int_G |(u, \pi(x)v_0)|^2 d_G(x) < \infty$ なる $u \in H$ の全体 $\mathcal{D}_T$ は $H$ の複素部分空間であり,$u \in \mathcal{D}_T$ に対して $Tu \in L^2(G)$ が $(Tu)(x) = (u, \pi(x)v_0)$ により定義される.$(\pi, H)$ は既約で $0 \neq u_0 \in \mathcal{D}_T$ だから $\mathcal{D}_T \subset H$ は稠密である.即ち,稠密に定義された作用素 $T: H \dashrightarrow L^2(G)$ が定義されて,任意の $x \in G$ に対して $\pi(x)\mathcal{D}_T \subset \mathcal{D}_T$ かつ $T \circ \pi(x) = \pi_{l,2}(x) \circ T$ である.よって任意の $f \in L^1(G)$ に対して $\pi(f)\mathcal{D}_T \subset \mathcal{D}_T$ かつ $T \circ \pi(f) = \pi_{l,2}(f) \circ T$ である.更に $T$ は閉作用素である.実際,$u_n \in \mathcal{D}_T$ に対して

$$\lim_{n \to \infty} u_n = u \in H, \qquad \lim_{n \to \infty} Tu_n = \varphi \in L^2(G)$$

とする.$\psi(x) = (u, \pi(x)v_0)$ $(x \in G)$ とおくと

$$|(Tu_n)(x) - \psi(x)| = |(u_n - u, \pi(x)v_0)| \leq |u_n - u| \cdot |v_0|$$

だから,任意の $\varepsilon > 0$ に対して,$n \geq n_0$ ならば,$|Tu_n - \varphi| < \varepsilon$ かつ任意の $x \in G$ に対して $|(Tu_n)(x) - \psi(x)| < \varepsilon$ となる番号 $n_0$ が定まる.任意のコンパクト部分集合 $M \subset G/A$ をとり $C = \int_M d_{G/A}(\dot{x})$ とおくと

$$\left\{\int_M |\psi(x)-\varphi(x)|^2 d_G(x)\right\}^{1/2}$$
$$\le \left\{\int_M |\psi(x)-(Tu_n)(x)|^2 d_G(x)\right\}^{1/2} + \left\{\int_M |(Tu_n)(x)-\varphi(x)|^2 d_G(x)\right\}^{1/2}$$
$$< (\sqrt{C}+1)\cdot\varepsilon.$$

よって $\int_G |\psi(x)-\varphi(x)|^2 d_G(x)=0$, 即ち, $\psi=\varphi\in L^2(G)$ となり, $u\in\mathcal{D}_T$, $Tu=\varphi$ となり, $T$ は閉作用素である. したがって定理 4.3.10 より $\mathcal{D}_T=H$, 即ち, 任意の $u\in H$ に対して $\int_G |(u,\pi(x)v_0)|^2 d_G(x)<\infty$ となる. そこで任意の $0\ne u\in H$ に対して同様の議論を行えば, 任意の $v\in H$ に対して

$$\int_G |(v,\pi(x)u)|^2 d_G(x) < \infty$$

となる. 次に (3) から (4) を導こう. 任意の $0\ne v_0\in H$ を固定して, $u\in H$ に対して $(Tu)(x)=(u,\pi(x)v_0)\,(x\in G)$ とおくと, 上で示したように, $\mathbb{C}$-線形写像 $T\colon H\to L^2(G)$ のグラフは $H\times L^2(G)$ の閉集合である. よって閉グラフ定理 A.2.2 より $T$ は連続で, $0\ne T\in\mathcal{L}_G(H,L^2(G))$ となる. 最後に (4) から (1) を示す. $(\pi,H)$ は $L^2(G)$ の部分表現としてよい. $L^2(G)$ から $H$ への直交射影を $P$ とする. $C_c(G)\subset L^2(G)$ は稠密だから $P\varphi=\psi\ne 0$ なる $\varphi\in C_c(G)$ がある. $\psi^*(x)=\overline{\psi(x^{-1})}$ とおくと $\psi^*\in L^2(G)$ で

$$(\psi,\pi(x)\psi) = (\varphi,\pi(x)\psi) = \int_G \varphi(y)\psi^*(y^{-1}x)d_G(y) = (\pi_{l,2}(\varphi)\psi^*)(x)$$

となる. $\pi_{l,2}(\varphi)\psi^*\in L^2(G)$ だから $\int_G |(\psi,\pi(x)\psi)|^2 d_G(x)<\infty$ となる. ∎

二乗可積分表現に対して, コンパクト群における Schur の直交関係 (定理 3.1.2) の類似が成り立つ;

**命題 5.5.2** $G$ の二乗可積分表現 $(\pi,H)$ に対して
(1) 定数 $0<d_\pi\in\mathbb{R}$ があって, 任意の $u,u',v,v'\in H$ に対して

$$\int_G (\pi(x)u,v)\overline{(\pi(x)u',v')}d_G(x) = d_\pi^{-1}(u,u')\overline{(v,v')}$$

が成り立つ. $d_\pi$ を $\pi$ の**形式的次数**と呼ぶ,

(2) $G$ の二乗可積分表現 $(\pi', H')$ が $\pi$ とユニタリ同値でないならば, 任意の $u, v \in H$, $u', v' \in H'$ に対して

$$\int_G (\pi(x)u, v)\overline{(\pi'(x)u', v')} d_G(x) = 0.$$

[証明] (1) 任意の $u, v \in H$ に対して $(T_v u)(x) = (u, \pi(x)v)$ $(x \in G)$ とおくと, 定理 5.5.1 の証明にあるように, $T_v \in \mathcal{L}_G(H, L^2(G))$ である. $\pi$ は $G$ の既約ユニタリ表現だから, 任意の $u, u' \in H$ に対して, $T_u^* \circ T_{u'} \in \mathcal{L}_G(H, H) = \mathbb{C} \cdot \mathrm{id}_H$ となるから $T_u^* \circ T_{u'} = \lambda(u, u') \cdot \mathrm{id}_H$ $(\lambda(u, u') \in \mathbb{C})$ とおく. $\overline{\lambda(u, u')} = \lambda(u', u)$ であり, $0 \neq u \in H$ に対して $0 \leq \lambda(u, u) \in \mathbb{R}$ である. 任意の $u, v, u', v' \in H$ に対して $(T_{u'}v', T_u v) = (T_u^* \circ T_{u'} v', v) = \lambda(u, u') \cdot (v', v)$ であるが, 一方

$$\begin{aligned}&(T_{u'}v', T_u v)\\&= \int_G (\pi(x)u, v)\overline{(\pi(x)u', v')} d_G(x) = \int_G (u, \pi(x)v)\overline{(u', \pi(x)v')} d_G(x)\\&= (T_v u, T_{v'} u') = \lambda(v', v) \cdot (u, u')\end{aligned}$$

だから, $(u, u') \neq 0$ ならば $a = \lambda(u, u')/(u, u')$ は $u, u' \in H$ に依らない定数となる. 特に $0 \neq u \in H$ に対して $0 < a = \lambda(u, u)/(u, u) \in \mathbb{R}$ である. よって任意の $u, v, u', v' \in H$ に対して

$$\int_G (\pi(x)u, v)\overline{(\pi(x)u', v')} d_G(x) = \lambda(u, u') \cdot (v', v) = a \cdot (u, u')\overline{(v, v')}$$

となる.

(2) 上と同様に, $u, v \in H'$ に対して $(T'_v u)(x) = (u, \pi'(x)v)$ $(x \in G)$ とおくと, $u \in H$, $v \in H'$ に対して $T_u^* \circ T'_v \in \mathcal{L}_G(H', H) = 0$ だから明らか. ∎

$d_\pi$ は $G$ 上の Haar 測度の選択に依存することに注意しよう. $G$ がコンパクト群ならば, 全ての既約ユニタリ表現は二乗可積分であり, コンパクト群における Schur の直交関係 (定理 3.1.2) と比較して, Haar 測度を $\int_G d_G(g) = 1$ となるように選べば, $d_\pi$ はちょうど, 既約ユニタリ表現 $(\pi, H)$ の次元 $\dim \pi$ に等しい.

**問題 5.5.1**  局所コンパクト・ユニモジュラー群 $G$ の既約ユニタリ表現 $(\pi, H)$ に対して，$\int_G |(\pi(x)u, u)| d_G(x) < \infty$ なる $0 \neq u \in H$ が存在するとき，$(\pi, H)$ を**可積分表現**と呼ぶ．このとき $H$ の稠密な部分空間 $\mathcal{D}$ で $G$ の作用で安定，かつ任意の $u, v \in \mathcal{D}$ に対して $\int_G |(\pi(x)u, v)| d_G(x) < \infty$ なるものが存在することを示せ．

**問題 5.5.2**  局所コンパクト・ユニモジュラー群 $G$ の二乗可積分表現 $(\pi, H)$ の行列係数 $f_{u,v}(x) = (\pi(x)u, v)$ $(u, v \in H, x \in G)$ で生成された $L^2(G)$ の閉部分空間を $M_\pi$ とし，$L^2(G)$ から $M_\pi$ への直交射影を $P_\pi$ とする．このとき $f \in C_c(G)$ に対して $\pi(f) \in \mathcal{L}(H)$ は Hilbert-Schmidt 作用素で，その Hilbert-Schmidt ノルムに関して $|\pi(f)|_\mathcal{H}^2 = d_\pi^{-1} \cdot |P_\pi f|^2$ となることを示せ．

**問題 5.5.3**  局所コンパクト・ユニモジュラー群 $G$ の開コンパクト部分群 $K$ の既約ユニタリ表現 $\delta$ に対して $\sum_\pi d_\pi \cdot m(\delta, \pi|_K) \leq \dim \delta$ を示せ．ここで $\sum_\pi$ は $G$ の二乗可積分表現のユニタリ同値類全体にわたる和である．

## 5.6 $SL_2(\mathbb{R})$ の正則離散系列表現

これまでに展開してきた一般論の具体例として，$\mathsf{G} = SL_2(\mathbb{R})$ の既約ユニタリ表現を構成してみよう．$\operatorname{Im} z > 0$ なる $z \in \mathbb{C}$ の全体を $\mathfrak{H}$ とおくと，$g = \begin{bmatrix} a & b \\ c & d \end{bmatrix} \in \mathsf{G}$ は $z \in \mathfrak{H}$ に 1 次分数変換 $g(z) = \dfrac{az+b}{cz+d}$ により推移的に作用し，$\sqrt{-1} \in \mathfrak{H}$ の固定部分群は実直交群

$$\mathsf{K} = SO(2, \mathbb{R}) = \left\{ \mathsf{r}_\theta = \begin{bmatrix} \cos\theta & -\sin\theta \\ \sin\theta & \cos\theta \end{bmatrix} \;\middle|\; \theta \in \mathbb{R} \right\}$$

である．$\mathsf{G}$ の部分群 $\mathsf{A}, \mathsf{N}$ を

$$\mathsf{A} = \left\{ \begin{bmatrix} a & 0 \\ 0 & a^{-1} \end{bmatrix} \;\middle|\; 0 < a \in \mathbb{R} \right\}, \quad \mathsf{N} = \left\{ \begin{bmatrix} 1 & b \\ 0 & 1 \end{bmatrix} \;\middle|\; b \in \mathbb{R} \right\}$$

により定義する．$g \in \mathsf{G}$ に対して $g(\sqrt{-1}) = x + \sqrt{-1} y \in \mathfrak{H}$ $(x, y \in \mathbb{R},\ y > 0)$ とする

## 5.6 $SL_2(\mathbb{R})$ の正則離散系列表現

と，$g = \begin{bmatrix} 1 & x \\ 0 & 1 \end{bmatrix} \begin{bmatrix} y^{1/2} & 0 \\ 0 & y^{-1/2} \end{bmatrix} k \, (k \in \mathsf{K})$ となるから，$(k, h, n) \mapsto khn$ は実解析的多様体の同型写像 $\mathsf{K} \times \mathsf{A} \times \mathsf{N} \xrightarrow{\sim} \mathsf{G}$ を与える．これを $G$ の**岩澤分解**と呼ぶ．$\mathsf{P} = \mathsf{AN}$ は $\mathsf{G}$ の閉部分群で，$\mathsf{P}$ の左 Haar 測度及び $\mathsf{P}$ のモジュラー関数はそれぞれ

$$d_\mathsf{P}(\begin{bmatrix} y & x \\ 0 & y^{-1} \end{bmatrix}) = y^{-2} dy dx, \qquad \Delta_\mathsf{P}(\begin{bmatrix} a & b \\ 0 & a^{-1} \end{bmatrix}) = a^{-2}$$

で与えられる．$d_\mathsf{K}(\mathsf{r}(\theta)) = \dfrac{1}{2\pi} d\theta$ は $\int_\mathsf{K} d_\mathsf{K}(k) = 1$ なる $\mathsf{K}$ 上の Haar 測度である．ユニモジュラー群 $\mathsf{G}$ 上の Haar 測度 $d_\mathsf{G}(g)$ を，積分公式

$$\begin{aligned}\int_\mathsf{G} \varphi(g) &= \int_\mathsf{P} d_\mathsf{P}(p) \int_\mathsf{K} d_\mathsf{K} \varphi(pk) \\ &= \int_\mathsf{K} d_\mathsf{K}(k) \int_\mathsf{P} d_\mathsf{P}(p) \varphi(kp) \Delta_\mathsf{P}(p)^{-1} \qquad (\varphi \in C_c(\mathsf{G}))\end{aligned} \qquad (5.1)$$

が成り立つように定める（問題 B.3.5）．更に $\mathsf{G}/\mathsf{K}$ 上の $\mathsf{G}$-不変測度 $d_{\mathsf{G}/\mathsf{K}}(\dot{g})$ を，積分公式

$$\int_\mathsf{G} \varphi(g) d_\mathsf{G}(g) = \int_{\mathsf{G}/\mathsf{K}} \left( \int_\mathsf{K} \varphi(gk) d_\mathsf{K}(k) \right) d_{\mathsf{G}/\mathsf{K}}(\dot{g}) \qquad (\varphi \in C_c(\mathsf{G})) \qquad (5.2)$$

が成り立つように定めることができる（定理 B.3.3）．ところで $\dot{g} \mapsto g(\sqrt{-1})$ は位相同型 $\mathsf{G}/\mathsf{K} \xrightarrow{\sim} \mathfrak{H}$ を与える（命題 B.1.2）が，このとき $\mathsf{G}$-不変測度 $d_{\mathsf{G}/\mathsf{K}}(\dot{g})$ は $\mathfrak{H}$ 上の $\mathsf{G}$-不変測度 $d_\mathfrak{H}(z) = \dfrac{1}{2} \dfrac{dx dy}{y^2}$ ($z = x + \sqrt{-1} y$) に移植される．実際，(5.1) と (5.2) を比較すると $\int_\mathfrak{H} \psi(z) d_\mathfrak{H}(z) = \int_\mathsf{P} \psi(p(\sqrt{-1})) d_\mathsf{P}(p) \, (\psi \in C_c(\mathfrak{H}))$ となり，$p = \begin{bmatrix} v & u \\ 0 & v^{-1} \end{bmatrix} \in \mathsf{P}$ に対して $p(\sqrt{-1}) = uv + \sqrt{-1} v^2$ だから，$x = uv, y = v^2$ とおけば，$v^{-2} du dv = 2^{-1} y^{-2} dx dy$ となる．

さて $Q = \dfrac{1}{\sqrt{2}} \begin{bmatrix} 1 & \sqrt{-1} \\ \sqrt{-1} & 1 \end{bmatrix}$ とおくと，$g \mapsto Q^{-1} g Q$ により $\mathsf{G} = SL_2(\mathbb{R})$ は複素ユニタリ群

$$G = SU(1, 1) = \left\{ g \in SL_2(\mathbb{C}) \, \middle| \, g \begin{bmatrix} 1 & 0 \\ 0 & -1 \end{bmatrix} g^* = \begin{bmatrix} 1 & 0 \\ 0 & -1 \end{bmatrix} \right\}$$

と同型となる．一方，複素上半平面 $\mathfrak{H}$ は，1次分数変換 $Q^{-1}(z)=\sqrt{-1}\dfrac{z-\sqrt{-1}}{z+\sqrt{-1}}$ により，複素平面上の原点を中心とした半径1の円盤の内部 $\mathcal{D}$ に写されて，$g=\begin{bmatrix}a & b \\ c & d\end{bmatrix}\in G$ は $z\in\mathcal{D}$ に1次分数変換 $g(z)=\dfrac{az+b}{cz+d}$ により推移的に作用し，$J(g,z)=cz+d$ とおくと

$$1-|g(z)|^2 = (1-|z|^2)|J(g,z)|^{-2}, \qquad J(gh,z) = J(g,h(z))J(h,z)$$

$(g,h\in G)$ となる．$\mathfrak{H}$ 上の $G$-不変測度 $d_{\mathfrak{H}}(z)$ は，1次分数変換 $z\mapsto Q^{-1}(z)$ により $\mathcal{D}$ 上の $G$-不変測度

$$d_{\mathcal{D}}(z) = \frac{2dxdy}{(1-|z|^2)^2} \qquad (z=x+\sqrt{-1}y \in \mathcal{D})$$

に写される．$\mathsf{K}=Q^{-1}\mathsf{K}Q, \mathsf{A}=Q^{-1}\mathsf{A}Q, \mathsf{N}=Q^{-1}\mathsf{N}Q$ とおき，それぞれの群上の Haar 測度を移植しておく．$Q^{-1}(\sqrt{-1})=0\in\mathcal{D}$ の固定部分群が $\mathsf{K}$ である．

$$r_\theta = Q^{-1}\mathsf{r}_\theta Q = \begin{bmatrix}e^{-\sqrt{-1}\theta} & 0 \\ 0 & e^{\sqrt{-1}\theta}\end{bmatrix},$$

$$Q^{-1}\begin{bmatrix}a & b \\ 0 & a^{-1}\end{bmatrix}Q = \frac{1}{2}\begin{bmatrix}a+a^{-1}+\sqrt{-1}b & b+\sqrt{-1}(a-a^{-1}) \\ b-\sqrt{-1}(a-a^{-1}) & a+a^{-1}-\sqrt{-1}b\end{bmatrix}$$

であるが，$a_t=\dfrac{1}{2}\begin{bmatrix}t+t^{-1} & \sqrt{-1}(t-t^{-1}) \\ -\sqrt{-1}(t-t^{-1}) & t+t^{-1}\end{bmatrix}$ $(0<t\in\mathbb{R})$ とおくと，$g=r_\theta a_t\in G$ に対して $g(0)=e^{-2\sqrt{-1}\theta}\sqrt{-1}\dfrac{t-t^{-1}}{t+t^{-1}}\in\mathcal{D}$ となる．よって

$$K_+ = \{r_\theta \mid 0\leq\theta<\pi\}, \qquad A_+ = \{a_t \mid 1<t\in\mathbb{R}\}$$

とおくと，$(k,a,k')\mapsto kak'$ は直積集合 $K_+\times A_+\times K$ から $G\backslash K$ への全単射である．これを $G$ の **Cartan 分解** と呼ぶ．$G\ni\begin{bmatrix}\bar{d} & \bar{c} \\ c & d\end{bmatrix}=r_\alpha a_t r_\beta$ $(\alpha,\beta\in\mathbb{R}, 1<t\in\mathbb{R})$ とすると

$$t = |c|+|d|, \qquad e^{2\sqrt{-1}\alpha} = \sqrt{-1}\frac{cd}{|cd|}, \qquad e^{2\sqrt{-1}\beta} = -\sqrt{-1}\frac{\bar{c}d}{|cd|} \qquad (5.3)$$

である．$G$ は1次分数変換により $\mathcal{D}$ の境界 $S=\{z\in\mathbb{C}||z|=1\}$ に推移的に作用

## 5.6 $SL_2(\mathbb{R})$ の正則離散系列表現

し，$\sqrt{-1} \in S$ の固定部分群が $P$ であることに注意しよう．特に $P$ のモジュラー関数は $\Delta_P(p) = J(p, \sqrt{-1}) (p \in P)$ と書ける．

さて整数 $n \in \mathbb{Z}$ に対して $K$ の 1 次元ユニタリ表現 $\delta_n$ を $\delta_n(k) = J(k,0)^n (k \in K$，即ち $\delta_n(r_\theta) = e^{\sqrt{-1}n\theta})$ により定義して，誘導表現 $\sigma_n = \mathrm{Ind}_K^G \delta_n$ を考える．$G, K$ は共にユニモジュラーだから $\sigma_n$ の表現空間 $L^2(G, K; \delta_n)$ は

(1) 任意の $k \in K$ に対して $\varphi(xk) = \delta_n(k)^{-1}\varphi(x)$ かつ

(2) $\int_{G/K} |\varphi(x)| d_{G/K}(\dot{x}) < \infty$

なる可測関数 $\varphi: G \to \mathbb{C}$ のなす複素ベクトル空間を内積

$$(\varphi, \psi) = \int_{G/K} \varphi(x)\overline{\psi(x)} d_{G/K}(\dot{x})$$

により複素 Hilbert 空間としたものであり，$(\sigma_n(g)\varphi)(x) = \varphi(g^{-1}x) (g \in G, \varphi \in L^2(G, K; \delta_n))$ である．$\varphi \in L^2(G, K; \delta_n)$ に対して，$\mathcal{D}$ 上の複素数値関数 $\widetilde{\varphi}$ が

$$\widetilde{\varphi}(z) = J(g, 0)^n \varphi(g) \qquad (z = g(0) \in \mathcal{D}, \ g \in G)$$

により定義される．$1 - |g(0)|^2 = |J(g,0)|^{-2}$ に注意すると

$$\int_{G/K} |\varphi(x)|^2 d_{G/K}(\dot{x}) = \int_{\mathcal{D}} (1-|z|^2)^n |\widetilde{\varphi}(z)|^2 d_{\mathcal{D}}(z)$$

となる．言いかえると $\int_{\mathcal{D}} (1-|z|^2)^n |\varphi(z)|^2 d_{\mathcal{D}}(z) < \infty$ なる可測関数 $\varphi: \mathcal{D} \to \mathbb{C}$ のなす複素ベクトル空間 $L^2(\mathcal{D}, n)$ は内積

$$(\varphi, \psi) = \int_{\mathcal{D}} (1-|z|^2)^n \varphi(z) \overline{\psi(z)} d_{\mathcal{D}}(z)$$

に関して複素 Hilbert 空間となり，$\varphi \mapsto \widetilde{\varphi}$ は複素 Hilbert 空間 $L^2(G, K; \delta_n)$ から $L^2(\mathcal{D}, n)$ への同型を与える．このとき $\sigma_n(g)$ を $L^2(\mathcal{D}, n)$ 上で書くと

$$(\sigma_n(g)\varphi)(z) = J(g^{-1}, z)^{-n} \varphi(g^{-1}(z)) \qquad (g \in G, \ \varphi \in L^2(\mathcal{D}, n))$$

となる．以下，特に $n \geq 2$ の場合を考えよう．このとき

$$\int_{\mathcal{D}} (1-|z|^2)^n d_{\mathcal{D}}(z) = \int_0^1 dr \int_0^{2\pi} d\theta (1-r^2)^{n-2} r = \frac{\pi}{n-1}$$

だから，$\mathcal{D}$ 上の多項式関数は全て $L^2(\mathcal{D}, n)$ に含まれる．そこで，$\mathcal{D}$ 上正則なる $L^2(\mathcal{D}, n)$ の元全体のなす部分空間を $H_n$ とすると

**補題 5.6.1** $H_n$ は $L^2(\mathcal{D}, n)$ の閉部分空間である.

[証明] コンパクト部分集合 $M \subset \mathcal{D}$ をとると, 定数 $C > 0$ があって, 任意の $\varphi \in H_n$ に対して $\sup_{z \in M} |\varphi(z)| \leq C \cdot |\varphi|$ となる. 実際, $M \subset U$ かつ $\overline{U} \subset \mathcal{D}$ がコンパクトとなる開集合 $U$ をとり, $\overline{U}$ 上での $(1-|z|^2)^{n-2}$ の最小値を $R > 0$ とする. $M$ と $\overline{U}$ の境界の最短距離を $2\varepsilon > 0$ とすれば, 任意の $z_0 \in M$ を中心とした半径 $\varepsilon > 0$ の円盤 $D(z_0, \varepsilon)$ は $U$ に含まれる. $z_0$ を中心とする $\varphi$ の Taylor 展開を $\varphi(z) = \sum_{m=0}^{\infty} a_m (z-z_0)^m$ として

$$\int_{\mathcal{D}} (1-|z|^2)^n |\varphi(z)|^2 d_{\mathcal{D}}(z) \geq R \int_{D(z_0,\varepsilon)} |\varphi(z)|^2 dxdy$$
$$= R \sum_{l,m=0}^{\infty} a_l \bar{a}_m \int_0^{\varepsilon} dr \int_0^{2\pi} d\theta r^{l+m+1} e^{\sqrt{-1}(l-m)\theta}$$
$$= 2\pi R \sum_{m=0}^{\infty} |a_m|^2 \frac{\varepsilon^{2m+2}}{2m+2} \geq \pi R \varepsilon^2 |\varphi(z_0)|^2$$

となるから, $C = (\pi \varepsilon^2 R)^{-1} > 0$ とおけばよい. したがって $L^2(\mathcal{D}, n)$ のノルムに関する Cauchy 列 $\{\varphi_m\} \subset H_n$ に対して, $\varphi(z) = \lim_{m \to \infty} \varphi_m(z)$ は $\mathcal{D}$ 上で広義一様収束するから, $\varphi = \lim_{m \to \infty} \varphi_m \in H_n$ となる. ∎

そこで $\sigma_n$ を $H_n$ に制限した部分表現を $\pi_n$ とおく. $\xi_m(z) = z^m$ ($z \in \mathcal{D}$, $0 \leq m \in \mathbb{Z}$) とおくと, $\xi_m \in H_n$ である. 任意の $\varphi \in H_n$ の $z = 0$ での Taylor 展開を $\varphi(z) = \sum_{m=0}^{\infty} a_m z^m$ とすると

$$(\varphi, \xi_m) = \sum_{k=0}^{\infty} a_k \int_0^1 dr \int_0^{2\pi} d\theta (1-r^2)^{n-2} r^{k+m+1} e^{\sqrt{-1}(k-m)\theta}$$
$$= a_m \pi \int_0^1 (1-t)^{n-2} t^m dt = a_m \pi \frac{\Gamma(n-1)\Gamma(m+1)}{\Gamma(n+m)}$$

となるから, $\{\xi_m\}_{0 \leq m \in \mathbb{Z}}$ は $H_n$ の完全直交系である. 任意の $k \in K$ に対して $\pi_n(k)\xi_m = \delta_{n+2m}(k)\xi_m$ だから, $G$ のユニタリ表現 $(\pi_n, H_n)$ の $K$-有限ベクトルの空間 $H_{n,K}$ は $\mathcal{D}$ 上の多項式関数の全体であって, $K$-加群としては重複度 1 の直和分解 $H_{n,K} = \bigoplus_{m=0}^{\infty} \delta_{n+2m}$ をもつ. $\mathcal{D}$ 上の正則関数の $z = 0$ における Taylor 展開を表現論の言葉で言い換えたわけである. 特に上の計算から, Taylor 展開の係数について $\pi_n(\bar{\delta}_{n+2m})\varphi = a_m \xi_m$ ($0 \leq m \in \mathbb{Z}$) となる.

## 5.6 $SL_2(\mathbb{R})$ の正則離散系列表現

**定理 5.6.2** $(\pi_n, H_n)$ は $G$ の既約ユニタリ表現である.

[証明] $\{0\} \neq E \subset H_n$ を $G$ の作用で不変な閉部分空間とする. $0 \neq \varphi \in E$ をとると, $\varphi(z_0) \neq 0$ なる $z_0 \in \mathcal{D}$ があるが, $z_0 = g(0)$ なる $g \in G$ がとれるから, $\varphi(0) \neq 0$ と仮定してよい. このとき $\pi_n(\bar{\delta}_n)\varphi = \varphi(0) \cdot \xi_0$ だから, $\xi_0 \in E$ である. $E$ の $H_n$ における直交補空間 $E^\perp$ は再び $G$ の作用で不変な閉部分空間となるが, $E \cap E^\perp = \{0\}$ だから, $\xi_0 \notin E^\perp$ である. よって $E^\perp = \{0\}$ となり, $E = H_n$ である. ∎

$(\pi_n, H_n)$ は $G$ の既約ユニタリ表現だから, $\xi_0 \in H_n$ は巡回ベクトルとなり, 対応する正定値関数は $g = \begin{bmatrix} a & b \\ c & d \end{bmatrix} \in G$ に対して

$$(\pi_n(g)\xi_0)(z) = J(g^{-1}, z)^{-n} = a^{-n}\left(\sum_{m=0}^{\infty}(-c/a)^m z^m\right)^{-n}$$

より $(\pi_n(g)\xi_0, \xi_0) = a^{-n}|\xi_0|^2 = J(g^{-1}, 0)^{-n}|\xi_0|^2$ となる. ここで

$$\int_G |(\pi_n(g)\xi_0, \xi_0)|^2 d_G(g) < \infty$$

となることに注意しよう. 実際,

$$|\xi_0|^{-4} \int_G |(\pi_n(g^{-1})\xi_0, \xi_0)|^2 d_G(g) = \int_{G/K} |J(g, 0)^{-n}|^2 d_{G/K}(\dot{g})$$
$$= \int_{G/K} (1 - |g(0)|^2)^n d_{G/K}(\dot{g}) = \int_{\mathcal{D}} (1 - |z|^2)^n d_{\mathcal{D}}(z)$$
$$= \int_0^1 dr \int_0^{2\pi} d\theta (1 - r^2)^{n-2} r = \frac{\pi}{n-1}.$$

5.5 節の言葉を使えば, 上で構成した既約ユニタリ表現 $(\pi_n, H_n)$ は $G = SU(1,1)$ の二乗可積分表現であって, その形式的次数は $d_{\pi_n} = \frac{n-1}{\pi}$ である. 特に $(\pi_n, H_n)$ は正則関数のなす Hilbert 空間上に実現されているので, このような二乗可積分表現を**正則離散系列表現**と呼ぶ. 正則離散系列表現は $SU(1,1)$ 以外にも, いわゆる, 複素有界領域に付随する半単純実 Lie 群に対して構成することができる (詳細は [14, Chap.VI] を参照). 一般に $G$ が半単純実 Lie 群の場合には, その二乗可積分表現の非常に詳しい性質が解明されている ([34, Chap.10]). $SL_2(\mathbb{R})$ の既約ユニタリ表現は全て決定されている.

[25], [19] に詳しい解説がある．

**問題 5.6.1** $n_x = Q^{-1} \begin{bmatrix} 1 & x \\ 0 & 1 \end{bmatrix} Q$ とおくと，$G=SU(1,1)$ における岩澤分解 $\begin{bmatrix} \bar{d} & \bar{c} \\ c & d \end{bmatrix} = r_\theta \cdot a_t \cdot n_x$ ($\theta \in \mathbb{R}$, $0<t\in\mathbb{R}$, $x\in\mathbb{R}$) に対して

$$e^{\sqrt{-1}\theta} = \frac{\sqrt{-1}c+d}{|\sqrt{-1}c+d|}, \quad t = |\sqrt{-1}c+d|, \quad x = \frac{c\bar{d}+d\bar{c}}{|\sqrt{-1}c+d|^2}$$

であることを示せ．

**問題 5.6.2** 次の積分公式が成り立つことを示せ；

$$\int_G \varphi(x) d_G(x) = \frac{1}{4} \int_K d_K(k) \int_0^\infty \frac{dt}{t} \int_K d_K(k') \varphi(k a_t k') |t^2 - t^{-2}|$$

($\varphi \in C_c(G)$).

# 第6章
## 局所コンパクト群上の帯球関数

本章では局所コンパクト群 $G$ に加えて，そのコンパクト部分群 $K$ を考えて，$G$ のユニタリ表現で $K$ の作用で不変なベクトル(当然 0 でないもの)をもつものを詳しく調べる．$(\pi, H)$ を $G$ のそのようなユニタリ表現として，$u \in H$ を $K$-不変かつ $|u|=1$ なるベクトルとすると，$G$ 上の関数

$$\omega(x) = (\pi(x)u, u) \qquad (x \in G)$$

は明らかに両側 $K$-不変であるが，更に任意の $x, y \in G$ に対して

$$\int_K \omega(xky) d_K(k) = \omega(x)\omega(y)$$

なる積分公式を満たすことがわかる．このような関数を帯球関数と呼んで，6.1 節でその一般的な性質を調べた後，6.2 節でユニタリ表現との関係を調べる．その際，両側 $K$-不変なる $L^1(G)$ の元からなる Banach $*$-部分環 $L^1(G//K)$ が登場するが，第 4 章で展開した議論を $L^1(G//K)$ に適用して $G$ 上の両側 $K$-不変な関数の帯球関数による Fourier 変換を考えるのが 6.3 節の目標である．それを特に $G$ が可換群の場合に適用すれば，局所コンパクト可換群の指標群とそれに関する Pontryagin の理論が得られる(6.5 節)．ところで 6.4 節で見るとおり誘導表現を用いて自然に帯球関数を構成することができるが，特殊な群では帯球関数はそのようにして得られたもので尽くされることがわかる．ここでは特に二つの群 $SL_2(\mathbb{R})$ (6.6 節)と $SL_2(\mathbb{Q}_p)$ (6.7 節)に関して詳しく調べることにする．有理数体上で定義された代数群 $SL_2$ を実数体上あるい

は $p$-進体上で考えるわけだが,両者で平行な結果が得られることが興味深い.

第 5 章に引き続き,局所コンパクト群 $G$ は高々可算個のコンパクト集合の和集合であるとする.更に $G$ はユニモジュラーであると仮定し,部分群 $K \subset G$ はコンパクトであるとする. $G$ と $K$ の Haar 測度 $d_G(x)$ と $d_K(k)$ を一つ固定しておいて, $\int_K d_K(k)=1$ と正規化しておく.

## 6.1 帯球関数

任意の $k, k' \in K$ に対して $\varphi(kxk')=\varphi(x)$ なる $\varphi \in C_c(G)$ の全体を $C_c(G//K)$ とおくと, $C_c(G//K)$ は Banach $*$-環 $L^1(G)$ の $*$-部分環となるから,その閉包 $L^1(G//K)$ は $L^1(G)$ の Banach $*$-部分環である. $\psi \in C_c(G)$ に対して

$$^\circ\psi^\circ(x) = \int_K d_K(k) \int_K d_K(k')\psi(kxk') \qquad (x \in G)$$

とおくと $^\circ\psi^\circ \in C_c(G//K)$ である. $G$ 上の複素数値連続関数 $\omega$ と $\varphi \in C_c(G//K)$ に対して

$$\widehat{\omega}(\varphi) = \int_G \varphi(x)\omega(x)d_G(x), \qquad \widecheck{\omega}(\varphi) = \int_G \varphi(x^{-1})\omega(x)d_G(x)$$

とおく. $\widecheck{\omega}(\varphi)=(\varphi*\omega)(1)=(\omega*\varphi)(1)$ であり, $\varphi'(x)=\varphi(x^{-1})$ とおくと $\widecheck{\omega}(\varphi)=\widehat{\omega}(\varphi')$ である. $\omega$ が両側 $K$-不変(即ち,任意の $k, k' \in K$ に対して $\omega(kxk')=\omega(x)$)であって,任意の $\varphi \in C_c(G//K)$ に対して $\widehat{\omega}(\varphi)=0$ ならば,任意の $\psi \in C_c(G)$ に対して $\int_G \psi(x)\omega(x)d_G(x)=\widehat{\omega}(^\circ\psi^\circ)=0$ となるから $\omega=0$ である.

さて $G$ 上の複素数値連続関数 $\omega$ が, $K$-中心的(即ち,任意の $k \in K$ に対して $\omega(kxk^{-1})=\omega(x)$)かつ $\widehat{\omega}: C_c(G//K) \to \mathbb{C}$ が 0 でない $\mathbb{C}$-代数準同型写像であるとき, $\omega$ を $K$ に関する**帯球関数**と呼ぶ. $G$ 上の $K$ に関する帯球関数全体を $\Omega(G, K)$ と書く.帯球関数の基本的な性質として

**命題 6.1.1** $\omega \in \Omega(G, K)$ に対して
(1) 任意の $\varphi \in C_c(G//K)$ に対して $\varphi*\omega=\omega*\varphi=\widecheck{\omega}(\varphi)\omega$,
(2) $\int_K \omega(xky)d_K(k)=\omega(x)\omega(y) \ (x, y \in G)$,
(3) $\omega$ は両側 $K$-不変で $\omega(1)=1$.

## 6.1 帯球関数

[証明] $\varphi \in C_c(G//K)$ に対して $\varphi*\omega$, $\omega*\varphi$ は $G$ 上の連続関数で(問題 B.3.2), 両側 $K$-不変である. 任意の $\psi \in C_c(G//K)$ に対して

$$(\varphi*\omega)^\vee(\psi) = (\psi*\varphi*\omega)(1) = \breve{\omega}(\psi*\varphi) = \breve{\omega}(\varphi)\breve{\omega}(\psi).$$

同様に $(\omega*\varphi)^\vee(\psi)=\breve{\omega}(\varphi)\breve{\omega}(\psi)$ となるから $\varphi*\omega=\breve{\omega}(\varphi)\omega$, $\omega*\varphi=\breve{\omega}(\varphi)\omega$ を得る. $\breve{\omega}(\varphi)\neq 0$ なる $\varphi \in C_c(G//K)$ が存在するから $\omega$ は両側 $K$-不変である. 任意の $y \in G$ に対して $f_y(x)=\int_K \omega(xky)d_K(k)$ $(x \in G)$ は $G$ 上の連続関数で両側 $K$-不変, かつ

$$\breve{f}_y(\varphi) = \int_G d_G(x) \int_K d_K(k) \varphi(x^{-1})\omega(xky)$$
$$= \int_G \varphi(x^{-1})\omega(xy)d_G(x) = (\varphi*\omega)(y) = \breve{\omega}(\varphi)\omega(y)$$

$(\varphi \in C_c(G//K))$. よって $f_y=\omega(y)\cdot\omega$. 即ち,

$$\int_K \omega(xky)d_K(k) = \omega(x)\omega(y) \qquad (x,y \in G)$$

となる. $x=1$ として $\omega=\omega(1)\cdot\omega$, よって $\omega(1)=1$. ∎

次の定理 6.1.3 にあるように, これらの性質は帯球関数を特徴付ける. まず

**命題 6.1.2** $G$ 上の複素数値局所可積分関数 $f$ が両側 $K$-不変かつ, 任意の $\varphi \in C_c(G//K)$ に対して $\varphi*f=\lambda_\varphi\cdot f$ $(\lambda_\varphi \in \mathbb{C})$ ならば, $f=f(1)\cdot\omega$ なる $\omega \in \Omega(G,K)$ が存在する.

[証明] $f \neq 0$ としてよい. 任意の $\varphi \in C_c(G//K)$ に対して

$$\int_G \varphi(x^{-1})f(x)d_G(x) = (\varphi*f)(1) = \lambda_\varphi f(1)$$

だから, $\lambda_{\varphi_0}\cdot f(1)\neq 0$ なる $\varphi_0 \in C_c(G//K)$ が存在する. 問題 B.3.2 より

$$\omega = f(1)^{-1}\cdot f = (\lambda_{\varphi_0}\cdot f(1))^{-1}\varphi_0*f$$

は $G$ 上の連続関数で, 両側 $K$-不変である. 更に任意の $\varphi \in C_c(G//K)$ に対して $\breve{\omega}(\varphi)=(\varphi*\omega)(1)=f(1)^{-1}(\varphi*f)(1)=\lambda_\varphi$ だから $\breve{\omega}(\varphi*\psi)=\breve{\omega}(\varphi)\breve{\omega}(\psi)$ $(\varphi,\psi \in C_c(G//K))$. よって $\omega \in \Omega(G,K)$ で $f=f(1)\cdot\omega$ となる. ∎

**定理 6.1.3** $G$ 上の複素数値局所可積分関数 $\omega$ に対して次は同値である；
(1) $\omega$ は $K$ に関する帯球関数である，
(2) $\omega$ は両側 $K$-不変であって $\omega(1)=1$ かつ，任意の $\varphi \in C_c(G//K)$ に対して $\varphi*\omega = \lambda_\varphi \cdot \omega\, (\lambda_\varphi \in \mathbb{C})$，
(3) $\omega \neq 0$ かつ $\int_K \omega(xky)d_K(k) = \omega(x)\cdot\omega(y)\,(x,y\in G)$，
(4) $\omega$ は $K$-中心的かつ $\widehat{\omega}: C_c(G//K) \to \mathbb{C}$ が $0$ でない $\mathbb{C}$-代数準同型写像である．

［証明］ (1)が(2),(3)を導くこと，及び(2)が(1)を導くことは既に示したから，(3)が(2)を導くことを示す．$\omega(x_0)\neq 0\,(x_0\in G)$ とする．

$$\omega(x_0)\omega(x) = \int_K \omega(x_0 kx)d_K(k), \quad \omega(x)\omega(x_0) = \int_K \omega(xkx_0)d_K(k)$$

だから，$\omega$ は両側 $K$-不変である．よって

$$\omega(x_0)\omega(1) = \int_K \omega(x_0 k)d_K(k) = \omega(x_0)$$

だから $\omega(1)=1$ となる．更に任意の $\varphi \in C_c(G//K)$ に対して

$$(\varphi*\omega)(x) = \int_G \varphi(y)\omega(y^{-1}x)d_G(y) = \int_K d_K(k)\int_G d_G(y)\varphi(ky)\omega(y^{-1}x)$$
$$= \int_G d_G(y)\int_K d_K(k)\varphi(y)\omega(y^{-1}kx)$$
$$= \int_G \varphi(y)\omega(y^{-1})\omega(x)d_G(y) = \widecheck{\omega}(\varphi)\omega(x)$$

となる．最後に(4)から(1)を示す．問題となるのは $\omega$ の連続性である．任意の $\varphi,\psi\in C_c(G//K)$ に対して

$$\int_G \psi(x^{-1})(\varphi*\omega)(x)d_G(x)$$
$$= (\psi*\varphi*\omega)(1) = \widecheck{\omega}(\psi*\varphi) = \widecheck{\omega}(\psi)\widecheck{\omega}(\varphi) = \widecheck{\omega}(\varphi)\int_G \psi(x^{-1})\omega(x)d_G(x).$$

ここで $\varphi*\omega$ は両側 $K$-不変だから，$\varphi*\omega = \widecheck{\omega}(\varphi)\omega\,(\varphi\in C_c(G//K))$ となり，命題 6.1.2 より $\omega$ は連続関数となる． ∎

帯球関数 $\omega \in \Omega(G,K)$ に対して $\widecheck{\omega}$ は $C_c(G//K)$ から $\mathbb{C}$ への $\mathbb{C}$-代数準同型写像である．そこで帯球関数をこのような代数準同型写像によって特徴付け

ることを考える．そのために，$C_c(G//K)$ に特殊な位相を導入する．まず，$G$ のコンパクト部分集合 $M$ に対して，$\operatorname{supp}\varphi\subset M$ なる $\varphi\in C_c(G)$ の全体 $C_M(G)$ は $|\varphi|=\sup_{x\in G}|\varphi(x)|$ をノルムとする複素 Banach 空間である．そこで任意のコンパクト部分集合 $M\subset G$ に対して $V\cap C_M(G)$ が $C_M(G)$ の開集合となるような部分集合 $V\subset C_c(G)$ を $C_c(G)$ の開集合と定義する．すると，任意の $0<r\in \mathbb{R}$ に対して $\{\varphi\in C_c(G)||\varphi|<r\}$ は $C_c(G)$ の開集合となり $C_c(G)$ は局所凸 Hausdorff 空間である．$C_c(G//K)$ に $C_c(G)$ からの相対位相を与えると，帯球関数 $\omega\in\Omega(G,K)$ に対して $\tilde{\omega}:C_c(G//K)\to\mathbb{C}$ は連続である．実際，コンパクト部分集合 $M\subset G$ をとると，任意の $\varphi\in C_c(G//K)\cap C_M(G)$ に対して $|\tilde{\omega}(\varphi)|\leq|\varphi|\int_M|\omega(x^{-1})|dG(x)$ である．次の定理にあるように，この逆が成り立つ．まず準備として

**補題 6.1.4**
(1) 上で与えた位相に関して $\varphi\mapsto {}^o\!\varphi^o$ は $C_c(G)$ から $C_c(G//K)$ への連続線形写像である，
(2) 任意の $\varphi\in C_c(G)$ に対して，$G$ から $C_c(G)$ への写像 $x\mapsto x\cdot\varphi$ は連続である．

［証明］ (1) コンパクト部分集合 $M\subset G$ をとる．任意の $\varphi\in C_M(G)$ に対して，${}^o\!\varphi^o\in C_{KMK}(G)$ で，$|{}^o\!\varphi^o|=\sup_{x\in G}|{}^o\!\varphi^o(x)|\leq\sup_{x\in G}|\varphi(x)|=|\varphi|$．よって $C_M(G)\ni\varphi\mapsto {}^o\!\varphi^o\in C_{KMK}(G)$ は連続である．よって $C_M(G)\ni\varphi\mapsto {}^o\!\varphi^o\in C_c(G//K)$ は連続である．

(2) コンパクト部分集合 $M\subset G$ をとり，$\varphi\in C_M(G)$ とする．連続の一様性（命題 B.1.1）から，任意の $\varepsilon>0$ に対して，閉包 $\overline{V}$ がコンパクトなる開集合 $1\in V\subset G$ があって，$xy^{-1}\in V$ なる任意の $x,y\in G$ に対して $|\varphi(x)-\varphi(y)|<\varepsilon$ とできる．$g\in G$ を固定して，任意の $x\in gV^{-1}$ に対して $x\cdot\varphi\in C_{g\overline{V}^{-1}M}(G)$ で $|x\cdot\varphi-g\cdot\varphi|=\sup_{y\in G}|\varphi(x^{-1}y)-\varphi(g^{-1}y)|<\varepsilon$ となる．∎

**定理 6.1.5** 0 でない $\mathbb{C}$-代数準同型写像 $\lambda:C_c(G//K)\to\mathbb{C}$ が連続ならば，$\tilde{\omega}=\lambda$ なる $\omega\in\Omega(G,K)$ が唯一存在する．

［証明］ まず $\lambda(\varphi)=1$ なる $\varphi\in C_c(G//K)$ をとると，補題 6.1.4 より，$\omega(x)$

$=\lambda({}^o(x^{-1}\cdot\varphi)^o)(x{\in}G)$ は $G$ 上の連続関数である．

$${}^o(x^{-1}\cdot\varphi)^o(y) = \int_K d_K(k) \int_K d_K(k')\varphi(xkyk') = \int_K \varphi(xky) d_K(k)$$

だから，$\omega$ は両側 $K$-不変である．また，任意の $\psi{\in}C_c(G//K)$ に対して

$$\int_G \psi(x^{-1}){}^o(x^{-1}\cdot\varphi)^o(y) d_G(x) = \int_G d_G(x) \int_K d_K(k) \psi(x^{-1}) \varphi(xky)$$
$$= \int_G \psi(x^{-1}) \varphi(xy) d_G(y) = (\psi*\varphi)(y)$$

だから，

$$\breve{\omega}(\psi) = \int_G \psi(x^{-1}) \lambda({}^o(x^{-1}\cdot\varphi)^o) d_G(x) = \lambda(\psi*\varphi) = \lambda(\psi).$$

よって $\omega{\in}\Omega(G,K)$ かつ $\breve{\omega}{=}\lambda$ となる．一意性は明らか．■

**注意 6.1.6** $C_c(G)$ に上のように位相を定め，一方 $L^1(G)$ には通常の $L^1$-ノルムによる位相を定めると，コンパクト部分集合 $M{\subset}G$ と $\varphi{\in}\mathcal{U}_M(G)$ に対して $|\varphi|_1{\leq}|\varphi|\cdot\int_M d_G(x)$ となるから，$C_c(G)$ から $L^1(G)$ への包含写像は連続である．よって $C_c(G//K)$ から $L^1(G//K)$ への包含写像も連続である．

**問題 6.1.1** $G$ が実 Lie 群ならば，$G$ 上の帯球関数は $C^\infty$-関数であることを示せ．

**問題 6.1.2** $K$ が $G$ の開コンパクト部分群ならば，任意の $\mathbb{C}$-代数準同型写像 $\lambda$: $C_c(G//K){\to}\mathbb{C}$ は 147 頁で定義した $C_c(G//K)$ 上の位相に関して連続であることを示せ．

## 6.2 クラス-1 表現と帯球関数

帯球関数と $G$ のユニタリ表現の関係を見てみよう．一般に $G$ のユニタリ表現 $(\pi, H)$ に対して，$K$-不変ベクトル(即ち，任意の $k{\in}K$ に対して $\pi(k)v{=}v$ となる $v{\in}H$)のなす $H$ の部分空間を $H(\mathbf{1})$ とおいて，$H(\mathbf{1})$ が 1 次元のとき $(\pi, H)$ を**クラス-1 表現**と呼ぶ．このとき $|u|{=}1$ なる $u{\in}H(\mathbf{1})$ に対して $\omega_\pi(x){=}(\pi(x)u, u)$ $(x{\in}G)$ とおくと，$\omega_\pi$ は両側 $K$-不変な連続関数で，問題 3.2.2 に注意すると

$$\int_K \omega_\pi(xky)d_K(k) = \int_K (\pi(k)\circ\pi(y)u, \pi(x^{-1})u)\overline{(\pi(k)u,u)}d_K(k)$$
$$= \omega_\pi(x)\omega_\pi(y)$$

となる．よって $\omega_\pi$ は $K$ に関する帯球関数となり，更に正定値である．ここで $u$ が $(\pi, H)$ の巡回ベクトルなることと $(\pi, H)$ が既約なることは同値であることに注意しよう．実際，$W \subset H$ を $G$-不変な閉部分空間として $u = w + w'$ ($w \in W, w' \in W^\perp$) とすると，$w, w'$ は共に $K$-不変ベクトルだから $u$ の定数倍となり，$w = 0$ または $w' = 0$ である．よって $u$ が巡回ベクトルならば $W^\perp = H$ または $W = H$ となる．

**定理 6.2.1** $K$ に関する $G$ 上の帯球関数 $\omega$ が正定値であるとき，付随する巡回表現を $(\pi, H)$ とする，即ち，長さ 1 の巡回ベクトル $u \in H$ に対して $\omega(x) = (\pi(x)u, u)$ $(x \in G)$ とする．このとき，$(\pi, H)$ は $G$ のクラス-$\mathbf{1}_K$ 既約表現で，$u \in H$ は $K$-不変ベクトルである．

［証明］ 定理 5.3.3 と定理 5.3.4 より，そのような巡回表現はユニタリ同値を除いて唯一存在する．それを具体的に構成するには次のようにすればよい．まず $G$ 上の複素数値関数 $f$ で $f(x) \neq 0$ なる $x \in G$ が有限個に限るもの全体のなす複素ベクトル空間を $V$ として $(f, g) = \sum_{x,y \in G} \omega(y^{-1}x)f(x)\overline{g(y)}$ ($f, g \in V$) とおくと，任意の $f \in V$ に対して $(f, f) \geq 0$ となるから，$(f, f) = 0$ なる $f \in V$ のなす部分空間を $N \subset V$ として $V/N$ 上の Hermite 内積が $(\dot{f}, \dot{g}) = (f, g)$ により定義される．この内積に関する $V/N$ の完備化 $H$ は複素 Hilbert 空間となり，$G$ の $H$ 上のユニタリ表現 $\pi$ が $\pi(x)f = x \cdot f$ ($f \in V$) により定義される．$u \in V$ を $u(1) = 1, u(x) = 0$ ($1 \neq x \in G$) により定義すると，$\dot{u} \in H$ は巡回ベクトルとなり，$(\pi(x)\dot{u}, \dot{u}) = \omega(x)$ ($x \in G$) となる．$H$ から $H(\mathbf{1})$ への直交射影を $P$ とすると，$\dot{f}, \dot{g} \in V/N \subset H$ に対して

$$(P\dot{f}, \dot{g}) = \int_K (\pi(k)\dot{f}, \dot{g})d_K(k)$$
$$= \sum_{x,y \in G} \int_K \omega(y^{-1}kx)f(x)\overline{g(y)}d_K(k) = \sum_{x,y \in G} \omega(x)f(x)\overline{\omega(y)g(y)},$$

特に $f = u$ とすれば $\sum_{y \in G} \omega(y)g(y) = (\dot{g}, P\dot{u})$ となるから，$(\dot{u}, P\dot{u}) = \omega(1) = 1$，し

たがって $P\dot{u}=\dot{u}$ となる．よって $(P\dot{f},\dot{g})=(\dot{f},\dot{u})(\dot{u},\dot{g})$ となり，$P\dot{f}=(\dot{f},\dot{u})\dot{u}$ を得る．即ち，$H(\mathbf{1})=\mathbb{C}\dot{u}$ となり，$(\pi,H)$ は $K$ に関する $G$ のクラス-$\mathbf{1}$ 表現である． ∎

$(\pi,H)$ を $G$ のユニタリ表現とする．$H$ から $H(\mathbf{1})$ への直交射影を $P$ とすると，任意の $\varphi\in C_c(G//K)$ に対して $P\circ\pi(\varphi)=\pi(\varphi)\circ P$ となるから，$\pi(\varphi)H(\mathbf{1})\subset H(\mathbf{1}), \pi(\varphi)H(\mathbf{1})^{\perp}=0$ である．そこで $\pi_{\mathbf{1}}(\varphi)=\pi(\varphi)|_{H(\mathbf{1})}\in\mathcal{L}_K(H(\mathbf{1}))$ とおく．このとき

**命題 6.2.2** $G$ の既約ユニタリ表現 $(\pi,H)$ に対して，$\pi_{\mathbf{1}}(C_c(G//K))$ は強位相に関して $\mathcal{L}_K(H(\mathbf{1}))$ の稠密な部分空間である．

［証明］ 任意の $T\in\mathcal{L}_K(H(\mathbf{1}))$ をとったとき，任意の有限集合 $\{u_1,\cdots,u_r\}\subset H(\mathbf{1})$ と $\varepsilon>0$ に対して，$|(T-\pi_{\mathbf{1}}(\varphi))u_i|<\varepsilon\,(i=1,\cdots,r)$ なる $\varphi\in C_c(G//K)$ が存在することを示せばよい．系 5.2.3 と命題 5.2.2 より $\pi(C_c(G))$ は強位相に関して $\mathcal{L}(H)$ の稠密な部分空間である．そこで $H$ から $H(\mathbf{1})$ への直交射影を $P$ として $\widetilde{T}=T\circ P\in\mathcal{L}(H)$ とおくと，$|(\widetilde{T}-\pi(\psi))u_i|<\varepsilon\,(i=1,\cdots,r)$ なる $\psi\in C_c(G)$ が存在する．$\varphi={}^{\circ}\psi^{\circ}\in C_c(G//K)$ とおくと

$$|(T-\pi_{\mathbf{1}}(\varphi))u_i| = |(\widetilde{T}-P\circ\pi(\psi)\circ P)u_i|$$
$$= |P\circ(\widetilde{T}-\pi(\psi))u_i| \leq |(\widetilde{T}-\pi(\psi))u_i| < \varepsilon$$

$(i=1,\cdots,r)$ となる． ∎

次の節で Banach $*$-環 $L^1(G//K)$ が可換である場合を詳しく調べるが，その表現論における意味は次の通りである；

**定理 6.2.3** $L^1(G//K)$ が可換となる必要十分条件は，$G$ の任意の既約ユニタリ表現 $(\pi,H)$ に対して $\dim_{\mathbb{C}} H(\mathbf{1})\leq 1$ となることである．

［証明］ $L^1(G//K)$ が可換とすると，命題 6.2.2 より，$G$ の任意の既約ユニタリ表現 $(\pi,H)$ に対して $\mathcal{L}_K(H(\mathbf{1}))$ は可換となるから $\dim_{\mathbb{C}} H(\mathbf{1})\leq 1$ である．逆に $G$ の任意の既約ユニタリ表現 $(\pi,H)$ に対して $\dim_{\mathbb{C}} H(\mathbf{1})\leq 1$ とする．

## 6.2 クラス-**1** 表現と帯球関数

$C_c(G//K)$ が可換でないと仮定して $\theta = \varphi*\psi - \psi*\varphi \neq 0$ なる $\varphi, \psi \in C_c(G//K)$ をとる．定理 5.1.7 の証明にあるように $\rho(\theta) \neq 0$ であるような $L^1(G)$ の既約 $*$-表現が存在する．したがって定理 5.1.6 より $\pi(\theta) \neq 0$ であるような $G$ の既約ユニタリ表現 $(\pi, H)$ が存在する．すると $\dim_{\mathbb{C}} H(\mathbf{1}) \leq 1$ だから $\pi(\varphi), \pi(\psi)$ は $H(\mathbf{1})$ 上では定数倍であり，$H(\mathbf{1})^{\perp}$ 上では $0$ である．よって

$$\pi(\theta) = \pi(\varphi) \circ \pi(\psi) - \pi(\psi) \circ \pi(\varphi) = 0$$

となり矛盾する．∎

**注意 6.2.4** $G$ が連結な半単純実 Lie 群でその中心が有限であるものとする．このとき $G$ は極大なコンパクト部分群をもつから，それを $K$ としよう．すると $G$ の任意の既約ユニタリ表現 $\pi$ と $K$ の任意の既約ユニタリ表現 $\delta$ に対して，$\pi$ を $K$ に制限してできる $K$ のユニタリ表現における $\delta$ の重複度は $\dim \delta$ を超えないことが知られている ([34, Th.4.5.2.11])．したがって $K$ の自明な 1 次元表現 **1** に対しては $m(\pi|_K, \mathbf{1}) \leq 1$ が $G$ の任意の既約ユニタリ表現 $\pi$ に対して成り立つ．よって定理 6.2.3 より $L^1(G//K)$ は可換となる．

**注意 6.2.5** $G$ がコンパクトの場合は古典的である．例えばコンパクト複素ユニタリ群

$$G = U(n, \mathbb{C}) = \{g \in GL_n(\mathbb{C}) \mid gg^* = 1_n\}$$

は，$k \in K = U(n-1, \mathbb{C})$ を $\begin{bmatrix} 1 & 0 \\ 0 & k \end{bmatrix} \in G$ と同一視することにより，$K$ を閉部分群とする．あるいはコンパクト実直交群

$$G = SO(n, \mathbb{R}) = \{g \in SL_n(\mathbb{R}) \mid g^t g = 1_n\}$$

は同様に $K = SO(n-1, \mathbb{R})$ を閉部分群とする．これらの場合，$G$ の任意の既約ユニタリ表現を $K$ に制限したときの既約分解は全て重複度 1 以下であることが知られている ([8, Chap.8])．したがって定理 6.2.3 より $L^1(G//K)$ は可換となる．コンパクト群上の球関数については [29] に詳しい解説がある．

**問題 6.2.1** $G = SU(2, \mathbb{C})$ (問題 3.1.1 参照) とおいて次を示せ；

(1) 実 Lie 群 $G$ の Lie 環は
$$\mathfrak{g} = \{X \in \mathfrak{sl}_2(\mathbb{C}) \mid X + X^* = 0\} = \left\{(a,c) = \begin{bmatrix} a & -\overline{c} \\ c & -a \end{bmatrix} \middle| a \in \sqrt{-1}\mathbb{R},\ c \in \mathbb{C}\right\}$$
で，指数写像 $\exp: \mathfrak{g} \to G$ は $\exp X = \sum_{n=0}^{\infty} \frac{1}{n!} X^n$ である，

(2) $\mathfrak{g}$ の Killing 形式は $B_\mathfrak{g}(X,Y) = 2\mathrm{tr}(XY)$ である，

(3) $\mathfrak{g}$ 上の 2 次形式 $(X,Y) \mapsto -B_\mathfrak{g}(X,Y)$ は正定値である．よって付随する直交群の単位元を含む連結成分を $SO(\mathfrak{g}, -B_\mathfrak{g})$ とおく，

(4) $g \mapsto \mathrm{Ad}(g)$ は $G$ から $SO(\mathfrak{g}, -B_\mathfrak{g})$ の上への連続な群の準同型写像で，その核は $\{\pm 1_2\}$ である，

(5) $I = \begin{bmatrix} \sqrt{-1} & 0 \\ 0 & -\sqrt{-1} \end{bmatrix} \in \mathfrak{g}$ とおくと
$$K = \{g \in G \mid \mathrm{Ad}(g)I = I\} = \left\{\begin{bmatrix} x & 0 \\ 0 & \overline{x} \end{bmatrix} \middle| x \in \mathbb{C}^1\right\}$$
で，$\dot{g} \mapsto \mathrm{Ad}(g)I$ は $G/K$ から 2 次元球面
$$S^2 = \{X \in \mathfrak{g} \mid B_\mathfrak{g}(X,X) = -4\} = \{(\sqrt{-1}x, y + \sqrt{-1}z) \mid x^2 + y^2 + z^2 = 1\}$$
の上への位相同型写像である，

(6) $K$ の左からの $G/K$ への作用は $S^2$ 上の $x$-軸の周りの回転を誘導し，$r(\theta) = \begin{bmatrix} \cos\theta & -\sin\theta \\ \sin\theta & \cos\theta \end{bmatrix} \in G$ に対して $\mathrm{Ad}(r(\theta))I = (\sqrt{-1}\cos 2\theta, \sqrt{-1}\sin 2\theta) \in S^2$ である．

**問題 6.2.2** 問題 6.2.1 の記号を用いて次を示せ；

(1) 問題 3.1.2 で構成した $G$ の既約ユニタリ表現 $(\pi_n, V_n)$ $(n = 0, 1, 2, \cdots)$ に対して $\pi|_K = \bigoplus_{l=0}^{n} \delta_{n-2l}$ である．ここで $\delta_l$ は $\delta_l \begin{bmatrix} x & 0 \\ 0 & \overline{x} \end{bmatrix} = x^l$ により定義される $K$ の既約ユニタリ表現である，

(2) $\pi_n$ が $K$ に関するクラス-1 表現となる必要十分条件は $n = 2l$ が偶数となることである．このとき $V_n$ の $K$-不変部分空間は $P_l(X,Y) = (XY)^l$ で生成される，

(3) Banach $*$-環 $L^1(G//K)$ は可換である，

(4) Legendre 多項式 $P_l(x) = \dfrac{1}{2^l l!} \dfrac{d^l}{dx^l}(x^2 - 1)^l$ $(l = 0, 1, 2, \cdots)$ に対して

## 6.3 帯球関数による Fourier 変換

$$P_l(x) = 2^{-l} \sum_{i=0}^{l} \binom{l}{i}^2 (x+1)^{l-i}(x-1)^i,$$

(5) $K$ に関する $G$ のクラス-$1$ 表現 $\pi_n$ ($n=2l$) に付随する帯球関数 $\omega_{\pi_n} \in \Omega(G,K)$ は $g = \begin{bmatrix} x & -\overline{y} \\ y & \overline{x} \end{bmatrix} \in G$ に対して

$$\omega_{\pi_n}(g) = P_l(|x|^2 - |y|^2) = F(l+1, -l; 1; |y|^2) = (-1)^l F(l+1, -l; 1; |x|^2)$$

である．ここで $F(a,b;c;z) = \sum_{n=0}^{\infty} \dfrac{(a)_n (b)_n}{(c)_n} \dfrac{z^n}{n!}$ は超幾何級数である（172 頁参照），

(6) $G$ 上の $K$ に関する帯球関数は $\{\omega_{\pi_{2l}} | l = 0, 1, 2, \cdots\}$ で尽くされる．

**問題 6.2.3** $K = SO(3, \mathbb{R})$ とおく．$\Delta = \dfrac{\partial^2}{\partial x^2} + \dfrac{\partial^2}{\partial y^2} + \dfrac{\partial^2}{\partial z^2}$ として，$\Delta f = 0$ なる $l$ 次同次多項式 $f \in \mathbb{C}[x,y,z]$ のなす複素ベクトル空間を $\mathcal{H}_l$ とおき，次を示せ；

(1) コンパクト群 $K$ が $2$ 次元球面 $S^2 = \{\begin{bmatrix} x \\ y \\ z \end{bmatrix} \in \mathbb{R}^3 | x^2 + y^2 + z^2 = 1\}$ に自然に作用していて，$S^2$ を

$$x = \cos\theta, \quad y = \sin\theta\cos\varphi, \quad z = \sin\theta\sin\varphi \quad (0 \le \theta \le \pi, \ 0 \le \varphi < 2\pi)$$

とパラメータ表示すると，$d_{S^2}(x,y,z) = (4\pi)^{-1} \sin\theta d\theta d\varphi$ が $S^2$ 上の正規化された $K$-不変測度である，

(2) $\dim_{\mathbb{C}} \mathcal{H}_l = 2l+1$ で，$(f,g) = \int_{S^2} f(p)\overline{g(p)} d_{S^2}(p)$ は $\mathcal{H}_l$ 上の Hermite 内積を与える，

(3) $K$ の $\mathcal{H}_l$ 上の既約ユニタリ表現 $\sigma_l$ が $(\sigma_l(k)f)(x,y,z) = f((x,y,z)k)$ により定義される，

(4) $K$ の既約ユニタリ表現は $\{(\sigma_l, \mathcal{H}_l)\}_{l=0,1,2,\cdots}$ で尽くされる．

## 6.3 帯球関数による Fourier 変換

この節では Banach $*$-環 $L^1(G//K)$ に注目しよう．$K$ に関する $G$ 上の帯球関数で有界なるもの全体を $\Omega_f(G,K)$ とおき，$\omega \in \Omega_f(G,K)$ に対して $|\omega|_\infty = \sup_{x \in G} |\omega(x)|$ とおく．また $\omega(x^{-1}) = \overline{\omega(x)}$ なる $\omega \in \Omega_f(G,K)$ の全体を $\Omega_u(G,K)$

とおく．$G$ 上で定数 1 をとる定数関数 1 は $\Omega_u(G,K)$ の元である．一般に $\omega \in \Omega_f(G,K)$ に対して

$$\widehat{\omega}(f) = \int_G f(x)\omega(x)dG(x), \qquad \check{\omega}(f) = \int_G f(x)\omega(x^{-1})dG(x)$$

($f \in L^1(G//K)$) とおくと，$\widehat{\omega}, \check{\omega} \in \Delta(L^1(G//K))$ である．特に $\omega \in \Omega_u(G,K)$ ならば，$\widehat{\omega}, \check{\omega} \in \Delta_u(L^1(G//K))$ となる．更に精確に

**命題 6.3.1** $\omega \mapsto \check{\omega}$ は全単射

$$\Omega_f(G,K) \xrightarrow{\sim} \Delta(L^1(G//K)), \qquad \Omega_u(G,K) \xrightarrow{\sim} \Delta_u(L^1(G//K))$$

を与え，$|\omega|_\infty = |\check{\omega}| \leq 1$ である．

［証明］ $\omega \mapsto \check{\omega}$ が $\Omega_f(G,K)$ から $\Delta(L^1(G//K))$ への単射であることは明らか．$\alpha \in \Delta(L^1(G//K))$ として，連続 $\mathbb{C}$-線形写像 $\widetilde{\alpha}: L^1(G) \to \mathbb{C}$ を，$|\widetilde{\alpha}| = |\alpha|$ なる $\alpha$ の延長とする（定理 A.1.4）．$\widetilde{\alpha}(\varphi) = \int_G \varphi(x)f(x^{-1})dG(x)$ ($\varphi \in L^1(G)$) なる $f \in L^\infty(G)$ をとり

$$\omega(x) = \int_K dK(k) \int_K dK(k') f(kxk') \quad (x \in G)$$

とおくと，$|\omega|_\infty \leq |f|_\infty < \infty$ で，任意の $\varphi \in C_c(G//K)$ に対して

$$\check{\omega}(\varphi) = \int_G dG(x) \int_K dK(k) \int_K dK(k') \varphi(x^{-1}) f(kxk')$$
$$= \int_G \varphi(x^{-1}) f(x) dG(x) = \widetilde{\alpha}(\varphi) = \alpha(\varphi).$$

よって定理 6.1.3 より $\omega \in \Omega(G,K)$ で，$|\check{\omega}| \leq |\omega|_\infty \leq |f|_\infty = |\widetilde{\alpha}| = |\alpha| = |\check{\omega}|$ より $|\check{\omega}| = |\omega|_\infty$ となる．命題 1.6.1 より $|\check{\omega}| \leq 1$ である．$\omega \in \Omega_f(G,K)$ に対して，$\omega^*(x) = \overline{\omega(x^{-1})}$ ($x \in G$) とおくと $\omega^* \in \Omega_f(G,K)$ で $\check{\omega}^*(\varphi) = \overline{\check{\omega}(\varphi^*)}$ ($\varphi \in L^1(G//K)$) である．よって $\check{\omega} \in \Delta_u(L^1(G//K))$ なる必要十分条件は $\check{\omega}^* = \check{\omega}$，即ち $\omega^* = \omega$ となることである．∎

ここで $\Omega_f(G,K)$ に開-コンパクト位相を与える，即ちコンパクト部分集合 $M \subset G$ と開部分集合 $V \subset \mathbb{C}$ に対して

## 6.3 帯球関数による Fourier 変換

$$U(M,V) = \{\omega \in \Omega_f(G,K) \mid \omega(M) \subset V\}$$

とおいて，$\{U(M,V)\}_{M,V}$ を $\Omega_f(G,K)$ の開集合の基とする．このとき

**定理 6.3.2** $\omega \mapsto \tilde{\omega}$ は位相同型写像 $\Omega_f(G,K) \xrightarrow{\sim} \Delta(L^1(G//K))$ を与える．

以下，上の定理をいくつかの段階に分けて証明する．まず

**命題 6.3.3** $\omega \mapsto \tilde{\omega}$ は $\Omega_f(G,K)$ から $\Delta(L^1(G//K))$ への連続写像である．

[証明] $f \in L^1(G//K)$ に対して $\Omega_f(G,K) \ni \omega \mapsto \tilde{\omega}(f) \in \mathbb{C}$ が連続であることを示せばよい．$\omega_0 \in \Omega_f(G,K)$ を固定し，任意の $\varepsilon > 0$ をとる．$|f-\varphi|_1 < \varepsilon$ なる $\varphi \in C_c(G//K)$ があるから，$M = \mathrm{supp}\,\varphi$ とおくと，任意の $\omega \in \Omega_f(G,K)$ に対して

$$\int_{M^c} |f(x)||\omega(x)-\omega_0(x)|d_G(x)$$
$$\leq 2 \cdot \int_{M^c} |f(x)|d_G(x) \leq 2 \cdot \int_G |f(x)-\varphi(x)|d_G(x) < 2\varepsilon.$$

一方，任意の $g \in G$ に対して，開集合 $g \in V_g \subset G$ をとって，任意の $x \in V_g$ に対して $|\omega_0(x)-\omega_0(g)|<\varepsilon$ となるようにできる．更に $g \in W_g \subset \overline{W}_g \subset V_g$ なる開集合 $W_g$ で $\overline{W}_g$ はコンパクトとなるものがとれる．このとき，任意の $x \in \overline{W}_g$ に対して $|\omega(x)-\omega(g)|<\varepsilon$ となる $\omega \in \Omega_f(G,K)$ の全体 $U_g$ は $\Omega_f(G,K)$ の開集合で $\omega_0 \in U_g$ であり，任意の $\omega \in U_g$ と $x \in W_g$ に対して $|\omega(x)-\omega_0(g)|<\varepsilon$ かつ $|\omega_0(x)-\omega_0(g)|<\varepsilon$，したがって $|\omega(x)-\omega_0(x)|<2\varepsilon$ となる．$M \subset W_{g_1} \cup \cdots \cup W_{g_r}$ として $U = U_{g_1} \cap \cdots \cap U_{g_r}$ とおく．$\omega \in U$ と $x \in M$ に対して，$x \in W_{g_i}$ とすると $\omega \in U_{g_i}$ だから $|\omega(x)-\omega_0(x)|<2\varepsilon$ となり，$\int_M |f(x)||\omega(x)-\omega_0(x)|d_G(x)<2\varepsilon \cdot |f|_1$ を得る． ∎

次の補題は容易に証明できる；

**補題 6.3.4** 位相空間 $X, Y, Z$ と連続写像 $f: X \times Y \to Z$ があるとき，コンパクト集合 $M \subset X$ と開集合 $V \subset Z$ に対して $\{y \in Y \mid f(M,y) \subset V\}$ は $Y$ の開集合

である．

**命題 6.3.5** $\omega \mapsto \check{\omega}$ は $\Omega_f(G,K)$ から $\Delta(L^1(G//K))$ への開写像である．
[証明] まず，任意の $f \in L^1(G//K)$ に対して

$$G \times \Delta(L^1(G//K)) \ni (x,\alpha) \mapsto \alpha({}^o(x \cdot f)^o) \in \mathbb{C} \tag{6.1}$$

は連続である．実際，$G \ni x \mapsto x \cdot f \in L^1(G)$ は連続だから

$$G \ni x \mapsto {}^o(x \cdot f)^o \in L^1(G//K)$$

は連続である．そこで $x \in G$ と $\alpha \in \Delta(L^1(G//K))$ を固定して，任意の $\varepsilon > 0$ をとる．開集合 $x \in V \subset G$ があって，任意の $y \in V$ に対して

$$|{}^o(x \cdot f)^o - {}^o(y \cdot f)^o|_1 < \varepsilon$$

とできる．ここで $|\beta({}^o(x \cdot f)^o) - \alpha({}^o(x \cdot f)^o)| < \varepsilon$ なる $\beta \in \Delta(L^1(G//K))$ の全体 $W$ は $\Delta(L^1(G//K))$ の開集合で $\alpha \in W$ である．任意の $y \in V$, $\beta \in W$ に対して

$$|\beta({}^o(y \cdot f)^o) - \alpha({}^o(x \cdot f)^o)|$$
$$\leq |\beta({}^o(y \cdot f)^o) - \beta({}^o(x \cdot f)^o)| + |\beta({}^o(x \cdot f)^o) - \alpha({}^o(x \cdot f)^o)|$$
$$\leq |{}^o(x \cdot f)^o - {}^o(y \cdot f)^o|_1 + |\beta({}^o(x \cdot f)^o) - \alpha({}^o(x \cdot f)^o)| < 2\varepsilon$$

となる．よって(6.1)が連続であることが示された．そこで $\omega \in \Omega_f(G,K)$ と $x \in G$ をとると，$f \in L^1(G//K)$ に対して

$$\check{\omega}({}^o(x \cdot f)^o) = \int_G dG(y) \int_K d_K(k) \int_K d_K(k')(x \cdot f)(kyk')\omega(y^{-1})$$
$$= \int_G f(x^{-1}y)\omega(y^{-1}) d_G(y) = (f * \omega)(x^{-1}) = \check{\omega}(f) \cdot \omega(x^{-1}).$$

命題 6.3.3 より $\check{\omega}(f) \neq 0$ なる $\omega \in \Omega_f(G,K)$ は $\Omega_f(G,K)$ の開集合をなすから，(6.1)が連続のことから

$$G \times \Delta(L^1(G//K)) \ni (x, \check{\omega}) \mapsto \omega(x) \in \mathbb{C}$$

が連続となる．よって補題 6.3.4 より，コンパクト部分集合 $M \subset G$ と開部分集合 $V \subset \mathbb{C}$ に対して $\{\check{\omega} \in \Delta(L^1(G//K)) | \omega(M) \subset V\}$ は $\Delta(L^1(G//K))$ の開集

## 6.3 帯球関数による Fourier 変換

合となる．∎

以上により定理 6.3.2 の証明が完了した．このことから $\Omega_f(G,K)$（したがって $\Omega_u(G,K)$）は局所コンパクト Hausdorff 空間であることがわかる．ここで $f \in L^1(G//K)$ に対して

$$\widehat{f}(\omega) = \breve{\omega}(f) = \int_G f(x)\omega(x^{-1})d_G(x) \qquad (\omega \in \Omega_f(G,K)) \tag{6.2}$$

とおくと $\widehat{f} \in C_0(\Omega_f(G,K))$ となる．これを帯球関数による $f$ の **Fourier 変換** と呼ぼう．

$$(f*g)\widehat{\ }(\omega) = \widehat{f}(\omega)\cdot\widehat{g}(\omega), \quad \widehat{f^*}(\omega) = \overline{\widehat{f}(\omega)} \qquad (f,g \in L^1(G//K))$$

となることは直ちにわかる．

**命題 6.3.6** コンパクト部分集合 $M \subset \Omega_f(G,K)$ をとると，任意の $g \in G$ と $\varepsilon > 0$ に対して開集合 $g \in W \subset G$ があって，任意の $\omega \in M$ と $x \in W$ に対して $|\omega(x) - \omega(g)| < \varepsilon$ となる．

［証明］ $\omega_0 \in \Omega_f(G,K)$ とする．開集合 $g \in V_{\omega_0} \subset G$ をとって，任意の $x \in V_{\omega_0}$ に対して $|\omega_0(x) - \omega_0(g)| < \varepsilon$ となるようにする．更に $g \in W_{\omega_0} \subset \overline{W}_{\omega_0} \subset V_{\omega_0}$ なる開集合 $W_{\omega_0}$ で $\overline{W}_{\omega_0}$ がコンパクトであるものをとる．任意の $x \in \overline{W}_{\omega_0}$ に対して $|\omega(x) - \omega_0(g)| < \varepsilon$ なる $\omega \in \Omega_f(G,K)$ の全体 $U_{\omega_0}$ は $\Omega_f(G,K)$ の開集合で $\omega_0 \in U_{\omega_0}$ である．$M \subset U_{\omega_1} \cup \cdots \cup U_{\omega_r}$ として，$W = W_{\omega_1} \cap \cdots \cap W_{\omega_r}$ とおく．$\omega \in M$ と $x \in W$ に対して，$\omega \in U_{\omega_i}$ とすると，$x \in W_{\omega_i}$ だから $|\omega(x) - \omega_i(g)| < \varepsilon$ かつ $|\omega(g) - \omega_i(g)| < \varepsilon$，よって $|\omega(x) - \omega(g)| < 2\varepsilon$ となる．∎

以下，4.5 節の一般論を適用するために，次の二つを仮定する；
(1) Banach $*$-環 $L^1(G//K)$ は可換である，
(2) $G$ は可算個の元からなる単位元の基本近傍系をもつ．

定理 1.2.1 の証明からわかる通り，上の仮定(2)から複素 Banach 環 $L^1(G)$ は可算個の元からなる強い意味の近似的 1 をもち，したがって Banach $*$-環 $L^1(G//K)$ も可算個の元からなる強い意味の近似的 1 をもつ．よって $\Delta_u =$

$\Delta_u(L^1(G//K))$ は高々可算個のコンパクト集合の和集合である(命題 1.6.3). $L^1(G//K)$ の元で $G$ 上連続かつ有界のもの全体 $\mathfrak{a}$ は $L^1(G//K)$ の稠密なイデアルとなり,複素線形形式 $\Phi\colon \mathfrak{a}\to\mathbb{C}(g\mapsto g(1))$ は

$$\Phi(g^**g) = \int_G g^*(x^{-1})g(x)dG(x) = \int_G |g(x)|^2 dG(x) \geq 0$$

より正値である.よって定理 4.5.8 より $\Delta_u$ 上の Radon 測度 $\mu$ があって,次の二条件を満たす;

(1) 任意の $g\in P(L^1(G//K),\mathfrak{a};\Phi)$ に対して,$\Delta_u$ 上の関数 $\widehat{g}(\alpha)=\alpha(g)(\alpha\in\Delta_u)$ は $L^1(\Delta_u,\mu)\cap C_0(\Delta_u)$ の元であり,

(2) 任意の $f\in L^1(G//K)$ と $g\in P(L^1(G//K),\mathfrak{a};\Phi)$ に対して

$$\Phi(f*g) = \int_{\Delta_u} \widehat{f}(\alpha)\widehat{g}(\alpha)d\mu(\alpha).$$

定理 6.3.2 から $\Omega_u=\Omega_u(G,K)$ に移って書けば,$\Omega_u$ 上の Radon 測度 $\mu$ があって,次の二条件を満たす;

(1) 任意の $g\in P(L^1(G//K),\mathfrak{a};\Phi)$ に対して,$\Omega_u$ 上の関数

$$\widehat{g}(\omega) = \int_G g(x)\omega(x^{-1})dG(x) \qquad (\omega\in\Omega_u)$$

は $L^1(\Omega_u,\mu)\cap C_0(\Omega_u)$ の元であり,

(2) 任意の $f\in L^1(G//K)$ と $g\in P(L^1(G//K),\mathfrak{a};\Phi)$ に対して

$$\int_G f(x)g(x^{-1})dG(x) = \int_{\Omega_u} \widehat{f}(\omega)\widehat{g}(\omega)d\mu(\omega).$$

ここで $G$ 上の両側 $K$-不変かつ有界連続な複素数値関数 $\varphi$ で,$L^1(G//K)$ 上の複素線形形式 $f\mapsto\int_G f(x)\varphi(x^{-1})dG(x)$ が正値 Hermite 的かつ有界変動なるもの全体を $C_u(G//K)$ とおくと,定義から直ちに

$$P(L^1(G//K),\mathfrak{a};\Phi) = L^1(G//K)\cap C_u(G//K)$$

である.更に

**命題 6.3.7** $\nu\in M^+(\Omega_u)$ に対して $\check{\nu}(x)=\int_{\Omega_u}\omega(x)d\nu(\omega)(x\in G)$ とおくと,$\nu\mapsto\check{\nu}$ は全単射 $M^+(\Omega_u)\xrightarrow{\sim} C_u(G//K)$ を与える.

[証明]　$\nu\in M^+(\Omega_u)$ とする．任意の $x\in G$ と $\varepsilon>0$ をとる．問題 B.2.1 より $\nu(M^c)<\varepsilon$ なるコンパクト部分集合 $M\subset\Omega_u$ がある．命題 6.3.6 より開集合 $x\in V\subset G$ があって，任意の $\omega\in M$ と $y\in V$ に対して $|\omega(x)-\omega(y)|<\varepsilon$ とできる．よって $y\in V$ のとき

$$|\check\nu(x)-\check\nu(y)| \leq \int_{\Omega_u}|\omega(x)-\omega(y)|d\nu(\omega)$$
$$\leq 2\int_{M^c}d\nu(\omega)+\int_M|\omega(x)-\omega(y)|d\nu(\omega) < 3\varepsilon$$

となる．よって $\check\nu\in C(G//K)$（有界連続関数）である．任意の $f\in L^1(G//K)$ に対して

$$\int_G f(x)\check\nu(x^{-1})d_G(x) = \int_G d_G(x)\int_{\Omega_u}d\nu(\omega)f(x)\omega(x^{-1})$$
$$= \int_{\Omega_u}\widehat{f}(\omega)d\nu(\omega) = \nu(\widehat{f})$$

（$\widehat{f}\in C_0(\Omega_u)$）．更に任意の $f\in L^1(G//K)$ に対して

$$\int_G (f^**f)(x)\check\nu(x^{-1})d_G(x) = \nu(\widehat{(f^**f)}) = \nu(|\widehat{f}|^2) \geq 0$$

だから $\check\nu\in C_u(G//K)$ である．逆に $g\in C_u(G//K)$ とする．$L^1(G//K)$ 上の線形形式 $f\mapsto\Phi(f*g)$ は正値Hermite的かつ有界変動だから，定理 4.5.7 より $\Phi(f*g)=\nu(\widehat{f})(f\in L^1(G//K))$ なる $\nu\in M^+(\Omega_u)$ がある．任意の $f\in L^1(G)$ に対して $^\circ f^\circ\in L^1(G//K)$ をとれば

$$\int_G f(x)g(x^{-1})d_G(x) = \int_G f(x)\check\nu(x^{-1})d_G(x)$$

だから，$g,\check\nu$ の連続性から $g=\check\nu$ となる．■

**命題 6.3.8**　任意の $\varphi\in L^1(\Omega_u,\mu)$ に対して

$$f_\varphi(x) = \int_{\Omega_u}\varphi(\omega)\omega(x)d\mu(\omega)$$

は全ての $x\in G$ に対して絶対収束して，$f_\varphi$ は $G$ 上の連続関数である．

[証明]　$\omega\in\Omega_f(G,K)$ に対して $|\omega|_\infty=|\check\omega|\leq 1$ だから，$f_\varphi(x)$ が全ての $x\in G$

に対して絶対収束することは明らか．$x \in G$ を固定して，任意の $\varepsilon > 0$ をとる．コンパクト部分集合 $M \subset \Omega_u$ があって $\int_{M^c} |\varphi(\omega)| d\mu(\omega) < \varepsilon$ となる．命題 6.3.6 より開集合 $x \in W \subset G$ があって，任意の $\omega \in M$ と $y \in W$ に対して $|\omega(x) - \omega(y)| < \varepsilon$ とできる．よって任意の $y \in W$ に対して

$$
\begin{aligned}
|f_\varphi(x) - f_\varphi(y)| &\leq \int_{\Omega_u} |\varphi(\omega)| |\omega(x) - \omega(y)| d\mu(\omega) \\
&\leq 2 \cdot \int_{M^c} |\varphi(\omega)| d\mu(\omega) + \int_M |\varphi(\omega)| |\omega(x) - \omega(y)| d\mu(\omega) \\
&\leq 2\varepsilon + |\varphi|_1 \varepsilon
\end{aligned}
$$

となる．∎

帯球関数に関する Plancherel の定理は

**定理 6.3.9**
(1) $g \in P(L^1(G//K), \mathfrak{a}; \Phi)$ ならば $g(x) = \int_{\Omega_u} \widehat{g}(\omega) \omega(x) d\mu(\omega) \, (x \in G)$,
(2) $G$ 上有界連続なる $f \in L^1(G//K)$ に対して $\widehat{f} \in L^2(\Omega_u, \mu)$ で

$$\int_{\Omega_u} |\widehat{f}(\omega)|^2 d\mu(\omega) = \int_G |f(x)|^2 d_G(x).$$

[証明] (1) 任意の $f \in C_c(G//K)$ に対して

$$
\begin{aligned}
\int_G f(x^{-1}) g(x) d_G(x) &= \int_{\Omega_u} \widehat{f}(\omega) \widehat{g}(\omega) d\mu(\omega) \\
&= \int_{\Omega_u} \left( \int_G f(x) \omega(x^{-1}) d_G(x) \right) \widehat{g}(\omega) d\mu(\omega) \\
&= \int_G f(x^{-1}) \left( \int_{\Omega_u} \widehat{g}(\omega) \omega(x) d\mu(\omega) \right) d_G(x).
\end{aligned}
$$

よって任意の $f \in C_c(G)$ に対して

$$\int_G f(x^{-1}) g(x) d_G(x) = \int_G f(x^{-1}) \left( \int_{\Omega_u} \widehat{g}(\omega) \omega(x) d\mu(\omega) \right) d_G(x).$$

よって命題 6.3.8 より $g(x) = \int_{\Omega_u} \widehat{g}(\omega) \omega(x) d\mu(\omega) \, (x \in G)$.

(2) $f \in \mathfrak{a}$ だから，補題 4.5.2 より $g = f * f^* \in P(L^1(G//K), \mathfrak{a}; \Phi)$. よって $\omega \in \Omega_u$ に対して

6.3 帯球関数による Fourier 変換

$$\widehat{g}(\omega) = \int_G d_G(y) \int_G d_G(x) f(xy)\overline{f}(y)\omega(x^{-1})$$
$$= \int_G d_G(y) \int_G d_G(x) f(x)\overline{f}(y)\omega(yx^{-1})$$
$$= \int_G d_G(y) \int_G d_G(x) \int_K d_K(k) f(x)\overline{f}(y)\omega(ykx^{-1})$$
$$= \int_G d_G(y) \int_G d_G(x) f(x)\overline{f}(y)\omega(y)\omega(x^{-1})$$
$$= \int_G d_G(y) \int_G d_G(x) f(x)\omega(x^{-1})\overline{f(y)\omega(y^{-1})} = |\widehat{f}(\omega)|^2.$$

よって

$$\int_{\Omega_u} |\widehat{f}(\omega)|^2 \omega(x) d\mu(\omega) = g(x) = \int_G f(xy)\overline{f}(y) d_G(y) \quad (x \in G).$$

特に $x=1$ として $\omega(1)=1$ に注意すれば

$$\int_G |f(x)|^2 d_G(x) = \int_{\Omega_u} |\widehat{f}(\omega)|^2 d\mu(\omega)$$

となる．∎

**定理 6.3.10**
(1) 有界連続なる $f \in L^1(G//K)$ に対する $\widehat{f}$ の全体は $L^1(\Omega_u, \mu)$ の稠密な部分空間である，
(2) 有界連続なる任意の $f \in L^1(G//K)$ に対して $\mathcal{F}f = \widehat{f}$ となるユニタリ同型写像 $\mathcal{F}: L^2(G//K) \xrightarrow{\sim} L^2(\Omega_u, \mu)$ がある．

［証明］ $\varphi \in L^2(\Omega_u, \mu)$ をとって，任意の有界連続なる $f \in L^1(G//K)$ に対して

$$\int_{\Omega_u} \varphi(\omega)\widehat{f}(\omega) d\mu(\omega) = 0$$

とする．$\varphi \cdot \widehat{f} \in L^1(\Omega_u, \mu)$ だから，$d\nu(\omega) = \varphi(\omega) \cdot \widehat{f}(\omega) d\mu(\omega)$ なる有界複素測度 $\nu \in M(\Omega_u)$ ができて

$$\tilde{\nu}(x) = \int_{\Omega_u} \omega(x) d\nu(\omega) = \int_{\Omega_u} \varphi(\omega)\widehat{f}(\omega)\omega(x) d\mu(\omega) \quad (x \in G).$$

ここで $({}^o(x \cdot f)^o)\widehat{}(\omega) = \widehat{f}(x)\omega(x^{-1})$ で ${}^o(x \cdot f)^o \in L^1(G//K)$ は有界連続である

ことに注意すれば $\tilde{\nu}=0$, よって $\nu=0$ である. 即ち, ほとんど至るところの $\omega\in\Omega_u$ に対して $\varphi(\omega)\widehat{f}(\omega)=0$. ところで任意の $\omega\in\Omega_u$ に対して, $\widehat{f}(\omega)>0$ なる有界連続な $f\in L^1(G//K)$ が存在する(定理 4.5.3 の証明を参照)から $\varphi=0$ となり, (1)が示される. ユニタリ同型写像 $\mathcal{F}$ の存在は, 定理 6.3.9 から明らか. ∎

**問題 6.3.1** 可換な Banach $*$-環 $L^1(G//K)$ に付随する $C^*$-環(4.4 節参照)は, 局所コンパクト空間 $\Omega_u=\Omega_u(G,K)$ 上の無限遠で 0 なる複素数値連続関数のなす $C^*$-環 $C_0(\Omega_u)$ と同型である.

**問題 6.3.2** $G$ はコンパクトで $L^1(G//K)$ は可換とする. $G$ の $K$ に関するクラス-1 表現のユニタリ同値類全体を $\widehat{G}(K)$ とすると, $\{(\dim\pi)^{-1/2}\overline{\omega_\pi}\}_{\pi\in\widehat{G}(K)}$ は $L^2(G//K)$ の完全正規直交系であることを示せ($\int_G d_G(x)=1$ とする).

## 6.4 帯球関数の構成

実際に帯球関数を構成してみよう. 簡単のために $G$ は可分(即ち, 稠密な可算部分集合をもつ)と仮定しておく. $G$ の閉部分群 $P$ があって $G=KP$ となると仮定する. $P$ のモジュラー関数を $\Delta_P$ として, $P$ 上の左 Haar 測度 $d_P(p)$ は積分公式

$$\int_G \varphi(x)d_G(x) = \int_K d_K(k)\int_P d_P(p)\varphi(kp)\Delta_P(p)^{-1} \qquad (\varphi\in C_c(G))$$

を満たすとする(問題 B.3.5). $\rho(kp)=\Delta_P(p)$ ($k\in K, p\in P$) により $G$ 上の連続関数 $\rho$ を定義すれば, $\rho$ は $P$ に関する $G$ 上の $\rho$-関数となる. よって $G/P$ 上の Radon 測度 $\mu$ が存在して, 積分公式

$$\int_{G/P}\left(\int_P \varphi(xp)d_P(p)\right)d\mu(\dot{x}) = \int_G \varphi(x)\rho(x)d_G(x) \qquad (\varphi\in C_c(G))$$

が成り立つ. よって

$$\int_{G/P}\varphi(\dot{x})d\mu(\dot{x}) = \int_K \varphi(\dot{k})d_K(k) \qquad (\varphi\in C_c(G/P))$$

## 6.4 帯球関数の構成

が成り立つ．そこで，連続な群の準同型写像 $\lambda: P \to \mathbb{C}^\times$ は

$$\lambda(K \cap P) = 1 \tag{6.3}$$

を満たしていると仮定する．このとき

$$\varphi_\lambda(kp) = \Delta_P(p)^{1/2} \lambda(p)^{-1} \qquad (k \in K, \ p \in P)$$

により $G$ 上の連続関数 $\varphi_\lambda$ が定義されるから

$$\omega_\lambda(x) = \int_K \varphi_\lambda(x^{-1}k) d_K(k) \qquad (x \in G) \tag{6.4}$$

とおく．$\omega_\lambda(1)=1$ だから $\omega_\lambda \neq 0$ であるが，更に

**定理 6.4.1** $\omega_\lambda$ は $K$ に関する $G$ 上の帯球関数で，

$$\omega_\lambda(x) = \int_{G/P} \varphi_\lambda(x^{-1}y) \varphi_\lambda(y)^{-1} d\mu(\dot{y}) \qquad (x \in G)$$

となる．特に，$\omega_{\lambda^{-1}}(x) = \omega_\lambda(x^{-1})$ である．

［証明］　まず $\varphi \in C_c(G, K)$ に対して

$$\widehat{\omega}_\lambda(\varphi) = \int_G \varphi(x) \omega_\lambda(x) d_G(x) = \int_G \varphi(x^{-1}) \varphi_\lambda(x) d_G(x)$$
$$= \int_P \varphi(p^{-1}) \varphi_\lambda(p) \Delta_P(p)^{-1} d_P(p) = \int_P \varphi(p) \lambda(p) \Delta_P(p)^{-1/2} d_P(p)$$

となるから，$\varphi, \psi \in C_c(G, K)$ に対して

$$\widehat{\omega}_\lambda(\varphi * \psi) = \int_G d_G(x) \int_G d_G(y) \varphi(x^{-1}) \psi(y) \varphi_\lambda(y^{-1}x)$$
$$= \int_P d_P(p) \int_G d_G(y) \varphi(p^{-1}) \psi(y) \varphi_\lambda(y^{-1}p) \Delta_P(p)^{-1}$$
$$= \int_P d_P(p) \int_G d_G(y) \varphi(p^{-1}) \psi(y) \varphi_\lambda(y^{-1}) \varphi_\lambda(p) \Delta_P(p)^{-1}$$
$$= \widehat{\omega}_\lambda(\varphi) \widehat{\omega}_\lambda(\psi).$$

よって定理 6.1.3 より $\omega_\lambda \in \Omega(G, K)$ となる．一方，

$$\int_{G/P} \varphi_\lambda(x^{-1}y)\varphi_\lambda(y)^{-1}d\mu(\dot{y}) = \int_K \varphi_\lambda(x^{-1}k)\varphi_\lambda(k)^{-1}d_K(k)$$
$$= \int_K \varphi_\lambda(x^{-1}k)d_K(k) = \omega_\lambda(x) \quad (6.5)$$

である.ここで $\varphi_\lambda(x)^{-1} = \rho(x)\varphi_{\lambda^{-1}}(x)$ $(x \in G)$ だから (6.5) より

$$\omega_\lambda(x^{-1}) = \int_{G/P} \varphi_\lambda(y)\varphi_\lambda(x^{-1}y)^{-1}d\mu(x^{-1}\cdot\dot{y})$$
$$= \int_{G/P} \varphi_{\lambda^{-1}}(y)^{-1}\varphi_{\lambda^{-1}}(x^{-1}y)d\mu(\dot{y}) = \omega_{\lambda^{-1}}(x)$$

となる. ∎

$\chi$ を $P$ のユニタリ指標(即ち,1次元ユニタリ表現)として,誘導表現 $\pi_\chi = \mathrm{Ind}_P^G \chi$ を考える.$\pi_\chi$ の表現空間 $E^\chi$ は,任意の $p \in P$ に対して $\varphi(xp) = \rho(p)^{1/2}\chi(p)^{-1}\varphi(x)$ となり,かつ $\int_{G/P} |\varphi(x)|^2 \rho(x)^{-1}d\mu(\dot{x}) < \infty$ なる可測関数 $\varphi: G \to \mathbb{C}$ 全体のなす複素ベクトル空間(を $\int_{G/P} |\varphi(x)|^2 \rho(x)^{-1}d\mu(\dot{x}) = 0$ なる $\varphi$ のなす部分空間で割ったもの)に内積

$$(\varphi,\psi) = \int_{G/P} \varphi(x)\overline{\psi(x)}\rho(x)^{-1}d\mu(\dot{x})$$

を与えたものであり,$(\pi_\chi(g)\varphi)(x) = \varphi(g^{-1}x)$ である.このとき

**定理 6.4.2** 誘導表現 $\pi_{l,\chi} = \mathrm{Ind}_P^G \chi$ が非自明な $K$-不変ベクトルをもつための必要十分条件は $\chi(P \cap K) = 1$ となることである.このとき $K$-不変ベクトルの空間 $E^\chi(\mathbf{1}_K)$ は 1 次元で $\varphi_\chi$ により生成され

$$(\pi_{l,\chi}(x)\varphi_\chi, \varphi_\chi) = \omega_\chi(x) \qquad (x \in G)$$

である.

[証明] $0 \neq \varphi \in E^\chi$ が $K$-不変ベクトルとすると

$$\varphi(kp) = \rho(p)^{1/2}\chi(p)^{-1}\varphi(1) = \varphi(1)\varphi_\chi(kp) \qquad (k \in K,\ p \in P)$$

だから,$\varphi = \varphi(1)\varphi_\chi$ かつ $\varphi(1) \neq 0$ である.よって $k \in P \cap K$ とすると

$$\varphi(1) = \varphi(k) = \rho(k)^{1/2}\chi(k)^{-1}\varphi(1) = \chi(k)^{-1}\varphi(1)$$

より $\chi(k)=1$ を得る．逆に $\chi(P\cap K)=1$ ならば

$$\int_{G/P}|\varphi_\chi(x)|^2\rho(x)^{-1}d\mu(\dot x) = \int_K |\varphi_\chi(k)|^2 d_K(k) = 1$$

だから $\varphi_\chi \in E^\chi(\mathbf{1}_K)$ で

$$(\pi_{l,\chi}(x)\varphi_\chi, \varphi_\chi) = \int_{G/P}\varphi(x^{-1}y)\overline{\varphi_\chi(y)}\rho(y)^{-1}d\mu(\dot y)$$
$$= \int_K \varphi_\chi(x^{-1}k)d_K(k) = \omega_\chi(x)$$

となる．∎

**問題 6.4.1** 閉部分群 $B \subset P$ があって，$G=KB$ かつ $K\cap B=\{1\}$ と仮定する．連続な群の準同型写像 $\lambda: P \to \mathbb{C}^\times$ は $\lambda(K\cap P)=1$ であるとして，以下を示せ；

(1) $b \mapsto \dot b$ は $B$ から $K\backslash G$ の上への位相同型写像となり，$g\in G$ に対して $g=\kappa(g)b(g)$ ($\kappa(g)\in K$, $b(g)\in B$) とおくと，$g\mapsto\kappa(b), g\mapsto b(g)$ は連続である，

(2) $G$ 上の複素数値可測関数 $\varphi$ で $\int_K|\varphi(k)|^2 d_K(k) < \infty$ かつ，任意の $p\in P$ に対して $\varphi(xp) = \Delta_P(p)^{1/2}\lambda(p)^{-1}\varphi(x)$ なるもの全体 $V_\lambda$ は $(\varphi,\psi) = \int_K \varphi(k)\overline{\psi(k)}d_K(k)$ を内積とする複素 Hilbert 空間となり，$\varphi \mapsto \varphi|_K$ は $V_\lambda$ から $L^2(K)$ へのユニタリ同型写像である，

(3) $g \in G$ と $\psi \in L^2(K)$ に対して

$$(\pi_\lambda(g)\psi)(k) = \Delta_P(b(g^{-1}k))^{1/2}\lambda(b(g^{-1}k))^{-1}\psi(\kappa(g^{-1}k)) \quad (k\in K)$$

とおくと，$\pi_\lambda(g)\psi \in L^2(K)$ で，$(\pi_\lambda, L^2(K))$ が $G$ の Banach 表現となる，

(4) $(\pi_\lambda, L^2(K))$ の $K$-不変ベクトルの空間は 1 次元で，$K$ 上で定数 1 をとる $\mathbf{1} \in L^2(K)$ により生成される．更に $(\pi_\lambda(x)\mathbf{1}, \mathbf{1}) = \omega_\lambda(x)$ $(x\in G)$ である．

## 6.5 局所コンパクト可換群の場合；Pontryagin の双対定理

6.3 節の一般論を可換群の場合に適用してみよう．即ち，$G$ は局所コンパクト加法群で，可算個の元からなる単位元の基本近傍系をもつとして，$K=\{0\}$

の場合を考えよう. このとき命題 6.1.1 より $\Omega(G,K)$ は $G$ から乗法群 $\mathbb{C}^\times$ への連続な群の準同型写像の全体である. また $\Omega_f(G,K)=\Omega_u(G,K)$ は $G$ から絶対値 1 の複素数の成す乗法群 $\mathbb{C}^1$ への連続な群の準同型写像全体となるから, これを $\widehat{G}$(または $G^\wedge$) と書く. $\alpha,\beta\in\widehat{G}$ の和 $\alpha+\beta\in\widehat{G}$ を $(\alpha+\beta)(x)=\alpha(x)\cdot\beta(x)$ により定義すると, 定理 6.3.2 と問題 B.1.6 より, 開-コンパクト位相に関して $\widehat{G}$ は局所コンパクト加法群となり, 高々可算個のコンパクト集合の和集合であり, かつ可算個の元からなる単位元の基本近傍系をもつ. $\widehat{G}$ を $G$ の**双対群**と呼び, $x\in G, \alpha\in\widehat{G}$ に対して $\langle x,\alpha\rangle=\alpha(x)$ とおく.

**定理 6.5.1**

(1) $G$ がコンパクトならば $\widehat{G}$ は離散群である.

(2) $G$ が離散群ならば $\widehat{G}$ はコンパクトである.

[証明] (1) $1\in\mathbb{C}^1$ を含む開集合 $V\subset\mathbb{C}^1$ が十分小さければ, $U(G,V)=\{0\}$ である.

(2) $G$ のコンパクト部分集合とは有限部分集合のことだから, $\alpha\in\widehat{G}$ と $(\alpha(x))_{x\in G}\in\prod_{x\in G}\mathbb{C}^1$ を同一視して, $\widehat{G}$ を直積空間 $\prod_{x\in G}\mathbb{C}^1$ の部分位相空間とみなせる. 一方, 任意の $a,b\in G$ に対して, $\prod_{x\in G}\mathbb{C}^1$ から $\mathbb{C}^1$ への写像 $(\alpha_x)_{x\in G}\mapsto \alpha_a\alpha_b\alpha_{a+b}^{-1}$ は連続だから, $\widehat{G}$ はコンパクト空間 $\prod_{x\in G}\mathbb{C}^1$ の閉集合となって, コンパクトである. ∎

帯球関数による Fourier 変換(6.2)は, $f\in L^1(G)$ に対して

$$\widehat{f}(\alpha)=\int_G f(x)\langle x,-\alpha\rangle d_G(x) \qquad (\alpha\in\widehat{G})$$

となり, $G$ 上の古典的な **Fourier 変換**を与える. 特に $\{\widehat{f}|f\in L^1(G)\}$ は $C_0(\widehat{G})$ の稠密な部分代数である.

定理 5.3.2 から $C_u(G//K)$ は $G$ 上の正定値連続関数の全体である. よって命題 6.3.7 より, $G$ 上の正定値連続関数を特徴付ける次の定理(**Bochner の定理**)を得る;

**定理 6.5.2** $G$ 上の複素数値関数 $\varphi$ に対して次は同値である;

## 6.5 局所コンパクト可換群の場合；Pontryagin の双対定理

(1) $\varphi$ は $G$ 上の正定値連続関数である，

(2) $\varphi(x) = \int_{\widehat{G}} \langle -x, \alpha \rangle d\mu(\alpha) \, (x \in G)$ なる $\widehat{G}$ 上の有界測度 $\mu \in M^+(\widehat{G})$ が存在する．

そこで $G$ 上の正定値連続関数で張られる $C(G)$ の複素ベクトル部分空間を $B(G)$ とおく．有界複素測度 $\mu \in M(\widehat{G})$ に対して

$$\widehat{\mu}(x) = \int_{\widehat{G}} \langle -x, \alpha \rangle d\mu(\alpha) \qquad (x \in G)$$

とおくと，$\mu \mapsto \widehat{\mu}$ は $M(\widehat{G})$ から $B(G)$ への複素線形同型写像である．更に $B(G) \cap C_c(G)$ は $L^1(G)$ の稠密な部分空間である；実際，任意の $f \in C_c(G)$ に対して，$f^* * f \in B(G) \cap C_c(G)$ であることは容易に確かめられる．定理 1.2.1 の証明にあるように，任意の $\varepsilon > 0$ に対して $|f - f*u|_1 < \varepsilon$ なる $u \in C_c(G)$ がとれて

$$f*u = \frac{1}{2}\left\{\begin{array}{c}(f+u^*)*(f+u^*)^* + \sqrt{-1}(f+\sqrt{-1}u^*)*(f+\sqrt{-1}u^*)^* \\ -(1+\sqrt{-1})f*f^* - (1+\sqrt{-1})u^**u\end{array}\right\}$$

より $f*u \in B(G) \cap C_c(G)$ である．前節の一般論から，$\widehat{G}$ 上の Radon 測度 $\mu$ で次の二条件を満たすものが唯一存在する；

(1) 任意の $g \in L^1(G) \cap B(G)$ に対して $\widehat{f} \in L^1(\widehat{G}, \mu)$，

(2) 任意の $f \in L^1(G)$ と $g \in L^1(G) \cap B(G)$ に対して

$$\int_G f(x)g(-x)d_G(x) = \int_{\widehat{G}} \widehat{f}(\alpha)\widehat{g}(\alpha)d\mu(\alpha).$$

ここで $f \in L^1(G)$ と $\gamma \in \widehat{G}$ に対して $f^\gamma(x) = \gamma(x)f(x) \, (x \in G)$ とおくと $f^\gamma \in L^1(G)$ で $\widehat{f^\gamma}(\alpha) = f(\alpha - \gamma)$ に注意して，上の条件 (2) をみると $\mu$ は $\widehat{G}$ 上の Haar 測度であることがわかる．この Haar 測度 $d_{\widehat{G}}(\alpha)$ を $d_G(x)$ の**双対測度**と呼ぶ．帯球関数に関する Plancherel の定理 (定理 6.3.9，定理 6.3.10) から

### 定理 6.5.3

(1) 任意の $f \in L^1(G) \cap B(G)$ と $x \in G$ に対して

$$f(x) = \int_{\widehat{G}} \widehat{f}(\alpha)\langle x,\alpha\rangle d_{\widehat{G}}(\alpha),$$

(2) $G$ 上有界連続なる $f \in L^1(G)$ に対して，$\widehat{f} \in L^2(\widehat{G})$ で

$$\int_G |f(x)|^2 d_G(x) = \int_{\widehat{G}} |\widehat{f}(\alpha)|^2 d_{\widehat{G}}(\alpha).$$

**定理 6.5.4**
(1) $\{\widehat{f} | f \in L^1(G) \cap C(G)\}$ は $L^2(\widehat{G})$ の稠密な部分空間である．
(2) 複素 Hilbert 空間の同型写像 $\mathcal{F}: L^2(G) \xrightarrow{\sim} L^2(\widehat{G})$ であって，$f \in L^1(G) \cap C(G)$ に対しては

$$(\mathcal{F}f)(\alpha) = \widehat{f}(\alpha) = \int_G f(x)\langle -x,\alpha\rangle d_G(x) \qquad (\alpha \in \widehat{G})$$

なるものが唯一存在する．

上の定理から，任意の $f, g \in L^2(G)$ に対して $\widehat{fg} = \mathcal{F}f * \mathcal{F}g$, $\mathcal{F}f^* = \overline{\mathcal{F}f}$ である ($f, g \in L^1(G) \cap C(G)$ の場合に直接計算して，極限をとればよい)．

さて，局所コンパクト加法群 $G$ の双対群 $\widehat{G}$ は再び局所コンパクト加法群となるから，その双対群 $G^{\wedge\wedge}$ を考えることができる．これに関して，次の **Pontryagin** の双対定理が基本的である；

**定理 6.5.5** $x \mapsto \langle x, * \rangle$ は $G$ から $G^{\wedge\wedge}$ への位相群の同型写像である．

［証明］ $\theta x = \langle x, * \rangle \in \widehat{\widehat{G}}$ ($x \in G$) とおく．まず $\theta: G \to \widehat{\widehat{G}}$ が連続な群の準同型写像で単射である．実際，連続写像 $\langle , \rangle: G \times \widehat{G} \to \mathbb{C}^1$ に補題 6.3.4 を用いれば，コンパクト部分集合 $M \subset \widehat{G}$ と開集合 $V \subset \mathbb{C}^1$ に対して $\{x \in G | \langle x, M\rangle \subset V\}$ は $G$ の開集合である．即ち，$x \mapsto \langle x, * \rangle$ は $G$ から $G^{\wedge\wedge}$ への連続な群の準同型写像である．$G$ は可換だから，系 5.2.3 より，$G$ の既約ユニタリ表現は全て 1 次元である．よって Gelfand-Raikov の定理 5.1.7 より，$x \mapsto \langle x, * \rangle$ は $G$ から $G^{\wedge\wedge}$ への単射である．そこで $\theta: G \to \widehat{\widehat{G}}$ の像を $\mathcal{G} \subset \widehat{\widehat{G}}$ とおくと，$\theta$ は $G$ から $\mathcal{G}$ への位相同型写像である．実際，$0 \in G$ の開近傍 $V \subset G$ に対して $\overline{U} \subset V$ かつ $\overline{U}$ がコンパクトなる開集合 $0 \in U \subset G$ をとり，$W - W \subset U$ なる開集合 $0 \in W \subset G$ をとる．

$G$ における $W$ の特性関数 $\chi_W$ に対して

$$f = \mathrm{vol}(W)^{-1/2}\chi_W \in L^1(G) \cap L^2(G)$$

とおいて $g = f^* * f \in L^1(G) \cap B(G)$ とおくと

(1) $\mathrm{supp}\, g \subset \overline{U} \subset V$,
(2) 任意の $\alpha \in \widehat{G}$ に対して $\widehat{g}(\alpha) = |\widehat{f}(\alpha)|^2 \geq 0$,
(3) $\int_{\widehat{G}} \widehat{g}(\alpha) d_{\widehat{G}}(\alpha) = g(0) = 1$.

そこでコンパクト集合 $M \subset \widehat{G}$ で $\int_M \widehat{g}(\alpha)d_{\widehat{G}}(\alpha) > 2/3$ なるものをとると，任意の $\alpha \in M$ に対して $|1-\alpha(x)| < 1/3$ なる $x \in G$ は $V$ の元である．実際，任意の $\alpha \in M$ に対して $\mathrm{Re}\langle x, \alpha\rangle > 2/3$ だから

$$\begin{aligned}
g(x) &= \mathrm{Re}\int_{\widehat{G}} \widehat{g}(\alpha)\langle x,\alpha\rangle d_{\widehat{G}}(\alpha) \\
&\geq \int_M \widehat{g}(\alpha)\mathrm{Re}\,\langle x,\alpha\rangle d_{\widehat{G}}(\alpha) - \int_{M^c}\widehat{g}(\alpha)d_{\widehat{G}}(\alpha) \geq \frac{1}{9} > 0.
\end{aligned}$$

よって $x \in \mathrm{supp}\, g \subset V$ となる．即ち $0 \in G^{\wedge\wedge}$ の開近傍

$$X = \{\gamma \in G^{\wedge\wedge} \mid |1-\langle\alpha,\gamma\rangle| < 1/3 \quad \forall \alpha \in M\}$$

に対して $\theta^{-1}(\mathcal{G} \cap X) \subset V$，よって $\mathcal{G} \cap X \subset \theta(V)$ となり，$\theta$ は $G$ から $\mathcal{G}$ への開写像である．最後に $\mathcal{G} = G^{\wedge\wedge}$ である．実際，まず $\mathcal{G}$ は $G^{\wedge\wedge}$ の閉部分群である．そこで $\mathcal{G} \subsetneqq G^{\wedge\wedge}$ とすると，適当に $f \in L^1(\widehat{G})$ をとって $0 \neq \widehat{f} \in C_c^+(G^{\wedge\wedge})$ かつ $\widehat{f}|_{\mathcal{G}} = 0$ となるようにできる (問題 6.5.3)．すると

$$\int_{\widehat{G}} f(\alpha)d_{\widehat{G}}(\alpha) = \widehat{f}(0) = 0$$

より $f = 0$ となり矛盾する． ∎

次の命題は，双対群 $\widehat{G}$ の位相の定義から直ちに得られる；

**命題 6.5.6** 局所コンパクト可換群 $H$ と連続な群の準同型写像 $\theta: G \to H$ に対して

(1) $\alpha \mapsto \alpha \circ \theta$ は連続な群の準同型写像 $\widehat{\theta}: \widehat{H} \to \widehat{G}$ を与える,

(2) $\theta$ が全射開写像ならば $\widehat{\theta}$ は $\widehat{H}$ から $\widehat{\theta}(\widehat{H})$ の上への位相群の同型写像である.

[証明] (1) コンパクト集合 $M\subset G$ と開集合 $V\subset\mathbb{C}^1$ に対して, $\beta\in\widehat{\theta}^{-1}(U(M,V))$ とする. $\beta\circ\theta(M)\subset V$ で $\theta(M)\subset H$ はコンパクト集合だから $\beta\in U(\theta(M),V)$ である. $\alpha\in U(\theta(M),V)$ ならば $\alpha\circ\theta(M)\subset V$, 即ち $\widehat{\theta}(\alpha)\in U(M,V)$ だから, $\beta\in U(\theta(M),V)\subset\widehat{\theta}^{-1}(U(M,V))$. よって $\widehat{\theta}$ は連続である.

(2) $\widehat{\theta}$ は $\widehat{H}$ から $\widehat{\theta}(\widehat{H})$ の上への群の同型写像である. コンパクト集合 $M\subset H$ と開集合 $V\subset\mathbb{C}^1$ をとる. コンパクト集合 $L\subset G$ で $f(L)=M$ なるものが存在する(問題 B.1.2). このとき $\widehat{\theta}(\widehat{H})\cap U(L,V)\subset\widehat{\theta}(U(M,V))$ である. ∎

さて閉部分群 $H\subset G$ に対して, $\alpha(H)=1$ なる $\alpha\in\widehat{G}$ の成す $\widehat{G}$ の閉部分群を $H^\perp$ と書く. すると

**定理 6.5.7** $G$ から $G/H$ への自然な全射を $\pi$ とすると, $\widehat{\pi}$ は $\widehat{G/H}$ から $H^\perp$ への位相群の同型写像である.

[証明] $\pi$ は $G$ から $G/H$ への全射開写像だから, $\widehat{\pi}(\widehat{G/H})=H^\perp$ に注意すれば, 命題 6.5.6 より求める同型が直ちに得られる. ∎

**定理 6.5.8** $G$ から $G^{\wedge\wedge}$ への同型写像 $x\mapsto\langle x,*\rangle$ は $H$ から $(H^\perp)^\perp$ への位相同型を導く.

[証明] $x\in G$ に対して, $x\in H$ ならば $\langle x,\alpha\rangle=1$ $(\alpha\in H^\perp)$ だから $\langle x,*\rangle\in(H^\perp)^\perp$ である. 一方, $x\notin H$ ならば $0\neq\dot{x}\in G/H$ だから, 定理 6.5.5 より, $\alpha(\dot{x})\neq 1$ なる $\alpha\in\widehat{G/H}$ が存在する. よって定理 6.5.7 より $\alpha(x)\neq 1$ なる $\alpha\in H^\perp$ が存在する. よって $\langle x,*\rangle\notin(H^\perp)^\perp$ となる. ∎

**定理 6.5.9** $\dot{\alpha}\mapsto\alpha|_H$ は $\widehat{G}/H^\perp$ から $\widehat{H}$ への位相群の同型写像である.

[証明] 閉部分群 $H^\perp\subset\widehat{G}$ に定理 6.5.7 を用いて, 定理 6.5.8 と合わせれば, 位相群の同型 $\theta\colon H\xrightarrow{\sim}\widehat{\widehat{G}/H^\perp}$ が $\langle\theta(x),\dot{\alpha}\rangle=\langle x,\alpha\rangle$ $(x\in H,\dot{\alpha}\in\widehat{G}/H^\perp)$ により定まる. よって対応する群の双対群の間の位相同型を得るが, それと $\widehat{G}/H^\perp$ に関する Pontryagin の双対定理を合わせると, 求める位相同型が得られる. ∎

## 6.5 局所コンパクト可換群の場合；Pontryagin の双対定理

**問題 6.5.1** $G$ の群環 $L^1(G)$ に付随する $C^*$-環(4.4 節参照)は，局所コンパクト空間 $\widehat{G}$ 上の無限遠で 0 なる複素数値連続関数のなす $C^*$-環 $C_0(\widehat{G})$ と同型であることを示せ．

**問題 6.5.2** $L^1(G)$ の Fourier 変換像に関して，次を示せ；
$$\{\widehat{f} \in C_0(\widehat{G}) \mid f \in L^1(G)\} = \langle g*h \in C_0(\widehat{G}) \mid g, h \in L^2(\widehat{G}) \rangle_{\mathbb{C}}$$
$$= \langle g*g \in C_0(\widehat{G}) \mid g \in L^2(\widehat{G}) \rangle_{\mathbb{C}}.$$

**問題 6.5.3** 任意の開集合 $\emptyset \neq V \subset \widehat{G}$ に対して $0 \neq \widehat{f} \in C_c^+(\widehat{G})$ かつ $\mathrm{supp}\,\widehat{f} \subset V$ なる $f \in L^1(G)$ が存在することを示せ．

**問題 6.5.4** 局所コンパクト可換群 $G$ がコンパクトとなる必要十分条件は $\widehat{G}$ が離散的なることを示せ．

**問題 6.5.5** $G, H$ は局所コンパクト加法群で，ともに高々可算個のコンパクト集合の和集合であり，かつ可算個の元からなる単位元の基本近傍系をもつとする．直積群 $G \times H$ から $\mathbb{C}^1$ への連続写像 $(g, h) \mapsto \langle g, h \rangle$ は次の二条件を満たすとする；
(a) $\langle g+g', h \rangle = \langle g, h \rangle \langle g', h \rangle$, $\langle g, h+h' \rangle = \langle g, h \rangle \langle g, h' \rangle$,
(b) 任意の $g \in G$ に対して $\langle g, h \rangle = 1$ ならば $h = 0$，また，任意の $h \in H$ に対して $\langle g, h \rangle = 1$ ならば $g = 0$．
閉部分群 $L \subset H$ をとり，任意の $h \in L$ に対して $\langle g, h \rangle = 1$ なる $g \in G$ 全体のなす閉部分群を $K \subset G$ とおく．このとき次を示せ；
(1) $\varphi: H \to \widehat{G}$ ($\varphi(h) = \langle *, h \rangle$) は単射連続な群の準同型写像で，$\varphi(H)$ は $\widehat{G}$ の稠密な部分群である，
(2) $K, L$ がともにコンパクトならば，$\varphi$ は位相群の同型 $H \xrightarrow{\sim} \widehat{G}$ を与える．このとき $K, L$ はそれぞれ $G, H$ の開部分群となる，
(3) $G/K, H/L$ がともにコンパクトならば，$\varphi$ は位相群の同型 $H \xrightarrow{\sim} \widehat{G}$ を与える．このとき $K, L$ はそれぞれ $G, H$ の離散部分群となる．

**問題 6.5.6** $G$ をコンパクト可換群として，単位元を含む連結成分を $G_0$ とする．このとき $(G_0)^\perp$ は位数有限なる $\alpha \in \widehat{G}$ の全体 $(\widehat{G})_{\mathrm{tor}}$ に一致することを示せ．

**問題 6.5.7** $\langle x, y \rangle = e^{2\pi\sqrt{-1}xy}$ $(x, y \in \mathbb{R})$ とおくと，$y \mapsto \langle *, y \rangle$ は位相群の同型 $\mathbb{R} \xrightarrow{\sim} \widehat{\mathbb{R}}$

を与える. この同型による同一視 $\widehat{\mathbb{R}}=\mathbb{R}$ の下で, $\mathbb{R}$ 上の通常の Lebesgue 測度 $d_{\mathbb{R}}(x)$ の双対測度は $d_{\mathbb{R}}(y)$ である. 以上のことを示せ.

**問題 6.5.8** $p$-進体 $\mathbb{Q}_p$ において, $x\in\mathbb{Q}_p$ の $p$-進展開を $x=\sum_n a_n p^n$ $(a_n=0,1,2,\cdots,p-1)$ としたとき, $\{x\}=x-\sum_{n\geq 0}a_n p^n\in\mathbb{Z}[p^{-1}]$ とおいて $\mathbf{e}_p(x)=\exp 2\pi\sqrt{-1}\{x\}\in\mathbb{C}^1$ とおく. 次を示せ;

(1) $\mathbf{e}_p$ は加法群 $\mathbb{Q}_p$ から $\mathbb{C}^1$ への連続な群の準同型写像である.

(2) $\langle x,y\rangle=\mathbf{e}_p(xy)$ $(x,y\in\mathbb{Q}_p)$ とおくと, $y\mapsto\langle *,y\rangle$ は位相群の同型 $\mathbb{Q}_p\xrightarrow{\sim}\widehat{\mathbb{Q}}_p$ を与える.

(3) $\mathbb{Q}_p$ 上の Haar 測度 $d_{\mathbb{Q}_p}(x)$ を $\int_{\mathbb{Z}_p}d_{\mathbb{Q}_p}(x)=1$ と正規化しておくと, 上の同型による同一視 $\widehat{\mathbb{Q}}_p=\mathbb{Q}_p$ の下で, $d_{\mathbb{Q}_p}(x)$ の双対測度は $d_{\mathbb{Q}_p}(y)$ である.

## 6.6 $SL_2(\mathbb{R})$ 上の帯球関数

局所コンパクト・ユニモジュラー群 $SL_2(\mathbb{R})$ の帯球関数を決定してみよう. $SL_2(\mathbb{R})$ と同型な $G=SU(1,1)$ で考えることにして, 5.6 節の記号を用いる.

まず岩澤分解から $G=KP$ だから, (6.4) により $K$ に関する $G$ 上の帯球関数が定義できる. この積分を具体的に計算してみよう. $\lambda(P\cap K)=1$ なる連続な群の準同型写像 $\lambda\colon P\to\mathbb{C}^\times$ は, 一般に $\lambda(a_u\cdot n_x)=u^s$ $(s\in\mathbb{C})$ により定義される. また, $\Delta_P(a_u\cdot n_x)=u^{-2}$ である. $G$ の Cartan 分解を考えれば, $\omega_\lambda(a_t)$ を計算すれば充分だろう. ところで問題 5.6.1 から, 岩澤分解 $a_t\cdot r_\theta=r_\alpha\cdot a_u\cdot n_x$ に対して $u=\left|\dfrac{t-t^{-1}}{2}\cdot e^{-\sqrt{-1}\theta}+\dfrac{t+t^{-1}}{2}\cdot e^{\sqrt{-1}\theta}\right|$ となるから

$$\varphi_\lambda(a_t\cdot r_\theta)=\left(\frac{t+t^{-1}}{2}\right)^{-(s+1)}\left|1+\frac{t-t^{-1}}{t+t^{-1}}\cdot e^{-2\sqrt{-1}\theta}\right|^{-(s+1)}$$

である. ここで超幾何級数

$$F(a,b;c;z)=\sum_{m=0}^{\infty}\frac{(a)_m(b)_m}{(c)_m}\cdot\frac{z^m}{m!}\qquad(|z|<1)$$

(ただし $(a)_m=a(a+1)(a+2)\cdots(a+m-1)$, $(a)_0=1$ とする) を用いて, $|z|<1$ に対して

$$\frac{1}{2\pi}\int_0^{2\pi}\left(1+ze^{2\sqrt{-1}\theta}\right)^{-a}\left(1+ze^{-2\sqrt{-1}\theta}\right)^{-b}d\theta$$
$$=\sum_{l,m=0}^{\infty}\binom{-a}{l}\binom{-b}{m}z^{l+m}\cdot\frac{1}{2\pi}\int_0^{2\pi}e^{2\sqrt{-1}(l-m)\theta}d\theta=F(a,b;1;z^2)$$

となるから

$$\omega_\lambda(a_t)=\int_K \varphi_\lambda(a_tk)d_K(k)=\frac{1}{2\pi}\int_0^{2\pi}\varphi_\lambda(a_tr_\theta)d\theta$$
$$=\left(\frac{t+t^{-1}}{2}\right)^{-(s+1)}\cdot F\left(\frac{s+1}{2},\frac{s+1}{2};1;\left(\frac{t-t^{-1}}{t+t^{-1}}\right)^2\right)$$

を得る．実は $G=SU(1,1)$ 上の帯球関数は上で計算した $\omega_\lambda$ で尽くされる．これを示すために $G$ の Lie 環 $\mathfrak{g}=\mathfrak{su}(1,1)$ の Casimir 作用素 $\Omega$ を利用する (Casimir 作用素については第 0 章参照)．$K$ に関する $G$ 上の帯球関数 $\omega$ は $C^\infty$-関数であって(問題 6.1.1)，積分公式

$$\omega(x)\cdot\omega(y)=\int_K \omega(xky)d_K(k)\qquad(x,y\in G)$$

が成り立つから(定理 6.1.3)，変数 $y$ に Casimir 作用素 $\Omega$ を作用させて

$$\omega(x)\cdot(\Omega\omega)(y)=\int_K(\Omega\omega)(xky)d_K(k)\qquad(x,y\in G)$$

となる．$y=1$ とおいて，$\Omega$ の右側不変性から $k\in K$ に対して $(\Omega\omega)\cdot k=\Omega(\omega\cdot k)=\Omega\omega$ であることに注意すると

$$\omega(x)\cdot(\Omega\omega)(1)=\int_K(\Omega\omega)(x)d_K(k)=(\Omega\omega)(x)\qquad(x\in G)$$

となる．即ち $(\Omega\omega)(1)=\frac{1}{8}(s^2-1)$ ($s\in\mathbb{C}$) とおけば，$K$ に関する $G$ 上の帯球関数は Casimir 作用素の固有関数である；

$$\Omega\omega=\frac{1}{8}(s^2-1)\omega. \tag{6.6}$$

これを微分方程式として具体的に書き下してみよう．Lie 群 $GL_2(\mathbb{C})$ の Lie 環 $\mathfrak{gl}_2(\mathbb{C})$ はベクトル空間 $M_2(\mathbb{C})$ を $[X,Y]=XY-YX$ により Lie 環としたものであり，指数写像は $\exp X=\sum_{n=0}^{\infty}\frac{X^n}{n!}$ である．したがって $GL_2(\mathbb{C})$ の閉部分

群 $SL_2(\mathbb{C})$ の Lie 環 $\mathfrak{sl}_2(\mathbb{C})$ は $\operatorname{tr} X=0$ なる $X \in \mathfrak{gl}_2(\mathbb{C})$ の全体であり，$SL_2(\mathbb{C})$ の閉部分群 $G=SU(1,1)$ の Lie 環 $\mathfrak{g}=\mathfrak{su}(1,1)$ は $X\begin{bmatrix} 1 & 0 \\ 0 & -1 \end{bmatrix} + \begin{bmatrix} 1 & 0 \\ 0 & -1 \end{bmatrix} X^*$ =0 なる $X \in \mathfrak{sl}_2(\mathbb{C})$ の全体である．$\mathfrak{g}$ の基底として

$$X = \begin{bmatrix} -\sqrt{-1} & 0 \\ 0 & \sqrt{-1} \end{bmatrix}, \quad Y = \begin{bmatrix} 0 & 1 \\ 1 & 0 \end{bmatrix}, \quad H = \begin{bmatrix} 0 & \sqrt{-1} \\ -\sqrt{-1} & 0 \end{bmatrix}$$

をとると，$\mathfrak{g}$ の Casimir 作用素は $\Omega = -\dfrac{1}{8}(X^2 - Y^2 - H^2)$ となる．$\Omega$ の作用を具体的に書き下すために，まず

$$\exp(sX) = r_s, \quad \exp(sY) = \begin{bmatrix} \cosh s & \sinh s \\ \sinh s & \cosh s \end{bmatrix}, \quad \exp(sH) = a_{e^s}$$

である．$g \in G$ の Cartan 分解を $g = r_\alpha \cdot a_t \cdot r_\beta$ としよう．まず $g \cdot \exp(sH)$ の Cartan 分解を $g \cdot \exp(sH) = \begin{bmatrix} \bar{d} & \bar{c} \\ c & d \end{bmatrix} = r_{\alpha(s)} \cdot a_{t(s)} \cdot r_{\beta(s)}$ とおくと

$$\begin{aligned}(t(s)+t(s)^{-1})^2 &= 4|d|^2 \\ &= \{(t-t^{-1})\sinh s\}^2 + \{(t+t^{-1})\cosh s\}^2 + (t^2 - t^{-2})\sinh(2s)\cos(2\beta)\end{aligned}$$

となるから $t'(0) = t \cdot \cos(2\beta)$ である．また，$c, d$ を二通りに計算して

$$\begin{aligned} e^{\sqrt{-1}(\alpha(s)-\beta(s))}&(t(s)-t(s)^{-1}) \\ &= e^{\sqrt{-1}(\alpha-\beta)}(t-t^{-1})\cosh s + e^{\sqrt{-1}(\alpha+\beta)}(t+t^{-1})\sinh s \\ e^{\sqrt{-1}(\alpha(s)+\beta(s))}&(t(s)+t(s)^{-1}) \\ &= e^{\sqrt{-1}(\alpha-\beta)}(t-t^{-1})\sinh s + e^{\sqrt{-1}(\alpha+\beta)}(t+t^{-1})\cosh s \end{aligned}$$

となるから $\alpha'(0) = \dfrac{2}{t^2 - t^{-2}}\sin(2\beta)$, $\beta'(0) = -\dfrac{t^2 + t^{-2}}{t^2 - t^{-2}}\sin(2\beta)$ を得る．そこで $G$ 上の $C^\infty$-関数 $\varphi$ に対して $\varphi(g) = \varphi(r_\alpha \cdot a_t \cdot r_\beta) = \varphi(\alpha, t, \beta)$ とおくと

## 6.6　$SL_2(\mathbb{R})$ 上の帯球関数

$$(H\varphi)(g) = \left.\frac{d}{ds}\varphi(\alpha(s), t(s), \beta(s))\right|_{s=0}$$
$$= \left\{\frac{2}{t^2-t^{-2}}\sin(2\beta)\frac{\partial}{\partial\alpha} + t\cos(2\beta)\frac{\partial}{\partial t} - \frac{t^2+t^{-2}}{t^2-t^{-2}}\sin(2\beta)\frac{\partial}{\partial\beta}\right\}\varphi(g)$$

となる．一方，$\kappa = r_{\pi/4} \in K$ とおくと $\mathrm{Ad}(\kappa)H = Y$ だから，$\exp(sY) = \kappa\exp(sH)\kappa^{-1}$ である．よって

$$g\exp(sY) = r_\alpha a_t r_\beta \kappa \exp(sH)\kappa^{-1} = r_\alpha a_t r_{\beta+\pi/4}\exp(sH)r_{-\pi/4}$$

に注意すれば，$Y$ の $\varphi$ への作用は，上で示した $H$ の作用で $\beta$ を $\beta+\pi/4$ としたものに等しいことがわかる．即ち

$$(Y\varphi)(g) = \left\{\frac{2}{t^2-t^{-2}}\cos(2\beta) - t\sin(2\beta)\frac{\partial}{\partial t} - \frac{t^2+t^{-2}}{t^2-t^{-2}}\cos(2\beta)\frac{\partial}{\partial\beta}\right\}\varphi(g)$$

となる．さて微分作用素としての定数倍を考えて $W_\pm = Y \pm \sqrt{-1}H$ とおくと，$\varphi$ への作用は

$$W_+ = \frac{2}{t^2-t^{-2}}e^{\sqrt{-1}2\beta}\frac{\partial}{\partial\alpha} + \sqrt{-1}t e^{\sqrt{-1}2\beta}\frac{\partial}{\partial t} - \frac{t^2+t^{-2}}{t^2-t^{-2}}e^{\sqrt{-1}2\beta}\frac{\partial}{\partial\beta},$$
$$W_- = \frac{2}{t^2-t^{-2}}e^{-\sqrt{-1}2\beta}\frac{\partial}{\partial\alpha} - \sqrt{-1}t e^{-\sqrt{-1}2\beta}\frac{\partial}{\partial t} - \frac{t^2+t^{-2}}{t^2-t^{-2}}e^{-\sqrt{-1}2\beta}\frac{\partial}{\partial\beta}$$

であり，$\Omega = -\frac{1}{8}(X^2 - W_+W_- - 2\sqrt{-1}X)$ となる．以上の準備の下，$\varphi \in C^\infty(G//K)$ に対して $\Omega\varphi$ を計算してみよう．$\varphi(r_\alpha a_t r_\beta) = \varphi(a_t)$ だから，$X\varphi = 0$ であり $\frac{\partial\varphi}{\partial\alpha} = \frac{\partial\varphi}{\partial\beta} = 0$ である．ここで $[X, W_\pm] = \pm 2\sqrt{-1}W_\pm$ だから，特に $(W_-\varphi)(r_\alpha a_t r_\beta) = (W_-\varphi)(a_t)e^{-2\sqrt{-1}\beta}$ となることに注意しよう．したがって

$$\Omega\varphi = \frac{1}{8}W_+W_-\varphi = \frac{1}{8}\left\{t\frac{\partial}{\partial t}\left(t\frac{\partial}{\partial t}\right) + 2e^{-\sqrt{-1}2\beta}\frac{t^2+t^{-2}}{t^2-t^{-2}}\cdot t\frac{\partial}{\partial t}\right\}\varphi$$

となる．形を整えるために $x = \left(\frac{t-t^{-1}}{t+t^{-1}}\right)^2$ とおく．$1 - x = \left(\frac{t+t^{-1}}{2}\right)^{-2}$ であり，$t\frac{d}{dt} = 2\sqrt{x}(1-x)\frac{d}{dx}$．したがって

$$t\frac{d}{dt}\left(t\frac{d}{dt}\right) = 2(1-x)(1-3x)\frac{d}{dx} + 4x(1-x)^2\frac{d}{dx}$$

である．したがって $K$ に関する $G$ 上の帯球関数 $\omega$ に対して

$$\omega(a_t) = (1-x)^{(s+1)/2} F(x)$$

とおくと，$\omega$ の満たす微分方程式(6.6)は $F$ の微分方程式

$$x(1-x)\frac{d^2F}{dx^2} + \{1-(s+2)x\}\frac{dF}{dx} - \frac{(s+1)^2}{4}F = 0$$

と同値である．これはいわゆる，超幾何微分方程式で $F(0)=\omega(1)=1$ なる解は超幾何級数 $F(x)=F((s+1)/2,(s+1)/2;1;x)$ である．よって

$$\omega = \omega_\lambda \qquad (\lambda(a_u \cdot n_x) = u^s)$$

となる．即ち $K$ に関する $G$ 上の帯球関数は $\omega_\lambda$ で尽くされる．Euler の公式

$$F(a,b;1;z) = (1-z)^{1-a-b} F(1-a,1-b;1;z)$$

に注意すれば，$\lambda'(P\cap K)=1$ なる連続な群の準同型写像 $\lambda': P\to\mathbb{C}$ に対して $\omega_\lambda = \omega_{\lambda'}$ となる必要十分条件は $\lambda' = \lambda^{\pm 1}$ なることがわかる．

**注意 6.6.1** $s\in\sqrt{-1}\mathbb{R}$ のとき，定理 6.4.2 から帯球関数 $\omega_\lambda$ は誘導表現 $\pi_s=\mathrm{Ind}_P^G\lambda$ を用いて $\omega_\lambda(x)=(\pi_s(x)\varphi_\lambda,\varphi_\lambda)(x\in G)$ と書ける．ここで $\pi_s$ は $G$ の既約ユニタリ表現であることが知られている([25] 参照)．したがって $\varphi_\lambda$ は $\pi_s$ の巡回ベクトルとなり，定理 5.3.4 から $\pi_s$ と $\pi_{s'}(s'\in\sqrt{-1}\mathbb{R})$ がユニタリ同値である必要十分条件は $s'=\pm s$ なることがわかる．

**問題 6.6.1** $\omega_\lambda\in\Omega_u(G,K)$ となる必要十分条件は $\mathrm{Re}\,s=0$ または $-1\leq s\leq 1$ なることを示せ．

## 6.7 $SL_2(\mathbb{Q}_p)$ 上の帯球関数

$\mathbb{Q}_p$ を $p$-進体 ($p<\infty$) として，$G=SL_2(\mathbb{Q}_p)$ は $M_2(\mathbb{Q}_p)$ からの相対位相に関して第二可算公理を満たす局所コンパクト群となり，$K=SL_2(\mathbb{Z}_p)$ は $G$ の開コンパクト部分群となる．6.4 節までの一般論を，これらの群に適用してみよう．まず準備として群 $G$ の構造を調べておく．$\mathbb{Q}_p$-ベクトル空間 $V=\mathbb{Q}_p^2$ における $\mathbb{Z}_p$-格子 $L=\mathbb{Z}_p^2$ を考えると

$$GL_2(\mathbb{Z}_p) = \{g \in GL_2(\mathbb{Q}_p) \mid gL = L\}$$

となるから，単因子論により $g \in GL_2(\mathbb{Q}_p)$ に対して

$$g = k \begin{bmatrix} p^e & 0 \\ 0 & p^f \end{bmatrix} k', \qquad k, k' \in GL_2(\mathbb{Z}_p), \qquad e \geq f$$

なる整数 $e, f$ が一意的に定まる．特に $\det g{=}1$ ならば $e{+}f{=}0$ であり，$k, k'$ は $\det k{=}\det k'{=}1$ となるようにとれるから

$$G = \bigsqcup_{e=0}^{\infty} K \cdot t(p^e) \cdot K \qquad (t(p^e) = \begin{bmatrix} p^e & 0 \\ 0 & p^{-e} \end{bmatrix}) \tag{6.7}$$

なる両側 $K$-剰余類分解が成り立つ．半単純実 Lie 群の場合との類似から，この分解を **Cartan 分解**と呼ぶ．ここで $G$ はユニモジュラーであることを示そう．(6.7) より，$G$ のモジュラー関数 $\Delta_G$ に対して $\Delta_G(t(p)){=}1$ を示せば十分である．そのために

$$K_0(p^2) = \left\{ \begin{bmatrix} a & b \\ c & d \end{bmatrix} \in K \;\middle|\; c \in p^2 \mathbb{Z}_p \right\}$$

なる $K$ の閉部分群を考えると，$K_0(p^2) \subset t(p)^{-1} K t(p)$ であり

$$(t(p)^{-1} K t(p) : K_0(p^2)) = (K : K_0(p^2)) < \infty$$

であることがわかる．よって $G$ 上の左 Haar 測度に関して

$$\mathrm{vol}(Kt(p)) = (t(p)^{-1} K t(p) : K_0(p^2)) \cdot \mathrm{vol}(K_0(p^2)) = \mathrm{vol}(K)$$

となり，$\Delta_G(t(p)){=}1$ を得る．そこで $G$ 上の Haar 測度 $d_G(x)$ を $\int_K d_G(x){=}1$ となるように正規化しておく．部分集合 $\emptyset {\neq} S {\subset} V$ に対して

$$(L : S) = \{a \in \mathbb{Q}_p \mid aS \subset L\} \tag{6.8}$$

は $\mathbb{Q}_p$ の分数イデアルとなる(即ち，適当な $c \in \mathbb{Q}_p^\times$ をかければ $\mathbb{Z}_p$ のイデアル

となる). $L$ の標準的な $\mathbb{Z}_p$-基底 $u_1=\begin{bmatrix}1\\0\end{bmatrix}, u_2=\begin{bmatrix}0\\1\end{bmatrix}$ をとる. $g\in G$ に対して $(L:gu_1)=p^e\mathbb{Z}_p(e\in\mathbb{Z})$ とすると, $p^{-e}gu_1=ku_1$ なる $k\in K$ がとれるから, $G$ の閉部分群

$$P = \left\{ \begin{bmatrix} a & b \\ 0 & a^{-1} \end{bmatrix} \in G \right\}$$

に対して $G=KP$ となる. 更に $G$ の閉部分群

$$T = \left\{ \begin{bmatrix} a & 0 \\ 0 & a^{-1} \end{bmatrix} \,\middle|\, a \in \mathbb{Q}_p^\times \right\}, \qquad N = \left\{ \begin{bmatrix} 1 & b \\ 0 & 1 \end{bmatrix} \,\middle|\, b \in \mathbb{Q}_p \right\}$$

を用いて, $P$ は半直積 $P=T\ltimes N$ となる. 加法群 $\mathbb{Q}_p$ 上の Haar 測度 $dx$ を $\int_{\mathbb{Z}_p} dx=1$ となるようにとって, $N$ 上の Haar 測度を $d_N(\begin{bmatrix}1 & x\\0 & 1\end{bmatrix})=dx$ により定義すると, $\int_{N\cap K} d_N(n)=1$ である.

$$\int_{\mathbb{Z}_p} dx = \sum_{e=0}^\infty \int_{p^e\mathbb{Z}_p^\times} dx = \sum_{e=0}^\infty |p^e|_p \int_{\mathbb{Z}_p^\times} dx = (1-p^{-1})^{-1}\int_{\mathbb{Z}_p^\times} dx$$

より $\int_{\mathbb{Z}_p^\times} dx = 1-p^{-1}$ だから, $T$ 上の Haar 測度を

$$d_T(\begin{bmatrix} x & 0 \\ 0 & x^{-1} \end{bmatrix}) = (1-p^{-1})^{-1}|x|_p^{-1}dx$$

により定義すれば, $\int_{T\cap K} d_T(h)=1$ となる. 更に $P$ 上の左 Haar 測度が $d_P(hn)=d_T(h)\cdot d_N(n)$ ($h\in T, n\in N$) により定義される. $T$ と $N$ は明らかにユニモジュラーであるが, $P$ はユニモジュラーではない. 実際, $P$ のモジュラー関数 $\Delta_P$ は $\Delta_P(\begin{bmatrix}a & b\\0 & a^{-1}\end{bmatrix})=|a|_p^{-2}$ となる. 問題 B.3.5 にある積分公式を $G$ における $K$ の特性関数に適用すれば

$$\int_G \varphi(x)d_G(x) = \int_K d_K(k)\int_P d_P(h)\varphi(kh)\Delta_P(h)^{-1} \qquad (\varphi\in C_c(G))$$

なる積分公式が成り立つことがわかる. さて $\mathbb{C}$-代数 $C_c(G//K)$ は可換であ

## 6.7 $SL_2(\mathbb{Q}_p)$ 上の帯球関数

る．実際，Cartan 分解(6.7)から，$G$ における $KgK$ $(g\in G)$ の特性関数を $\varphi_{KgK}$ とおくと，$\{\varphi_{Kt(p^e)K}\}_{e\in\mathbb{Z}}$ が $C_c(G//K)$ の $\mathbb{C}$ 上の基底である．$G$ 上の反自己同型写像 $g\mapsto {}^tg$ に対して $Kt(p^e)K$ $(e\in\mathbb{Z})$ は不変だから，任意の $\varphi\in C_c(G//K)$ に対して $\varphi({}^tx)=\varphi(x)$ である．特に $K$ が不変であることから $d_G({}^tx)=d_G(x)$ であることがわかる．したがって $\varphi,\psi\in C_c(G//K)$ に対して

$$(\varphi*\psi)(x) = \int_G \varphi(y)\psi(y^{-1}x)d_G(y) = \int_G \psi({}^tx\,{}^ty^{-1})\varphi({}^ty)d_G(y)$$
$$= (\psi*\varphi)({}^tx) = (\psi*\varphi)(x)$$

となる．そこで 6.4 節の一般論にしたがって，$\lambda(P\cap K)=1$ なる連続な群の準同型写像 $\lambda: P\to\mathbb{C}^\times$ に付随する帯球関数 $\omega_\lambda$ を考えよう．ところで $P$ の交換子群が $[P,P]=N$ であり，$T/T\cap K$ は $\begin{bmatrix} a & 0 \\ 0 & a^{-1} \end{bmatrix} \mapsto X^{\mathrm{ord}_p(a)}$ により，無限巡回群 $\langle X\rangle$ と同型であることから，このような $\lambda$ は

$$\lambda: P \xrightarrow{\mathrm{proj.}} T \to T/T\cap K \xrightarrow{\sim} \langle X\rangle \xrightarrow{\tilde\lambda} \mathbb{C}^\times$$

により，群の準同型写像 $\tilde\lambda:\langle X\rangle\to\mathbb{C}^\times$ と一対一に対応している．ここで proj.: $P\to T$ は半直積 $P=T\ltimes N$ に関する射影であり，$T\to T/T\cap K$ は自然な全射である．更にこのような群の準同型写像 $\tilde\lambda$ は，無限巡回群 $\langle X\rangle$ の群環，即ち，$X$ を変数とする Laurent 多項式環 $\mathbb{C}[X^{\pm 1}]$ から $\mathbb{C}$ への $\mathbb{C}$-代数の準同型写像に一意的に延長されるから，それを同じ記号 $\tilde\lambda$ で表そう．ここで $\varphi\in C_c(G//K)$ に対して $\widehat\omega_\lambda(\varphi)$ を計算してみよう．定理 6.4.1 の証明にある等式を用いて

$$\widehat\omega_\lambda(\varphi) = \int_P \varphi(p)\lambda(p)\Delta_P(p)^{-1/2}d_P(p) = \int_T \widetilde\varphi(h)\lambda(h)d_T(h)$$

である．ただし

$$\widetilde\varphi(h) = \Delta_P(h)^{-1/2}\int_N \varphi(nh)d_N(n) \qquad (h\in T) \tag{6.9}$$

とおく．$\widetilde\varphi(h)$ の性質を見るために，次のような計算をしてみよう．$n=\begin{bmatrix} 1 & x \\ 0 & 1 \end{bmatrix}$, $h=\begin{bmatrix} a & 0 \\ 0 & a^{-1} \end{bmatrix}$ に対して $n'=h^{-1}nhn^{-1}=\begin{bmatrix} 1 & (a^{-1}-1)x \\ 0 & 1 \end{bmatrix}$ だから，$D(h)=|a-$

$a^{-1}|_p$ とおくと，$d_N(n') = D(h)\Delta_P(h)^{1/2}d_N(n)$ となる．これを用いて次の命題を得る；

**命題 6.7.1** $G/T$ 上の $G$-不変測度 $d_{G/T}(\dot{x})$ があって，任意の $\varphi \in C_c(G//K)$ に対して，$D(h) \neq 0$ $(h \in T)$ ならば
$$\widetilde{\varphi}(h) = D(h) \int_{G/T} \varphi(xhx^{-1}) d_{G/T}(\dot{x}).$$

[証明] $G$ 上の Haar 測度 $d_G(x)$ は
$$\int_G \psi(x) d_G(x) = \int_K d_K(k) \int_P d_P(n) \psi(kn) \Delta_P(n)^{-1}$$
$$= \int_K d_K(k) \int_N d_N(n) \int_T d_T(h) \psi(knh)$$
$(\psi \in C_c(G))$ を満たす．よって $G/T$ 上の不変測度を
$$\int_G \psi(x) d_G(x) = \int_{G/T} \left( \int_T \psi(xh) d_T(h) \right) d_{G/T}(\dot{x})$$
となるように定めれば
$$\int_{G/T} \psi(\dot{x}) d_{G/T}(\dot{x}) = \int_K d_K(k) \int_N d_N(n) \psi(k\dot{n})$$
$(\psi \in C_c(G/T))$ が成り立つ．よって $D(h) \neq 0$ なる $h \in T$ に対しては
$$\int_{G/T} \varphi(xhx^{-1}) d_{G/T}(\dot{x}) = \int_N \varphi(nhn^{-1}) d_N(n)$$
$$= D(h)^{-1}\Delta_P(h)^{-1/2} \int_N \varphi(hn') d_N(n') \quad (n' = h^{-1}nhn^{-1})$$
となり，$D(h) \neq 0$ より $\int_N \varphi(hn') d_N(n') = \int_N \varphi(hn) d_N(n)$ がいえる．∎

上の命題から，$G$ における $T$ の正規化群の元 $w \in N_G(T)$ に対して $\widetilde{\varphi}(w^{-1}hw) = \widetilde{\varphi}(h)$ $(h \in T)$ であることがわかる．$W_T = N_G(T)/Z_G(T)$ は $\begin{bmatrix} 1 & 0 \\ 0 & 1 \end{bmatrix}$ と $\begin{bmatrix} 0 & 1 \\ -1 & 0 \end{bmatrix}$ により代表されるから，$x \in \mathbb{Q}_p^\times$ に対して $\widetilde{\varphi}(x) = \widetilde{\varphi}(\begin{bmatrix} x & 0 \\ 0 & x^{-1} \end{bmatrix})$ とおけば，$\widetilde{\varphi}(x^{-1}) = \widetilde{\varphi}(x)$ となる．したがって $\mathbb{Q}_p^\times = \bigsqcup_{e \in \mathbb{Z}} p^e \mathbb{Z}_p^\times$ に注意して

$$\widehat{\omega}_\lambda(\varphi) = \int_{\mathbb{Q}_p^\times} \widetilde{\varphi}(x)\lambda(\begin{bmatrix} x & 0 \\ 0 & x^{-1} \end{bmatrix})(1-p^{-1})^{-1}|x|_p^{-1}dx$$
$$= \sum_{e\in\mathbb{Z}} \widetilde{\varphi}(p^e)\widetilde{\lambda}(X^e) = \widetilde{\lambda}\left(\sum_{e\in\mathbb{Z}} \widetilde{\varphi}(p^e)X^e\right)$$

となり

$$\sum_{e\in\mathbb{Z}} \widetilde{\varphi}(p^e)X^e = \widetilde{\varphi}(1) + \sum_{e=1}^{\infty} \widetilde{\varphi}(p^e)(X^e+X^{-e}) \in \mathbb{C}[X+X^{-1}]$$

である．ここで $W_T = N_G(T)/Z_G(T) = \langle \dot{w} \rangle$ ($w = \begin{bmatrix} 0 & 1 \\ -1 & 0 \end{bmatrix}$) は $h \in T$ に $h^w = w^{-1}hw = h^{-1}$ により作用し，したがって $T/T\cap K \xrightarrow{\sim} \langle X \rangle$ に $X^{\dot w} = X^{-1}$ により作用するから，群環 $\mathbb{C}[X^{\pm 1}]$ に作用し，その固定部分環が $\mathbb{C}[X^{\pm 1}]^{W_T} = \mathbb{C}[X+X^{-1}]$ であることに注意しよう．さて $G$ における $Kt(p^l)K(l\in\mathbb{Z})$ の特性関数を $\varphi_l \in C_c(G//K)$ とすると，次の補題が基本的である；

**補題 6.7.2** $0 \leq l, e \in \mathbb{Z}$ に対して

$$\widetilde{\varphi}_l(p^e) = \begin{cases} p^l & : e = l \\ 0 & : e > l \end{cases}, \quad \widetilde{\varphi}_l(1) = \begin{cases} 1 & : l = 0 \\ p^l(1-p^{-1}) & : l > 0 \end{cases}$$

[証明] (6.9) より $\widetilde{\varphi}_l(p^e) = p^{-e}\mathrm{vol}_N\left(N\cap t(p^e)^{-1}Kt(p^l)K\right)$ である．ここで

$$\mathrm{vol}_N\left(N\cap t(p^e)^{-1}Kt(p^e)\right) = \mathrm{vol}_N\left(t(p^e)^{-1}(N\cap K)t(p^e)\right) = p^{2e}$$

に注意すると

$$\widetilde{\varphi}_l(p^e) = p^e \cdot \sharp\left(N\cap t(p^e)^{-1}Kt(p^e)\backslash N\cap t(p^e)^{-1}Kt(p^l)K\right)$$
$$= p^k \sharp\left(K\backslash Kt(p^e)N\cap Kt(p^l)K\right)$$

を得る．更に計算を進めるために，$g \in G$ に対して $g \in Kt(p^r)K$ であることと $(gL:L) = p^r\mathbb{Z}_p$ は同値だから，このとき $\mathbf{r}(g) = r$ と定義しよう．すると任意の $n \in N$ に対して $\mathbf{r}(t(p^e)n) \geq e$ である．実際，$g = t(p^e)n$ とおいて，$u_1 = \begin{bmatrix} 1 \\ 0 \end{bmatrix} \in$

$L$ に対して $(gL{:}u_1){=}(L{:}g^{-1}u_1){=}(L{:}p^{-e}u_1){=}p^e\mathbb{Z}_p$. 一方，$\mathbf{r}(g){=}r$ とおくと $(gL{:}u_1)\supset(gL{:}L){=}p^r\mathbb{Z}_p$ だから $r\geq e$ となる．よって $e>l$ ならば $Kt(p^e)N\cap Kt(p^l)K{=}\varnothing$ となり $\widetilde{\varphi}_l(p^e){=}0$ である．一方，$n=\begin{bmatrix}1 & b\\ 0 & 1\end{bmatrix}\in N$ に対して $\mathbf{r}(t(p^l)n){=}l$，即ち $(t(p^l)nL{:}L){=}p^l\mathbb{Z}_p$ とすると，$b\in p^{-2l}\mathbb{Z}_p$ だから，

$$t(p^l)nt(p^l)^{-1}=\begin{bmatrix}1 & p^{2l}b\\ 0 & 1\end{bmatrix}\in K$$

となり，$Kt(p^l)N\cap Kt(p^l)K{=}Kt(p^l)$ となるから $\widetilde{\varphi}_l(p^l){=}p^l$ である．更に $\mathbf{r}(n){=}l>0$ ならば $b\in p^{-l}\mathbb{Z}_p^\times$ となり

$$\sharp\left(K\backslash KN\cap Kt(p^l)K\right)=\sharp\left(\mathbb{Z}_p/p^l\mathbb{Z}_p\right)^\times=p^l(1-p^{-1})$$

となる．$\widetilde{\varphi}_1(1){=}1$ は明らか．■

$\{\varphi_l\}_{0\leq l\in\mathbb{Z}}$ が $C_c(G//K)$ の $\mathbb{C}$ 上の基底であり，$\{X^e+X^{-e}\}_{0\leq e\in\mathbb{Z}}$ が $\mathbb{C}[X+X^{-1}]$ の $\mathbb{C}$ 上の基底であることに注意して，次の定理を得る([22])；

**定理 6.7.3** $\varphi\mapsto\sum_{e\in\mathbb{Z}}\widetilde{\varphi}(p^e)X^e$ は $C_c(G//K)$ から $\mathbb{C}[X+X^{-1}]$ への $\mathbb{C}$-代数の同型写像を与える．

[証明] 補題 6.7.2 は，複素線形写像 $\varphi\mapsto\sum_{e\in\mathbb{Z}}\widetilde{\varphi}(p^e)X^e$ の表現行列が三角行列で対角成分は 0 にならないことを示している．したがって，問題の写像は複素線形同型写像である．任意の $0\neq f\in\mathbb{C}[X^{\pm 1}]$ に対して $\widetilde{\lambda}(f)\neq 0$ となる $\mathbb{C}$-代数準同型写像 $\widetilde{\lambda}{:}\mathbb{C}[X^{\pm 1}]\to\mathbb{C}$ が存在し，$\varphi\mapsto\widehat{\omega}_\lambda(\varphi)$ は $C_c(G//K)$ から $\mathbb{C}$ への $\mathbb{C}$-代数準同型写像だから，問題の写像 $\varphi\mapsto\sum_{e\in\mathbb{Z}}\widetilde{\varphi}(p^e)X^e$ は $C_c(G//K)$ から $\mathbb{C}[X+X^{-1}]$ への $\mathbb{C}$-代数準同型写像である．■

この定理から直ちに次の定理を得る；

**定理 6.7.4**

(1) 任意の $\omega\in\Omega(G,K)$ に対して $\omega{=}\omega_\lambda$ となる連続な群の準同型写像 $\lambda{:}P$

$\to \mathbb{C}^\times$ で $\lambda(P\cap K)=1$ なるものが存在する,

(2) $\lambda(P\cap K)=\mu(P\cap K)=1$ なる連続な群の準同型写像 $\lambda,\mu\colon P\to\mathbb{C}^\times$ に対して, $\omega_\lambda=\omega_\mu$ となる必要十分条件は $\mu=\lambda^{\pm 1}$ なることである.

[証明] (1) $\mathbb{C}$-代数準同型写像 $\widehat{\omega}\colon C_c(G//K)\to\mathbb{C}$ は, 定理 6.7.3 の同型により $\mathbb{C}[X+X^{-1}]$ から $\mathbb{C}$ への $\mathbb{C}$-代数準同型写像を誘導し, $\mathbb{C}[X+X^{-1}]$ は有限生成 $\mathbb{C}$-代数 $\mathbb{C}[X^{\pm 1}]$ に作用する有限群 $W_T$ の固定部分代数だから, それは $\mathbb{C}[X^{\pm 1}]$ から $\mathbb{C}$ への $\mathbb{C}$-代数準同型写像 $\widetilde{\lambda}$ に延長される [3, Chap.5, §2, no.1, Cor.4]. よって $\widetilde{\lambda}$ に対応する連続な群の準同型写像を $\lambda\colon P\to\mathbb{C}^\times$ とすると, 任意の $\varphi\in C_c(G//K)$ に対して $\widehat{\omega}(\varphi)=\widehat{\omega}_\lambda(\varphi)$ となるから, $\omega=\omega_\lambda$ である.

(2) $\lambda,\mu$ を $\mathbb{C}[X^{\pm 1}]$ から $\mathbb{C}$ への $\mathbb{C}$-代数準同型写像に延長したものを $\widetilde{\lambda},\widetilde{\mu}$ とおくと, $\omega_\lambda=\omega_\mu$ となる必要十分条件は $\widetilde{\lambda},\widetilde{\mu}$ の $\mathbb{C}[X+X^{-1}]=\mathbb{C}[X^{\pm 1}]^{W_T}$ への制限が一致することである. それは更に $\widetilde{\lambda}$ と $\widetilde{\mu}$ が $W_T$ の作用によって移りあうことと同値である([3, Chap.5, §2, no.2, Cor.4]). 即ち $\mu=\lambda^{\pm 1}$ と同値である. ∎

定理 6.7.4 と前節で述べた $SL_2(\mathbb{R})$ 上の帯球関数に関する結果を比較すると, 両者で平行な結果が得られることは興味深い. より一般に, 半単純代数群(あるいは簡約可能な代数群)においては, 対応する実 Lie 群と $p$-進 Lie 群の間で平行な性質が示される場合が多い. Harish-Chandra は, このような現象を称して, **Lefschetz** 原理と呼んでいる [9]. $p$-進 Lie 群上の帯球関数の理論は, [22] により一般の古典的 $p$-進線形 Lie 群の場合に展開され, 次いで [17] により単連結 $p$-進線形 Lie 群の場合に一般化されている. このような $p$-進線形 Lie 群の帯球関数の理論は, 半単純代数群(あるいは簡約可能な代数群)上の保型形式に付随した $L$-関数を定義する際に基本的な働きをする [1].

**問題 6.7.1** 帯球関数 $\omega_\lambda\in\Omega(G,K)$ に対して $\widetilde{\lambda}(X)=p^s$ $(s\in\mathbb{C})$ とおくと, $\omega_\lambda\in\Omega_u(G,K)$ ならば $\operatorname{Re} s=0$ または $s=\sigma+\dfrac{\pi\sqrt{-1}}{\log p}n$ $(n\in\mathbb{Z},\ -1\leq\sigma\leq 1)$ であることを示せ.

# 付録 A

# 位相線形空間の一般論

## A.1 位相線形空間，局所凸空間

複素ベクトル空間が同時に位相空間でもあって，ベクトルの加法 $(x,y) \mapsto x+y$ と定数倍 $(\lambda, x) \mapsto \lambda x$ が共に連続であるとき，$X$ を**複素位相ベクトル空間**（または**複素位相線形空間**）と呼ぶ．

複素位相ベクトル空間 $X, Y$ の間の複素線形写像 $\varphi \colon X \to Y$ が連続であるための必要十分条件は，$0 \in Y$ の任意の近傍 $W$ に対して $\varphi(V) \subset W$ なる $0 \in X$ の近傍 $V$ が存在することである．連続な複素線形写像 $\varphi \colon X \to Y$ の全体のなす複素ベクトル空間を $\mathcal{L}(X, Y)$ と書く．$X$ 上の $Y$ の直積集合

$$Y^X = \{(f(x))_{x \in X} \mid f \colon X \to Y \text{ は任意の写像}\}$$

に直積位相をいれておく．$X$ から $Y$ への写像の集合 $\mathcal{F}$ があったとき，$f \in \mathcal{F}$ と $(f(x))_{x \in X} \in Y^X$ を同一視することにより $\mathcal{F}$ を $Y^X$ の部分集合とみなして，$Y^X$ の位相からの相対位相を与える．この位相を $\mathcal{F}$ 上の**強位相**と呼ぶ．この位相は任意の $x \in X$ に対して $f \mapsto f(x)$ が連続となる最弱の位相に等しい．例えば，$X$ から $Y$ への複素線形写像の全体 $\mathrm{Hom}_{\mathbb{C}}(X, Y)$ は，$Y$ が Hausdorff 空間ならば，$Y^X$ の閉集合である．

部分集合 $M \subset \mathcal{L}(X, Y)$ が**同程度連続**とは，$0 \in Y$ の任意の近傍 $V$ に対して，全ての $\varphi \in M$ に対して $\varphi(W) \subset V$ となる $0 \in X$ の近傍 $W$ が存在することをいう．

**命題 A.1.1** $X, Y$ は複素位相ベクトル空間で $Y$ は Hausdorff 空間であるとする．同程度連続な部分集合 $M \subset \mathcal{L}(X, Y)$ の $Y^X$ での閉包を $\overline{M}$ とすると，$\overline{M} \subset \mathcal{L}(X, Y)$ かつ同程度連続である．

## A.1 位相線形空間，局所凸空間

[証明] $\overline{M} \subset \mathrm{Hom}_{\mathbb{C}}(X,Y)$ だから連続性を示せばよい．$0 \in Y$ の任意の近傍 $U$ に対して $V+V \subset U$ なる $0 \in Y$ の開近傍 $V$ があり，全ての $\varphi \in M$ に対して $\varphi(W) \subset V$ となる $0 \in X$ の開近傍 $W$ がある．$f \in \overline{M}$ とする．任意の $x_0 \in W$ に対して，$Y^X$ の部分集合 $\widetilde{V}=(f(x_0)+V) \times \prod_{x_0 \neq x \in X} Y$ は $f \in Y^X$ の開近傍だから $\varphi \in \widetilde{V} \cap M$ がある．よって $f(x_0)-\varphi(x_0) \in V$ となるから $f(x_0) \in V+V \subset U$ となる．よって $f(W) \subset U$ となるから，$f \in \mathcal{L}(X,Y)$ であり $\overline{M}$ は同程度連続である．■

複素ベクトル空間 $X$ の元 $x,y \in X$ に対して

$$[x,y] = \{(1-t)x+ty \mid 0 \leq t \leq 1\}, \quad (x,y) = \{(1-t)x+ty \mid 0 < t < 1\}$$

などと書く．$[x,x]=(x,x)=\{x\}$ である．空でない部分集合 $A \subset X$ に対して
(1) $|\lambda| \leq 1$ なる任意の $\lambda \in \mathbb{C}$ に対して $\lambda A \subset A$ となるとき，$A$ は**円形**であるという．
(2) 任意の $x,y \in A$ に対して $[x,y] \subset A$ となるとき，$A$ は**凸**であるという．
(3) $A$ が $a \in X$ を中心として**放射的**であるとは，任意の $a \neq x \in X$ に対して $[a,y] \subset [a,x] \cap A$ なる $a \neq y \in A$ が存在することをいう．$A$ が $0 \in X$ を中心として放射的のとき，$A$ は放射的であるという．

空でない部分集合 $A \subset X$ に対して，有限和 $\sum_{i=1}^{n} t_i x_i\ (x_i \in A,\ 0 \leq t_i \in \mathbb{R},\ \sum_{i=1}^{n} t_i = 1)$ の全体 $[A]$ は $A$ を含む最小の凸集合である．これを $A$ の**凸包**と呼ぶ．

放射的部分集合 $A \subset X$ をとると，任意の $x \in X$ に対して $r^{-1}x \in A$ なる $0 < r \in \mathbb{R}$ が存在するから，$p_A(x)=\inf\{0<r \in \mathbb{R} \mid x \in r \cdot A\}$ と定義して，これを $A$ に関する **Minkowski 関数**と呼ぶ．このとき
(1) 任意の $0 \leq \lambda \in \mathbb{R}$ に対して $p_A(\lambda x)=\lambda \cdot p_A(x)$,
(2) $A$ が凸ならば，任意の $x,y \in X$ に対して $p_A(x+y) \leq p_A(x)+p_A(y)$,
(3) $A$ が円形ならば，任意の $\lambda \in \mathbb{C}$ に対して $p_A(\lambda x)=|\lambda| p_A(x)$

である．逆に，任意の $0 \leq \lambda \in \mathbb{R}$ と $x \in X$ に対して $p(\lambda x)=\lambda \cdot p(x)$ なる $X$ 上の非負実数値関数 $p$ に対して
(1) $A=\{x \in X \mid p(x) \leq 1\}$ は放射的であって $p=p_A$ となる，
(2) 任意の $x,y \in X$ に対して $p(x+y) \leq p(x)+p(y)$ となるならば $A$ は凸であ

る．
(3) 任意の $\lambda \in \mathbb{C}$ に対して $p(\lambda x)=|\lambda|p(x)$ となるならば $A$ は円形である．
そこで $X$ 上の非負実数値関数 $p$ が
(1) 任意の $x,y\in X$ に対して $p(x+y)\leq p(x)+p(y)$,
(2) 任意の $\lambda\in\mathbb{C}, x\in X$ に対して $p(\lambda x)=|\lambda|p(x)$

を満たすとき，$p$ を $X$ 上の**半ノルム**と呼ぶ．このとき，$a\in X$ と $0<r\in\mathbb{R}$ に対して $U(a,r;p)=\{x\in X | p(x-a)<r\}$ とおけば，$\{U(a,r;p)|r>0\}$ を $a\in X$ の基本近傍系として $X$ は複素位相ベクトル空間となる．これを半ノルム $p$ による**半ノルム空間**と呼ぶ．$X$ 上の半ノルムの系 $\{p_\gamma\}_{\gamma\in\Gamma}$ が与えられたとき，$X$ を半ノルム $p_\gamma$ による半ノルム空間と見たものを $X_\gamma$ と書いて，直積位相空間 $\prod_{\gamma\in\Gamma}X_\gamma$ を考える．対角写像により $X$ を $\prod_{\gamma\in\Gamma}X_\gamma$ の部分集合と同一視すれば，$X$ 上の相対位相に関して $X$ は複素位相ベクトル空間となる．これを半ノルムの系 $\{p_\gamma\}_{\gamma\in\Gamma}$ による**半ノルム空間**と呼ぶ．上に述べたことから容易に次の定理を得る；

**定理 A.1.2** 複素位相ベクトル空間 $X$ に対して次は同値である；
(1) $X$ は半ノルムの系による半ノルム空間である，
(2) $X$ は局所凸空間である，即ち，$0\in X$ を含む凸開集合全体が $0$ の基本近傍系をなす．

このとき $0\in X$ の円形かつ凸なる近傍の全体を $\Gamma$ として，$X$ は半ノルムの系 $\{p_V\}_{V\in\Gamma}$ による半ノルム空間である [13, 6.4]．

複素ベクトル空間 $X$ は半ノルム $p$ による半ノルム空間とする．複素線形形式 $f:X\to\mathbb{C}$ に対して $p(f)=\sup_{x\in X, p(x)\leq 1}|f(x)|$ とおくと，$f$ が連続となるための必要十分条件は $p(f)<\infty$ なることである．このとき任意の $x\in X$ に対して $|f(x)|\leq p(f)\cdot p(x)$ となる．次の **Hahn-Banach** の定理が基本的である；

**定理 A.1.3** 複素ベクトル空間 $X$ は半ノルム $p$ による半ノルム空間とする．部分空間 $Y$ 上で $|f(y)|\leq p(y)(y\in Y)$ なる複素線形形式 $f$ は，$X$ 上の

$|g(x)| \leq p(x)$ $(x \in X)$ なる複素線形形式に延長される.

証明は [32, Chap.18] を見よ. ここから次の二つの定理が従う. これらも Hahn-Banach の定理と呼ぼう.

**定理 A.1.4** 複素ベクトル空間 $X$ は半ノルム $p$ による半ノルム空間とする. 部分空間 $Y \subset X$ 及び $Y$ 上の連続な複素線形形式 $f: Y \to \mathbb{C}$ に対して, $X$ 上の連続な複素線形形式 $g: X \to \mathbb{C}$ で $g|_Y = f$ かつ $p(f) = p(g)$ なるものが存在する.

［証明］ $f \neq 0$ として $\lambda = p(f) > 0$ とおく. 定理 A.1.3 より, $Y$ 上の複素線形形式 $\lambda^{-1} f$ は $X$ 上の $|h(x)| \leq p(x)$ $(x \in X)$ なる複素線形形式 $h$ に延長されるから, 複素線形形式 $g = \lambda h$ は $f$ の $X$ への延長で $p(f) \leq p(g) \leq \lambda = p(f)$ である. ∎

**定理 A.1.5** 複素局所凸空間 $X$ の部分空間 $Y \subset X$ 及び $Y$ 上の連続な複素線形形式 $f: Y \to \mathbb{C}$ に対して, $X$ 上の連続な複素線形形式 $g: X \to \mathbb{C}$ で $g|_Y = f$ なるものが存在する.

［証明］ $0 \in X$ の円形かつ凸な近傍 $V$ があって $f(V \cap Y) \subset \mathbb{C}$ は有界集合となるから, $\alpha = \sup_{y \in V \cap Y} |f(y)| > 0$ とする. このとき任意の $y \in Y$ に対して $|f(y)| \leq \alpha p_V(y)$ である. よって定理 A.1.3 より $f$ は $X$ 上で $|g(x)| \leq \alpha p_V(x)$ $(x \in X)$ なる複素線形形式 $g$ に延長される. ここで $x \in V$ ならば $p_V(x) \leq 1$, したがって $|g(x)| \leq \alpha$ となるから $g(V) \subset \mathbb{C}$ は有界となり, $g$ は連続である. ∎

Hahn-Banach の定理の応用をいくつか示しておこう. 一般に複素位相ベクトル空間 $X$ に対して $X' = \mathcal{L}(X, \mathbb{C})$ に強位相を与えると, $X'$ は半ノルムの系 $\{p_x\}_{x \in X}$ による局所凸空間となる. ここで $p_x(\alpha) = |\alpha(x)|$ である. $x \in X$, $\alpha \in X'$ に対して $\langle x, \alpha \rangle = \alpha(x)$ とおくと, 任意の $x \in X$ に対して $\langle x, * \rangle \in X'' = \mathcal{L}(X', \mathbb{C})$ である. $X$ が局所凸ならば Hahn-Banach の定理 A.1.5 より $X'$ は Hausdorff 空間である. このとき

**命題 A.1.6** 複素位相ベクトル空間 $X$ に対して

(1) $x \mapsto \langle x, * \rangle$ は $X$ から $X''$ への全射複素線形写像である.
(2) $X$ が局所凸 Hausdorff 空間ならば $x \mapsto \langle x, * \rangle$ は単射である.

[証明] (1) $f \in X''$ とすると, 有限集合 $\{x_1, \cdots, x_r\} \subset X$ と $C \geq 0$ があって

$$|f(\alpha)| \leq C \cdot \mathrm{Max}\{p_i(\alpha) \mid 1 \leq i \leq r\} \qquad (\alpha \in X')$$

となる $(p_i(\alpha) = |\langle x_i, \alpha \rangle|)$. $g_i = \langle x_i, * \rangle \in X''$ として, 複素線形写像 $g: X' \to \mathbb{C}^r$ を $g(\alpha) = (g_1(\alpha), \cdots, g_r(\alpha))$ により定義すると, $\mathrm{Ker}\, g \subset \mathrm{Ker}\, f$ だから, $f = h \circ g$ なる複素線形写像 $h: \mathbb{C}^r \to \mathbb{C}$ が存在する. $h(v) = \sum_{i=1}^r \lambda_i v_i \, (\lambda_i \in \mathbb{C})$ とすると, $f = \sum_{i=1}^r \lambda_i g_i$ となる.

(2) $0 \neq x \in X$ とすると, 部分空間 $\langle x \rangle_{\mathbb{C}} \subset X$ 上の複素線形形式 $\lambda \cdot x \mapsto \lambda$ は連続である. よって Hahn-Banach の定理 A.1.5 より $\alpha(x) \neq 0$ なる $\alpha \in X'$ が存在する. ∎

この命題から次の命題が従う;

**命題 A.1.7** 複素位相ベクトル空間 $X$ の部分空間 $M \subset X'$ に対して
(1) 任意の $\alpha \in M$ に対して $\alpha(x) = 0$ なる $x \in X$ は $x = 0$ に限るならば, $M \subset X'$ は稠密である,
(2) $X$ が局所凸 Hausdorff 空間で $M \subset X'$ が稠密ならば, 任意の $\alpha \in M$ に対して $\alpha(x) = 0$ なる $x \in X$ は $x = 0$ に限る.

[証明] (1) $\overline{M} \subsetneq X$ として $\alpha \notin \overline{M}$ なる $\alpha \in X'$ をとる. $Y = \overline{M} \oplus \langle \alpha \rangle_{\mathbb{C}} \subset X'$ とおいて, 複素線形形式 $f: Y \to \mathbb{C}$ を $f(\beta + \lambda \cdot \alpha) = \lambda \, (\beta \in \overline{M}, \lambda \in \mathbb{C})$ により定義すると, $\mathrm{Ker}\, f = \overline{M}$ が $X'$ の閉集合だから $f$ は連続である. よって Hahn-Banach の定理 A.1.5 より $f$ の延長である連続複素線形形式 $g: X' \to \mathbb{C}$ が存在するから, 命題 A.1.6 より $g = \langle x, * \rangle$ なる $x \in X$ をとると, $\alpha(x) = g(\alpha) = f(\alpha) = 1$ だから $x \neq 0$. 一方, 任意の $\beta \in M$ に対して $\beta(x) = g(\beta) = f(\beta) = 0$ だから, 仮定から $x = 0$ となり矛盾する.

(2) $x \in X$ に対して $\alpha \mapsto \alpha(x)$ は $X'$ 上の連続関数だから, 任意の $\alpha \in M$ に対して $\alpha(x) = 0$ とすると全ての $\alpha \in X'$ に対して $\alpha(x) = 0$ となる. よって Hahn-Banach の定理 A.1.5 より $x = 0$ となる. ∎

次の定理は **Alaoglu-Bourbaki** の定理と呼ばれる；

**定理 A.1.8** $X$ を複素位相ベクトル空間とすると，同程度連続な部分集合 $M \subset X'$ に対して $\overline{M} \subset X'$ は同程度連続かつコンパクトである．

［証明］ 命題 A.1.1 より $\overline{M} \subset X'$ は同程度連続で，直積空間 $\mathbb{C}^X$ における $M \subset \mathbb{C}^X$ の閉包に等しい．$M$ は同程度連続だから，$0 \in X$ の近傍 $W$ があって，任意の $\alpha \in M$ と任意の $x \in W$ に対して $|\alpha(x)| \leq 1$ となる．任意の $x \in X$ に対して，$\lambda_x^{-1} x \in W$ となるように $0 < \lambda_x \in \mathbb{R}$ がとれるから，$|\alpha(x)| \leq \lambda_x$ が全ての $\alpha \in M$ に対して成り立つ．そこで $D_x = \{z \in \mathbb{C} | |z| \leq \lambda_x\}$ とおけば $K = \prod_{x \in X} D_x \subset \mathbb{C}^X$ はコンパクト部分集合で $M \subset K$ となる．よって $\overline{M} \subset K$ となり，$\overline{M}$ は $X'$ のコンパクト部分集合となる． ∎

ここでは詳しく述べる余裕がないが，Hahn-Banach の定理に至る議論から，次の定理が導かれる．

**定理 A.1.9** 複素局所凸空間 $X$ の空でない凸部分集合 $A, B \subset X$ に対して $\sup_{a \in A} \operatorname{Re} f(a) < \inf_{b \in B} \operatorname{Re} f(b)$ なる連続な複素線形形式 $f: X \to \mathbb{C}$ が存在する必要十分条件は，$B - A$ の閉包が $0 \in X$ を含まないことである．

この定理から従う次の系を後に利用する；

**系 A.1.10** 局所凸 Hausdorff 複素線形位相空間 $X$ の空でない部分集合 $A \subset X$ に対して
$$\overline{[A]} = \left\{ x \in X \;\middle|\; \operatorname{Re} \alpha(x) \leq \sup_{y \in A} \operatorname{Re} \alpha(y) \quad \forall \alpha \in X' \right\}$$

［証明］ 右辺を $M$ とすると，$M \subset X$ は凸閉集合で $A \subset M$ だから $\overline{[A]} \subset M$ である．一方，$x \in X \notin \overline{[A]}$ とすると，定理 A.1.9 より
$$\sup_{y \in A} \operatorname{Re} \alpha(y) \leq \sup_{y \in \overline{[A]}} \operatorname{Re} \alpha(y) < \operatorname{Re} \alpha(x)$$

なる $\alpha \in X'$ が存在する． ∎

最後に **Kreĭn-Mil'man** の定理を紹介しておく．複素ベクトル空間 $X$ と部分集合 $A \subset X$ を考える．$A$ の部分集合 $M$ が $A$ の**端部分集合**であるとは，$M$ は空でなくかつ任意の $x, y \in A$ に対して $(x, y) \cap M \neq \emptyset$ ならば $x, y \in M$ となることをいう．$a \in A$ が $A$ の**端点**であるとは，$\{a\}$ が $A$ の端集合となることをいう，即ち，任意の $x, y \in A$ に対して $a \in (x, y)$ ならば $x = y = a$ となることをいう．このとき

**定理 A.1.11**(Kreĭn-Mil'man の定理)　複素局所凸 Hausdorff 空間 $X$ の空でないコンパクト凸部分集合 $A$ は端点をもつ．$A$ の端点全体の集合を $M$ とすると，$A = \overline{[M]}$ である．

証明は [13, Chap.4, Sec.15] を見よ．

**問題 A.1.1**　$X, Y$ を複素位相ベクトル空間として $Y$ は Hausdorff 空間であるとする．このとき $X$ から $Y$ への複素線形写像の全体 $\mathrm{Hom}_{\mathbf{C}}(X, Y)$ は $Y^X$ の閉集合であることを示せ．

**問題 A.1.2**　複素位相ベクトル空間 $X$ の $0$ の近傍 $V$ に対して次を示せ；$V$ は放射的であり，$0 \in X$ の近傍 $W$ で円形かつ $W \subset V$ なるものが存在する．更に $V$ が凸ならば，$W$ は凸にとれる．

**問題 A.1.3**　複素局所凸 Hausdorff 空間 $X$ が距離空間となる必要十分条件は，$X$ が可算個の半ノルムによる半ノルム空間なることを示せ．

## A.2　Banach 空間

複素 Banach 空間に関して，次の**開写像定理**と**閉グラフ定理**が基本的である；

## A.2 Banach 空間

**定理 A.2.1**(開写像定理)　複素 Banach 空間 $X,Y$ に対して $T\in\mathcal{L}(X,Y)$ が全射ならば $T\colon X\to Y$ は開写像である．

［証明］　$a\in X$ と $0<r\in\mathbb{R}$ に対して $U_X(a,r)=\{x\in X\,|\,|x-a|<r\}$ とおくと $Y=\bigcup_{0<n\in\mathbb{Z}}\overline{f(U_X(0,n))}$ である．完備距離空間 $Y$ は Baire の性質をもつから，ある番号 $N$ に対して $\overline{f(U_X(0,N))}$ の内点は空でない．即ち $U_Y(b,r)\subset\overline{f(U(0,N))}$ なる $b\in Y$ と $0<r\in\mathbb{R}$ が存在する．ここで $y\in U_Y(0,r)$ として，$f(x_n)\to y+b$, $f(a_n)\to b\,(n\to\infty)$ なる点列 $x_n,a_n\in U(0,N)$ をとると，$x_n-a_n\in U_X(0,2N)$ で $f(x_n-a_n)\to y\,(n\to\infty)$ となるから，$y\in\overline{f(U_X(0,2N))}$ となる．よって $\rho=r/2N$ とおくと $U_Y(0,2^{-n}\rho)\subset\overline{f(U_X(0,2^{-n}))}\,(n=0,1,2,\cdots)$ となる．そこで任意の $y\in U_Y(0,\rho)$ に対して $a_n\in U_X(0,2^{-n})\,(n=0,1,2,\cdots)$ をとって

$$|y-f(a_0)-f(a_1)-\cdots-f(a_n)|<2^{-n}\rho \quad (n=0,1,2,\cdots)$$

とおくと，$a=\sum_{n=0}^{\infty}a_n\in X$ は収束して $|a|\leq 2$ かつ $f(a)=y$ となる．即ち，$U_Y(0,\rho)\subset f(U_X(0,2))$ だから，任意の $0<\varepsilon\in\mathbb{R}$ に対して $U_Y(0,\varepsilon\rho/2)\subset f(U_X(0,\varepsilon))$ となる．∎

**定理 A.2.2**(閉グラフ定理)　複素 Banach 空間 $X,Y$ と複素線形写像 $f\colon X\to Y$ に対して，$f$ が連続となるための必要十分条件は $f$ のグラフ

$$\varGamma_f=\{(x,f(x))\in X\times Y\mid x\in X\}$$

が直積空間 $X\times Y$ の閉集合となることである．

［証明］　必要性は明らかだから $\varGamma_f$ が $X\times Y$ の閉集合と仮定して $f$ が連続となることを示す．複素ベクトル空間 $X$ に新しいノルム $|x|_f=|x|+|f(x)|$ を与えてできたノルム空間を $\widetilde{X}$ とする．$X\times Y$ は $|(x,y)|=|x|+|y|$ をノルムとする複素 Banach 空間だから，$x\mapsto(x,f(x))$ は $\widetilde{X}$ から $\varGamma_f$ への複素位相線形同型写像となり，$\widetilde{X}$ は複素 Banach 空間となる($\varGamma_f$ が閉集合だから)．一方，$x\mapsto x$ は $\widetilde{X}$ から $X$ への連続全単射複素線形写像だから，開写像定理 A.2.1 より複素位相線形同型写像となる．よって正の実数 $r$ があって $|x|\leq|x|_f\leq r\cdot|x|\,(x\in X)$ となる．特に $|f(x)|\leq|x|_f\leq r\cdot|x|\,(x\in X)$ となって $f$ は連続である．∎

**問題 A.2.1** 複素ノルム空間 $X$ の線形閉部分空間 $M \subsetneq X$ と任意の $0<\rho<1$ に対して, $\inf\{|x-y||y \in M\} > \rho$ かつ $|x|=1$ なる $x \in X$ が存在することを示せ.

**問題 A.2.2** 複素ノルム空間 $X$ の線形閉部分空間 $M$ に対して, 商空間 $X/M$ は $|\dot{u}| = \inf_{v \in M} |u+v|$ ($\dot{u} = u+M \in X/M$) をノルムとするノルム空間となることを示せ. 更に $X$ が Banach 空間ならば $X/M$ も Banach 空間となることを示せ.

**問題 A.2.3** 複素ノルム空間 $X$ に対して $X' = \mathcal{L}(X, \mathbb{C})$ は $|\alpha| = \sup_{0 \ne x \in X} |\alpha(x)|/|x|$ をノルムとする複素 Banach 空間である. $\langle x, \alpha \rangle = \alpha(x)$ ($x \in X, \alpha \in X'$) とおく.
(1) $x \in X$ に対して $\hat{x} = \langle x, * \rangle \in (X')' = X''$ で $|\hat{x}| = |x|$ である.
(2) 複素ノルム空間 $X, Y$ と $T \in \mathcal{L}(X, Y)$ に対して, 複素線形写像 $T^*: Y' \to X'$ を $T^*(\beta) = \beta \circ T$ により定義すると, $T^* \in \mathcal{L}(Y', X')$ かつ $|T^*| = |T|$ である. また $\overline{\mathrm{Im}\, T} = \{y \in Y | 任意の \beta \in \mathrm{Ker}\, T^* に対して \langle y, \beta \rangle = 0\}$.

**問題 A.2.4** 複素 Banach 空間 $X$ と複素ノルム空間 $Y$ 及び写像の列 $\{T_n\} \subset \mathcal{L}(X, Y)$ をとる. 任意の $u \in X$ に対して $\{T_n(u)\} \subset Y$ が収束するならば, $T \in \mathcal{L}(X, Y)$ が存在して, 任意の $u \in X$ に対して $T(u) = \lim_{n \to \infty} T_n(u)$ となる.

## A.3 Hilbert 空間上の非有界作用素

複素 Hilbert 空間 $X, Y$ に対して, 複素部分線形空間 $\mathcal{D}_T \subset X$ と複素線形写像 $T: \mathcal{D}_T \to Y$ の組 $(\mathcal{D}_T, T)$ (あるいは簡単に $T$) を $X$ から $Y$ への(非有界)作用素と呼び, $T: X \dashrightarrow Y$ と書くことにする. このとき

$$\Gamma_T = \{(x, Tx) \in X \times Y \mid x \in \mathcal{D}_T\}$$

は $X \times Y$ の複素線形部分空間である. $\Gamma_T$ が $X \times Y$ の閉部分空間であるとき, $T$ を閉作用素と呼ぶ. 一方, $\mathcal{D}_T$ が $X$ で稠密のとき, $T$ は稠密に定義されているという. 作用素 $T: X \dashrightarrow Y$ に対して, 任意の $x \in \mathcal{D}_T$ に対して $(Tx, y) = (x, z)$ なる $z \in X$ が存在するような $y \in Y$ の全体 $\mathcal{D}_{T^*}$ は $Y$ の複素線形部分空間となる. $y \in \mathcal{D}_{T^*}$ に対して, $(Tx, y) = (x, T^*y)$ が任意の $x \in \mathcal{D}_T$ に対して成り立つような $T^*y \in X$ が一意的に定まり, $T^*: Y \dashrightarrow X$ は作用素である. $X, Y, Z$ を複素 Hilbert 空間とする. 作用素 $S, T: X \dashrightarrow Y$ に対して $\mathcal{D}_{S+T} = \mathcal{D}_S \cap \mathcal{D}_T$,

## A.3 Hilbert 空間上の非有界作用素

$(S+T)x = Sx+Tx$ $(x \in \mathcal{D}_{S+T})$ とおくと $S+T: X \dashrightarrow Y$ は作用素である．また，作用素 $A: X \dashrightarrow Y$, $B: Y \dashrightarrow Z$ に対して $\mathcal{D}_{B \circ A} = \mathcal{D}_A \cap A^{-1}(\mathcal{D}_B)$ として $(B \circ A)x = B(Ax)$ $(x \in \mathcal{D}_{A \circ B})$ とおくと $B \circ A: X \dashrightarrow Z$ は作用素である．次の二つの命題は容易に示される；

**命題 A.3.1** 複素 Hilbert 空間 $X, Y$ 上の作用素 $T: X \dashrightarrow Y$ が稠密に定義されていれば，$\Gamma_{T^*} = \{(Tx, -x) \in Y \times X \mid x \in \mathcal{D}_T\}^\perp$ である．特に，$T^*$ は閉作用素である．

**命題 A.3.2** 複素 Hilbert 空間 $X, Y$ 上の稠密に定義された作用素 $T: X \dashrightarrow Y$ に対して，$A \in \mathcal{L}(X)$, $B \in \mathcal{L}(Y)$ が $A(\mathcal{D}_T) \subset \mathcal{D}_T$ かつ $\mathcal{D}_T$ 上で $T \circ A = B \circ T$ ならば，$B^*(\mathcal{D}_{T^*}) \subset \mathcal{D}_{T^*}$ かつ $\mathcal{D}_{T^*}$ 上で $A^* \circ T^* = T^* \circ B^*$ である．

**命題 A.3.3** 複素 Hilbert 空間 $X$ と閉作用素 $T: X \dashrightarrow X$ に対して，$T \circ S = S \circ T$ かつ $\mathcal{D}_T$ 上で $S(\mathcal{D}_T) \subset \mathcal{D}_T$ なる $S \in \mathcal{L}(X)$ の全体 $\mathcal{S}$ の $\mathcal{L}_s(X)$ での閉包を $\overline{\mathcal{S}}$ とすると(91 頁参照)，任意の $A \in \overline{\mathcal{S}}$ に対して $A(\mathcal{D}_T) \subset \mathcal{D}_T$ かつ $T \circ A = A \circ T$ である．

［証明］$x \in \mathcal{D}_T$, $A \in \overline{\mathcal{S}}$ とすると $|(A-S_n)x| < n^{-1}$, $|(A-S_n) \circ Tx| < n^{-1}$ $(n=1, 2, \cdots)$ なる $S_n \in \mathcal{S}$ がある．$S_n x \in \mathcal{D}_T$ で $\lim_{n \to \infty} S_n x = Ax \in X$ かつ

$$\lim_{n \to \infty} T \circ S_n x = \lim_{n \to \infty} S_n \circ Tx = A \circ Tx \in X$$

かつ $T$ は閉作用素だから $Ax \in \mathcal{D}_T$, $T \circ Ax = A \circ Tx$ となる．∎

**命題 A.3.4** 複素 Hilbert 空間 $X$ 上の作用素 $T: X \dashrightarrow X$ が，$P(\mathcal{D}_D) \subset \mathcal{D}_D$ かつ $P^2 = P = P^*$ なる任意の $P \in \mathcal{L}(X)$ に対して $T \circ P = P \circ T$ ならば $T$ は定数倍写像である．

［証明］$x \in \mathcal{D}_T$ に対して $X$ から $\mathbb{C} \cdot x \subset X$ への直交射影を $P$ とすると

$$Tx = T \circ Px = P \circ Tx = \lambda(x) \cdot x \quad (\lambda(x) \in \mathbb{C})$$

となる．$x, y \in \mathcal{D}_T$ が $\mathbb{C}$ 上線形独立ならば $\lambda(x+y) \cdot (x+y) = \lambda(x) \cdot x + \lambda(y) \cdot y$ より

$\lambda(x)=\lambda(x+y)=\lambda(y)$ である. 一方, $y=c\cdot x\neq 0\, (c\in\mathbb{C})$ ならば $\lambda(y)\cdot y=Ty=c\cdot Tx=c\lambda(x)\cdot x=\lambda(x)\cdot y$ だから $\lambda(y)=\lambda(x)$. ∎

**命題 A.3.5** 複素 Hilbert 空間 $X, Y$ と稠密に定義された閉作用素 $T\colon X \dashrightarrow Y$ に対して, 作用素 $T^*\circ T\colon X \dashrightarrow X$ は稠密に定義される.

[証明] まず $X=\{u+T^*\circ Tu\mid u\in\mathcal{D}_{T^*\circ T}\}$ である. 実際, 連続 $\mathbb{C}$-線形写像 $U\colon X\times Y\to Y\times X$ を $U(x,y)=(\sqrt{-1}y, -\sqrt{-1}x)$ により定義すると, 命題 A.3.1 より $Y\times X=U(\Gamma_T)\oplus\Gamma_{T^*}$ である. よって任意の $x\in X$ に対して $(0,-\sqrt{-1}x)=(\sqrt{-1}Tu, -\sqrt{-1}u)+(v, T^*v)$ なる $u\in\mathcal{D}_T, v\in\mathcal{D}_{T^*}$ が存在する. 即ち, $v=-\sqrt{-1}Tu$, $x=u+\sqrt{-1}T^*v$, よって $u\in\mathcal{D}_T\cap T^{-1}(\mathcal{D}_{T^*})=\mathcal{D}_{T^*\circ T}$ かつ $x=u+T^*\circ Tu$ となる. そこで, 任意の $x\in(\mathcal{D}_{T^*\circ T})^\perp$ に対して, $x=u+T^*\circ Tu\,(u\in\mathcal{D}_{T^*\circ T})$ とおくと

$$0=(x,u)=(u,u)+(T^*\circ Tu,u)=(u,u)+(Tu,Tu),$$

よって $u=0$, よって $x=0$ となる. ∎

# 付録 B

# 局所コンパクト空間上の測度

## B.1 局所コンパクト空間

局所コンパクト Hausdorff 空間を簡単に局所コンパクト空間と呼ぶ．局所コンパクト空間 $X$ 上の連続関数のなすいくつかの線形空間を定義しておく．$X$ 上の複素数値連続関数全体のなす複素線形空間を $C^0(X)$ と書く．値の和と積により $C^0(X)$ は 1 をもつ可換 $\mathbb{C}$-代数となる．有界なる $\varphi \in C^0(X)$ 全体のなす $C^0(X)$ の $\mathbb{C}$-部分代数を $C(X)$ と書く．$C(X)$ は $|\varphi|=\sup_{x \in X}|\varphi(x)|$ をノルムとし，$\varphi^*(x)=\overline{\varphi(x)}$ を対合とする 1 をもつ可換 $C^*$-環である（例 1.1.6）．$\varphi \in C^0(X)$ は，任意の $\varepsilon > 0$ に対して $\{x \in X\,|\,|\varphi(x)|\geq\varepsilon\}$ が $X$ のコンパクト集合となるとき，無限遠で 0 であるという．無限遠で 0 なる $\varphi \in C^0(X)$ 全体のなす複素線形空間を $C_0(X)$ と書く．$C_0(X)$ は $C(X)$ の閉部分環であり，特に $C^*$-環である．台がコンパクトなる $\varphi \in C^0(X)$ 全体のなす $C^0(X)$ のイデアルを $C_c(X)$ と書く．$X$ 上の複素数値関数 $\varphi,\psi$ に関して，任意の $x \in X$ に対して $0 \leq \varphi(x)-\psi(x) \in \mathbb{R}$ となるとき $\varphi \geq \psi$ と書く．

局所コンパクト群 $G$ の閉部分群 $H \subset G$ に対して，自然な全射 $G \to G/H$ が連続となる最強の位相を $G/H$ に与えると，$G/H$ は局所コンパクト空間となる．$G/H$ 上の連続関数の一様連続性を述べた次の命題は基本的である；

**命題 B.1.1** 局所コンパクト群 $G$ の閉部分群 $H$ に対して，任意の $\varphi \in C_0(G/H)$ は $G/H$ 上で一様連続である．即ち，任意の $\varepsilon > 0$ に対して $G$ の単位元の開近傍 $U$ が存在して，$xy^{-1} \in U$ なる任意の $x,y \in G$ に対して $|\varphi(\dot{x})-\varphi(\dot{y})|<\varepsilon$ とできる（$\dot{x}=xH \in G/H$）．

［証明］ $\pi\colon G \to G/H$ を自然な全射とする．任意の $x \in G$ に対して，$G$ の単位元の開近傍 $V_x$ で，任意の $\dot{y} \in \pi(V_x x)$ に対して $|\varphi(\dot{y})-\varphi(\dot{x})|<\varepsilon/2$ なるもの

がとれる．$W_x^2 \subset V_x$ なる $G$ の単位元の開近傍 $W_x$ をとる．$K=\{\dot{x}\in G/H\mid |\varphi(\dot{x})|\geq \varepsilon/2\}$ は $G/H$ のコンパクト部分集合だから，有限個の $\{g_1,\cdots,g_r\}\subset G$ があって $K\subset \pi(W_{g_1}g_1)\cup\cdots\cup\pi(W_{g_r}g_r)$ とできる．このとき $1\in U$ かつ $U\subset W_{g_1}\cap\cdots\cap W_{g_r}$ で $U^{-1}=U$ なる $G$ の開集合 $U$ をとれば，これが求める単位元の開近傍である．■

位相群 $G$ が位相空間 $X$ に作用していて，$G\times X$ から $X$ への写像 $(g,x)\mapsto g(x)$ が連続であるとき，$G$ は $X$ に**連続的に作用している**という．

**命題 B.1.2** 局所コンパクト群 $G$ は局所コンパクト空間 $X$ に連続的かつ推移的に作用しているとする．一点 $o\in X$ の固定部分群を $H$ とすると，$G$ が可算個のコンパクト集合の和集合であるならば，$gH\mapsto g(o)$ は $G/H$ から $X$ への位相同型写像である．

［証明］ $G$ から $X$ への写像 $g\mapsto g(o)$ が開写像であることを示せばよい．この写像を $\varphi$ と書く．$G$ の単位元 $1\in G$ を含む $G$ の開集合 $U$ をとる．$G$ の開集合 $V$ を，1 を含み，閉包 $\overline{V}$ はコンパクトであり，かつ $\overline{V}^{-1}\overline{V}\subset U$ となるようにとる．$G$ は可算個のコンパクト集合の和集合だから $G$ は可算個の $\{g_n\overline{V}\}_{n=1,2,\cdots}$ の和集合となる．よって $X$ は可算個の閉集合 $\{g_n\varphi(\overline{V})\}_{n=1,2,\cdots}$ の和集合である．ここで局所コンパクト空間 $X$ は Baire の性質をもつから，閉集合 $\varphi(\overline{V})$ の内点が存在する．即ち，$o$ を含む $X$ の開集合 $W$ と $g\in \overline{V}$ があって $gW\subset \varphi(\overline{V})$ となる．ここで $g^{-1}\overline{V}\subset U$ だから $W\subset \varphi(U)$ となる．よって $\varphi$ は開写像である．■

この命題から直ちに

**系 B.1.3** 局所コンパクト群 $G, H$ と全射連続な群の準同型写像 $f\colon G\to H$ に対して，$G$ が可算個のコンパクト集合の和集合であるならば，$G/\mathrm{Ker}\,f$ から $H$ への写像 $x\mathrm{Ker}\,f\mapsto f(x)$ は位相群の同型写像である．

次の定理は **Stone-Weierstrass** の近似定理と呼ばれる．証明は [16, 4.E]

または [13, 17.E] を見よ；

**定理 B.1.4**(Stone-Weierstrass の近似定理)　$C_0(X)$ の $\mathbb{C}$-部分代数 $A$ が
(1) 異なる二点 $x,y \in X$ に対して $\varphi(x) \neq \varphi(y)$ なる $\varphi \in A$ が存在する,
(2) 各点 $x \in X$ に対して $\varphi(x) \neq 0$ なる $\varphi \in A$ が存在する,
(3) $\varphi \in A$ ならば $\varphi^* \in A$
を満たすならば $A$ は $C_0(X)$ で稠密である.

**問題 B.1.1**　$X$ を局所コンパクト空間とする.
(1) コンパクト部分集合 $M \subset X$ と $M \subset U$ なる開集合 $U \subset X$ をとると, $M$ 上で定義された複素数値連続関数 $f$ に対して $X$ 上の複素数値連続関数 $g$ であって $x \in M$ ならば $g(x)=f(x)$, $x \notin U$ ならば $g(x)=0$ なるものが存在することを示せ([28, 定理 35.2]),
(2) 局所コンパクト空間 $X$ の閉部分空間 $Y$ に対して, 制限写像 $\varphi \mapsto \varphi|_Y$ は $C_c(X)$ から $C_c(Y)$ への全射であることを示せ.

**問題 B.1.2**　局所コンパクト空間 $X$ から Hausdorff 空間 $Y$ への連続写像 $f\colon X \to Y$ が全射開写像ならば, コンパクト部分集合 $M \subset Y$ に対してコンパクト部分集合 $L \subset X$ があって $M=f(L)$ とできることを示せ.

**問題 B.1.3**　群 $G$ 上のフィルター[1] $\mathfrak{a}$ が次の条件
(1) 任意の $V \in \mathfrak{a}$ は $G$ の単位元を含む,
(2) 任意の $V \in \mathfrak{a}$ に対して $V^{-1} \in \mathfrak{a}$ であり, $W \cdot W \subset V$ なる $W \in \mathfrak{a}$ が存在する,
(3) 任意の $V \in \mathfrak{a}$ と $g \in G$ に対して $gVg^{-1} \in \mathfrak{a}$
を満たすとき, $\mathfrak{a}$ を単位元の近傍系とする $G$ の位相が唯一定まって, その位相に関して $G$ は位相群となることを示せ.

**問題 B.1.4**　$H$ を局所コンパクト群 $G$ の閉部分群として $\pi\colon G \to G/H$ を自然な全射とすると, $G/H$ のコンパクト部分集合 $K$ に対して $G$ のコンパクト部分集合 $M$ があって $K=\pi(M)$ となることを示せ. 更に $H$ が $G$ のコンパクト部分群ならば $\pi^{-1}(K)$

---

[1] 集合 $X$ の部分集合の族 $\mathfrak{a}$ がフィルターであるとは, (1)$\varnothing \notin \mathfrak{a}$, (2)部分集合 $M \subset X$ が $\mathfrak{a}$ の元を含めば $M \in \mathfrak{a}$, (3)$A,B \in \mathfrak{a}$ ならば $A \cap B \in \mathfrak{a}$ なることをいう.

は $G$ のコンパクト部分集合であることを示せ．

**問題 B.1.5**　位相群 $G, H$ に対して，群の準同型写像 $f: G \to H$ が連続である必要十分条件は，$H$ の単位元の任意の近傍 $V$ に対して $f^{-1}(V)$ が $G$ の単位元の近傍となることであることを示せ．

**問題 B.1.6**　位相群 $G$ に対して，$G$ から絶対値 1 の複素数のなす乗法群 $\mathbb{C}^1$ への連続な群の準同型写像の全体 $\widehat{G}$ は，$\alpha, \beta \in \widehat{G}$ の和 $\alpha + \beta \in \widehat{G}$ を $(\alpha + \beta)(x) = \alpha(x)\beta(x)$ ($x \in G$) により定義することにより，加法群となる．次を示せ；
(1) コンパクト集合 $M \subset G$ と $\mathbb{C}^1$ の単位元の開近傍 $V$ に対して
$$U(M, V) = \{\alpha \in \widehat{G} \mid \alpha(M) \subset V\}$$
とおくと，$\widehat{G}$ は $\{U(M, V)\}_{M, V}$ を単位元の基本近傍系とする Hausdorff 位相群となる，
(2) $G$ が局所コンパクト群で可算個のコンパクト集合の和集合ならば，$\widehat{G}$ の単位元は可算個の元からなる基本近傍系をもつ．

**問題 B.1.7**　局所コンパクト群 $G$ が高々可算個のコンパクト集合の和集合であるとき，閉部分群 $K, H$ に対して $G = KH$ ならば，直積空間 $K \times H$ から $G$ への写像 $(k, h) \mapsto kh$ は開写像であることを示せ．

## B.2　局所コンパクト空間上の測度

以下，$X$ を局所コンパクト空間として，簡単のために $X$ は可算個のコンパクト集合の和集合であると仮定する．

$X$ のコンパクト集合全体を含む最小の可算加法族を $\mathfrak{B} = \mathfrak{B}(X)$ とする．$X$ は可算個のコンパクト集合の和集合だから，$\mathfrak{B}$ は $X$ の閉集合全体を含む最小の可算加法族でもある．測度空間 $(X, \mathfrak{B}, \mu)$ に対して，$\mu$ が次の三条件を満たすとき，$\mu$ を $X$ 上の **Radon** 測度と呼ぶ；
(1) 任意のコンパクト部分集合 $K \subset X$ に対して $\mu(K) < \infty$，
(2) 任意の開部分集合 $V \subset X$ に対して $\mu(V) = \sup_{K \subset V} \mu(K)$．ここで $\sup_{K \subset V}$ は $V$ に含まれるコンパクト集合 $K$ に関する上限である，

(3) 任意の $A \in \mathfrak{B}$ に対して $\mu(A) = \inf_{A \subset V} \mu(V)$. ここで $\inf_{A \subset V}$ は $A$ を含む開集合 $V$ に関する下限である．

$X$ 上の非負実数値連続関数でコンパクト台なるもの全体を $C_c^+(X)$ と書く．$X$ の部分集合 $S$ の特性関数を $\chi_S$ と書く．$X$ 上の Radon 測度は対応する $X$ 上の積分により決定される；

**命題 B.2.1** $\mu, \nu$ が $X$ 上の Radon 測度であるとして，任意の $\varphi \in C_c^+(X)$ に対して $\int_X \varphi(x) d\mu(x) = \int_X \varphi(x) d\nu(x)$ ならば $\mu = \nu$ である．

即ち $X$ 上の Radon 測度 $\mu$ は $C_c(X)$ 上の複素線形写像 $\varphi \mapsto \int_X \varphi(x) d\mu(x)$ により一意的に定まる．

逆に複素線形写像 $I: C_c(X) \to \mathbb{C}$ で，任意の $\varphi \in C_c^+(X)$ に対して $I(\varphi) \geq 0$ となるものが与えられたとする．このとき

(1) 任意のコンパクト部分集合 $K \subset X$ に対して，$\varphi \geq \chi_K$ なる $\varphi \in C_c(X)$ に関する $I(\varphi)$ の下限を $I^*(K)$ とおく，

(2) 任意の開部分集合 $V \subset X$ に対して，$K \subset V$ なるコンパクト集合 $K$ に関する $I^*(K)$ の上限を $I_*(V)$ とおく，

(3) 任意の部分集合 $A \subset X$ に対して，$A \subset V$ なる $X$ の開集合に関する $I_*(V)$ の下限を $\mu^*(A)$ とおく．

すると $\mu^*$ は $X$ 上の外測度となり，$\mathfrak{B}$ の元は全て $\mu^*$ に関して可測であり，更に任意のコンパクト部分集合 $K \subset X$ に対して $\mu^*(K) = I^*(K)$ となる．そこで $A \in \mathfrak{B}$ に対して $\mu(A) = \mu^*(A)$ とおくと，$\mu$ は $X$ 上の Radon 測度となり，$I(\varphi) = \int_X \varphi(x) d\mu(x) (\varphi \in C_c(X))$ を満たす．

$X$ 上の Radon 測度 $\mu$ が，$0 \neq \varphi \in C_c^+(X)$ ならば $\int_X \varphi(x) d\mu(x) > 0$ を満たすとき，$\mu$ を**正の Radon 測度**と呼ぶ．

コンパクト部分集合 $K \subset X$ に対して，$\mathrm{supp}\, \varphi \subset K$ なる $\varphi \in C_c(X)$ の全体 $C_K(X)$ は $|\varphi|_K = \sup_{x \in K} |\varphi(x)|$ をノルムとする複素 Banach 空間である．複素線形形式 $\mu: C_c(X) \to \mathbb{C}$ で，任意のコンパクト部分集合 $K \subset X$ に対して $\mu|_{C_K(X)}$ が連続となるもの全体を $\mathcal{M}(X)$ とおく．$\mathcal{M}(X)$ の元を $X$ 上の**複素測度**と呼ぶ．$X$ 上の正の Radon 測度 $\mu$ を一つ固定したとき，$\mu$ に関して局所可積分な

複素数値関数 $f$ をとって $\mu_f(\varphi)=\int_X \varphi(x)f(x)d\mu(x)\,(\varphi\in C_c(X))$ とおくと $\mu_f\in\mathcal{M}(X)$ である．

$C_c^+(X)$ 上で実数値をとる $\mu\in\mathcal{M}(X)$ の全体を $\mathcal{M}^{\mathrm{real}}(X)$ とおき，$C_c^+(X)$ 上で非負実数値をとる $\mu\in\mathcal{M}^{\mathrm{real}}(X)$ の全体を $\mathcal{M}^+(X)$ とおくと，命題 B.2.1 より $\mathcal{M}^+(X)$ は $X$ 上の Radon 測度全体に対応している．任意の $\mu\in\mathcal{M}^{\mathrm{real}}(X)$ に対して，$\mu=\mu_1-\mu_2$ かつ $\mu=\nu_1-\nu_2\,(\nu_1,\nu_2\in\mathcal{M}^+(X))$ ならば $\nu_1-\mu_1=\nu_2-\mu_2\in\mathcal{M}^+(X)$ となる $\mu_1,\mu_2\in\mathcal{M}^+(X)$ が一意的に定まる．$\mu=\mu_1-\mu_2$ を $\mu$ の**最小分解**と呼ぶ([7, p.137])．任意の $\mu\in\mathcal{M}(X)$ に対して $\operatorname{Re}\mu,\operatorname{Im}\mu\in\mathcal{M}^{\mathrm{real}}(X)$ の最小分解を $\operatorname{Re}\mu=\mu_1-\mu_2$, $\operatorname{Im}\mu=\mu_3-\mu_4$ として，$\mu_i\in\mathcal{M}^+(X)$ に対応する $X$ 上の Radon 測度を同じく $\mu_i$ で表すと，$X$ 上の複素数値測度が

$$\mu(A)=\mu_1(A)-\mu_2(A)+\sqrt{-1}(\mu_3(A)-\mu_4(A))\qquad (A\in\mathfrak{B})$$

により定義される．このとき $\mu(\varphi)=\int_X \varphi(x)d\mu(x)\,(\varphi\in C_c(X))$ である．一方 $\mu\in\mathcal{M}(X)$ に対して，$\widetilde{\mu}(\varphi)=\sup_{\psi\in C_c(X):|\psi|\leq\varphi}|\mu(\psi)|\,(\varphi\in C_c^+(X))$ なる $\widetilde{\mu}\in\mathcal{M}^+(X)$ が一意的に定まり

$$\left|\int_X \varphi(x)d\mu(x)\right|\leq\int_X|\varphi(x)|d\widetilde{\mu}(x)\qquad(\varphi\in C_c(X)),$$

$$\widetilde{\mu}(X)=\sup_{0\neq\varphi\in C_c(X)}|\widetilde{\mu}(\varphi)|/|\varphi|=\sup_{0\neq\varphi\in C_c(X)}|\mu(\varphi)|/|\varphi|$$

が成り立つ．

$X$ の開集合 $V\subset X$ に対して，$\operatorname{supp}\varphi\subset V$ なる $\varphi\in C_c(X)$ の全体を $C_{c,V}(X)$ として，$\mathbb{C}$-線形写像 $\mu:C_{c,V}(X)\to\mathbb{C}$ で任意のコンパクト部分集合 $K\subset V$ に対して $\mu|_{C_K(X)}$ が連続となる $\mu$ のなす $\mathbb{C}$-ベクトル空間を $\Gamma(V,\mathcal{M}_X)$ とする．$X$ の開集合 $V\subset W\subset X$ と $\mu\in\Gamma(W,\mathcal{M}_X)$ に対して，制限写像を $\operatorname{res}_V^W\mu=\mu|_{C_{c,V}(X)}\in\Gamma(V,\mathcal{M}_X)$ により定義すると，$\mathcal{M}_X=\left\{\Gamma(V,\mathcal{M}_X),\operatorname{res}_V^W\right\}$ は $X$ 上の複素ベクトル空間の層をなす．そこで可換群の層の一般論に従って，$\mu\in\mathcal{M}(X)=\Gamma(X,\mathcal{M}_X)$ の台を

$$\operatorname{supp}(\mu)=\left\{x\in X\mid 0\neq[\mu]\in\mathcal{M}_{X,x}=\varinjlim_{x\in V\subset X:\mathrm{open}}\Gamma(V,\mathcal{M}_X)\right\}$$

と定義する．即ち，$x\in V\subset X$ なる任意の開集合 $V$ に対して $\mu|_{C_{c,V}(X)}\neq 0$ とな

る $x{\in}X$ の全体を $\mathrm{supp}(\mu)$ とおく ($F{=}\mathrm{supp}(\mu)$ は $\{\varphi{\in}C_c(X)|F\cap\mathrm{supp}(\varphi){=}\varnothing\}$ $\subset\mathrm{Ker}(\mu)$ を満たす $X$ の最小の閉集合，あるいは，$\{\varphi{\in}C_c(X)|\varphi|_F{=}0\}\subset$ $\mathrm{Ker}(\mu)$ を満たす $X$ の最小の閉集合である).

$X$ 上の無限遠で $0$ となる複素数値連続関数全体 $C_0(X)$ はノルム $|\varphi|=$ $\sup_{x\in X}|\varphi(x)|$ に関して複素 Banach 環である．連続な複素線形形式 $\mu\colon C_0(X)\to$ $\mathbb{C}$ の全体を $M(X)$ とおく．$C_c(X)$ は $C_0(X)$ の稠密な部分空間だから，$\mu\in M(X)$ と $\mu|_{C_c(X)}\in\mathcal{M}(X)$ を同一視すると，$M(X)$ は $\widetilde{\mu}(X){<}\infty$ なる $\mu\in\mathcal{M}(X)$ の全体なので，$M(X)$ の元を $X$ 上の**有界複素測度**と呼ぶ．$M(X)$ はノルム $|\mu|=\sup_{0\neq\varphi\in C_0(X)}|\mu(\varphi)|/|\varphi|$ に関して複素 Banach 空間となる．$M^{\mathrm{real}}(X)$ $=M(X)\cap\mathcal{M}^{\mathrm{real}}(X)$, $M^+(X){=}M(X)\cap\mathcal{M}^+(X)$ とおく．$p{\in}X$ に対して $\delta_p(\varphi)$ $=\varphi(p)$ $(\varphi{\in}C_0(X))$ とおくと $\delta_p{\in}M^+(X)$ で $|\delta_p|{=}1$ である．また，$X$ 上の正の Radon 測度 $\mu$ を一つ固定しておくと，$f{\in}L^1(X,\mu)$ に対して $\mu_f(\varphi){=}$ $\int_X f(x)\varphi(x)d\mu(x)$ $(\varphi{\in}C_0(X))$ により $\mu_f{\in}M(X)$ が定義され $|\mu_f|{=}|f|_1$ である．$M(X){=}\mathcal{L}(C_0(X),\mathbb{C})$ だから，$M(X)$ に強位相(184 頁参照)を与えると，命題 A.1.7 より次の命題が従う；

**命題 B.2.2**
(1) $X$ 上の正の Radon 測度 $\mu$ を一つ固定すると，$\{\mu_\varphi|\varphi{\in}C_c(X)\}$ は強位相に関して $M(X)$ の稠密な部分空間である，
(2) $\langle\delta_p|p{\in}X\rangle_{\mathbb{C}}$ は強位相に関して $M(X)$ の稠密な部分空間である．

さて $X$ 上の複素数値連続関数全体のなす複素ベクトル空間を $C^0(X)$ と書いたが，コンパクト部分集合 $K{\subset}X$ に対して $|\varphi|_K{=}\sup_{x\in K}|\varphi(x)|$ は $C^0(X)$ 上の半ノルムを与える．そこで半ノルムの系 $\{|*|_K|K{\subset}X\colon\text{コンパクト部分集合}\}$ による $C^0(X)$ 上の局所凸 Hausdorff 位相を簡単に **u.c.c. 位相**(uniform convergence on compacta)と呼ぶことにする．u.c.c. 位相に関して連続な複素線形形式 $\mu\colon C^0(X)\to\mathbb{C}$ の全体を $M_c(X)$ とおく．$C_c(X)$ は u.c.c. 位相に関して $C^0(X)$ の稠密な部分空間だから，$\mu{\in}M_c(X)$ と $\mu|_{C_c(X)}\in\mathcal{M}(X)$ を同一視すると

$$M_c(X) = \{\mu \in \mathcal{M}(X) \mid \mathrm{supp}(\mu) : \text{コンパクト}\}$$

となるので，$M_c(X)$ の元を $X$ 上の**コンパクト台の複素測度**と呼ぶのである．$C_c(X)$ 上では u.c.c. 位相は一様ノルムによる位相より強いから $M_c(X) \subset M(X)$ であるが，更に

**命題 B.2.3** $M_c(X) \subset M(X)$ は $M(X)$ のノルムに関して稠密である．

［証明］ $\nu \in M(X) \cap \mathcal{M}^+(X)$ とする．任意の $\varepsilon > 0$ に対して，$\nu(K) > \nu(X) - \varepsilon$ なるコンパクト集合 $K \subset X$ がある．$K \subset W$ かつ $\overline{W}$ がコンパクトなる開集合 $W \subset X$ をとると，$0 \le \varphi(x) \le 1 (x \in X)$ で，$K$ 上では $1$，$W$ の外では $0$ となる $\varphi \in C_c(X)$ がある．このとき $\varphi \cdot \nu \in M_c(X)$ かつ

$$|\nu - \varphi \cdot \nu| = (\nu - \varphi \cdot \nu)(X) \le \nu(X) - \nu(K) < \varepsilon$$

となる．∎

$M_c(X) = \mathcal{L}(C^0(X), \mathbb{C})$ だから $M_c(X)$ 上の強位相(184 頁参照)を考えると，命題 A.1.7 より次の命題が従う；

**命題 B.2.4**
(1) $X$ 上の正の Radon 測度 $\mu$ を一つ固定すると，$\{\mu_\varphi | \varphi \in C_c(X)\}$ は強位相に関して $M_c(X)$ の稠密な部分空間である，
(2) $\langle \delta_p | p \in X \rangle_\mathbb{C}$ は強位相に関して $M_c(X)$ の稠密な部分空間である．

最後に局所凸空間に値をとる関数の積分について説明しておく．以下，$H$ を局所凸 Hausdorff 複素位相線形空間とする．$H' = \mathcal{L}(H, \mathbb{C})$ とおき，$H'$ 上の(連続とは限らない)複素線形形式全体のなす複素線形空間を $H'^*$ と書いて，$v \in H, \alpha \in H', a \in H'^*$ に対して

$$\langle v, \alpha \rangle = \alpha(v), \qquad \langle a, \alpha \rangle = a(\alpha)$$

とおく．$H'^*$ は，任意の $\alpha \in H'$ に対して $a \mapsto \langle a, \alpha \rangle$ が連続となる最弱の位相に

関して局所凸 Hausdorff 複素位相線形空間となる．命題 A.1.6 より $v \mapsto \langle v, * \rangle$ は $H$ から $H'^*$ への単射だから，$v = \langle v, * \rangle$ と同一視することにより $H$ を $H'^*$ の部分空間とみなす．ただし，$H$ の位相は $H'^*$ からの相対位相とは必ずしも一致しないことに注意する．

さて，関数 $f \colon X \to H$ が可測であるとは，任意の $\alpha \in H'$ に対して $x \mapsto \langle f(x), \alpha \rangle$ が $X$ 上の可測関数となることとする．可測関数 $f \colon X \to H$ と $\mu \in \mathcal{M}(X)$ が与えられて，任意の $\alpha \in H'$ に対して

$$\int_X |\langle f(x), \alpha \rangle| d\widetilde{\mu}(x) < \infty$$

となるとき，$f$ は**係数的に** $\mu$-**可積分**であるという．このとき複素線形形式 $\alpha \mapsto \int_X \langle f(x), \alpha \rangle d\mu(x)$ を $\int_X f(x)d\mu(x) \in H'^*$ と書く．即ち

$$\langle \int_X f(x)d\mu(x), \alpha \rangle = \int_X \langle f(x), \alpha \rangle d\mu(x) \qquad (\alpha \in H')$$

である．$\int_X f(x)d\mu(x)$ は $H$ の元であるとは限らないことに注意する．以下で，これが $H$ の元となるための十分条件を与える．そのために，以下，$\mu \in M(X) \cap \mathcal{M}^+(X)$ と仮定する．

**命題 B.2.5** 係数的に $\mu$-可積分な関数 $f \colon X \to H$ に対して $[f(\operatorname{supp}\mu)] \subset H$ の $H'^*$ における閉包を $D \subset H'^*$ とすると $\int_X f(x)d\mu(x) \in |\mu| \cdot D$ である．

[証明] $H'$ に離散位相を与えて命題 A.1.6 を用いれば，連続 $\mathbb{C}$-線形写像 $\gamma \colon H'^* \to \mathbb{C}$ は $\langle *, \alpha \rangle$ ($\alpha \in H'$) に限るから，系 A.1.10 より，$M = f(\operatorname{supp}\mu)$ とおいて，

$$D = \left\{ a \in H'^* \mid \operatorname{Re}\langle a, \alpha \rangle \leq \sup_{b \in M} \operatorname{Re}\langle b, \alpha \rangle \quad \forall \alpha \in H' \right\}$$

となる．任意の $\alpha \in H'$ に対して，$C = \sup_{b \in M} \operatorname{Re}\langle b, \alpha \rangle$ とおくと，$x \in \operatorname{supp}\mu$ に対して $\operatorname{Re}\langle f(x), \alpha \rangle \leq C$ だから

$$\operatorname{Re}\langle \int_X f(x)d\mu(x), \alpha \rangle = \int_X \operatorname{Re}\langle f(x), \alpha \rangle d\mu(x)$$
$$= \int_{\operatorname{supp}\mu} \operatorname{Re}\langle f(x), \alpha \rangle d\mu(x) \leq C \cdot \mu(X) = C \cdot |\mu|.$$

よって $|\mu|^{-1}\int_X f(x)d\mu(x)\in D$ となる． ∎

**命題 B.2.6** 可測関数 $f: X \to H$ に対して，$f(\mathrm{supp}\,\mu)\subset A$ なる凸かつ $H'^*$ からの相対位相に関してコンパクトな部分集合 $A\subset H$ が存在するならば，$f$ は係数的に $\mu$-可積分で $\int_X f(x)d\mu(x)\in|\mu|\cdot A\subset H$ である．

[証明] 任意の $\alpha\in H'$ に対して，$\langle A,\alpha\rangle\subset\mathbb{C}$ はコンパクト部分集合だから $\langle f(\mathrm{supp}\,\mu),\alpha\rangle\subset\mathbb{C}$ は有界集合である．したがって

$$\int_X |\langle f(x),\alpha\rangle|d\mu(x) \leq \mu(\mathrm{supp}\,\mu)\cdot \sup_{x\in\mathrm{supp}\,\mu}|\langle f(x)\alpha\rangle| < \infty$$

となり，$f$ は係数的に $\mu$-可積分である．また，$A\subset H'^*$ は凸かつ閉集合だから，命題 B.2.5 より $\int_X f(x)d\mu(x)\in|\mu|\cdot A$． ∎

特に $H$ がノルム空間の場合には，更に具体的な十分条件が得られる；

**命題 B.2.7** 複素ノルム空間 $H$ への連続関数 $f: X\to H$ に対して，$f(\mathrm{supp}\,\mu)$ を含む凸円形で有界かつ完備なる部分集合 $A\subset H$ が存在するならば，$f$ は係数的に $\mu$-可積分で $\int_X f(x)d\mu(x)\in|\mu|\cdot A\subset H$ となる．

[証明] $C=\sup\limits_{v\in A}|v|$ とおくと，任意の $\alpha\in H'$ に対して

$$|\langle f(x),\alpha\rangle| \leq |\alpha||f(x)| \leq C\cdot|\alpha| \qquad (x\in\mathrm{supp}\,\mu)$$

だから

$$\int_X |\langle f(x),\alpha\rangle|d\mu(x) = \int_{\mathrm{supp}\,\mu}|\langle f(x),\alpha\rangle|d\mu(x) \leq |\mu|C\cdot|\alpha| < \infty.$$

ここで $\mu(\mathrm{supp}\,\mu)\leq\mu(X)<\infty$ だから，問題 B.2.1 より $\mathrm{supp}\,\mu$ のコンパクト部分集合の列 $K_n\,(n=1,2,\cdots)$ で，$i\neq j$ ならば $K_i\cap K_j=\emptyset$ かつ

$$\mu\left(\mathrm{supp}\,\mu - \bigcup_{i=1}^n K_i\right) < \frac{1}{n}$$

なるものがとれる．$A_n=[f(K_n)]$ は $H$ の凸かつコンパクトな部分集合だから，特に $H'^*$ からの相対位相に関してコンパクトである．よって $K_n$ の特性関数を $\chi_n$ として，命題 B.2.6 より

$$u_n = \int_X \chi_n(x)f(x)d\mu(x) \in \mu(K_n)\cdot A_n \subset \mu(K_n)\cdot A$$

である．そこで

$$s_n = u_1+\cdots+u_n \in \mu(K_1)\cdot A+\cdots+\mu(K_n)\cdot A \subset \mu(X)\cdot A$$

とおく．ここで

$$|u_n| \leq \mu(K_n)\cdot C, \qquad \sum_{n=1}^\infty \mu(K_n) \leq \mu(\operatorname{supp}\mu) < \infty$$

だから $s = \lim_{n\to\infty} s_n \in \mu(X)\cdot A$ とおく．任意の $\alpha \in H'$ に対して

$$\left|\left\langle \sum_{i=1}^n (\chi_i f)(x), \alpha \right\rangle\right| \leq |\langle f(x), \alpha\rangle| \qquad (x \in X)$$

だから Lebesgue の項別積分定理により

$$\begin{aligned}
\langle s, \alpha\rangle &= \lim_{n\to\infty}\langle s_n, \alpha\rangle = \lim_{n\to\infty}\int_X \left\langle \sum_{i=1}^n (\chi_i f)(x), \alpha\right\rangle d\mu(x)\\
&= \int_X \lim_{n\to\infty}\left\langle \sum_{i=1}^n (\chi_i f)(x), \alpha\right\rangle d\mu(x) = \int_X \langle f(x), \alpha\rangle d\mu(x)
\end{aligned}$$

となる．即ち $\int_X f(x)d\mu(x) = s \in \mu(X)\cdot A \subset H$ である．∎

**問題 B.2.1** Radon 測度 $\mu \in \mathcal{M}^+(X)$ と $A \in \mathfrak{B}(X)$ に対して，$\mu(A) < \infty$ ならば $\mu(A) = \sup\{\mu(K) | K \subset A\colon \text{コンパクト}\}$ であることを示せ．

## B.3 Haar 測度

以下，局所コンパクト群 $G$ を一つ固定して議論しよう．$G$ は可算個のコンパクト集合の和集合であると仮定しておく．

$G$ 上の正の Radon 測度 $\mu$ が，任意の $A \in \mathfrak{B}(G), g \in G$ に対して $\mu(gA) = \mu(A)$ を満たすとき，$\mu$ を $G$ 上の**左 Haar** 測度と呼ぶ．同様に任意の $A \in \mathfrak{B}(G), g \in G$ に対して $\mu(Ag) = \mu(A)$ を満たすとき，$\mu$ を $G$ の**右 Haar** 測度と呼ぶ．$G$ 上の左 Haar 測度 $\mu$ に対して $\tilde{\mu}(A) = \mu(A^{-1})\ (A \in \mathfrak{B}(G))$ とおくと $\tilde{\mu}$ は $G$ 上の右 Haar 測度となる．次の定理が基本的である([16, §29], [35] 参照)；

**定理 B.3.1**　$G$ 上の左 Haar 測度は定数倍を除いて一意的に存在する．

$\mu$ を $G$ 上の左 Haar 測度とすると，左 Haar 測度の一意性(定理 B.3.1)より，任意の $x\in G$ と $A\in\mathfrak{B}(G)$ に対して $\mu(Ax)=\Delta_G(x)\mu(A)$ なる $0<\Delta_G(x)\in\mathbb{R}$ が存在する．記号的に書けば $d\mu(yx)=\Delta_G(x)d\mu(y)$ である．このとき
(1) $\Delta_G$ は $G$ から乗法群 $\mathbb{R}^\times$ への連続な群の準同型写像である，
(2) 任意の $\varphi\in C_c(G)$ に対して
$$\int_G \varphi(x^{-1})d\mu(x) = \int_G \varphi(x)\Delta_G(x^{-1})d\mu(x)$$
である．記号的に書けば $d\mu(x^{-1})=\Delta_G(x^{-1})d\mu(x)$ である．
$\Delta_G$ を $G$ の**モジュラー関数**と呼ぶ($\Delta_G$ は左 Haar 測度 $\mu$ の選択には依存しない)．モジュラー関数 $\Delta_G$ が恒等的に 1 のとき，即ち左 Haar 測度が同時に右 Haar 測度でもあるとき，$G$ は**ユニモジュラー**であるといい，$G$ 上の左(したがって右)Haar 測度を単に $G$ 上の Haar 測度と呼ぶ．コンパクト群は常にユニモジュラーである．

以下，$G$ 上の左 Haar 測度 $d_G(x)$ を一つ固定しておく．

ここで局所コンパクト空間 $X$ に $G$ が連続かつ推移的に作用しているとして，$X$ 上の**相対不変測度**についてまとめておく．$X$ 上の正の Radon 測度 $\mu$ に関して，任意の $g\in G$ と $A\in\mathfrak{B}(X)$ に対して $\delta(g)>0$ かつ $\mu(g\cdot A)=\delta(g)^{-1}\mu(A)$ となる $G$ 上の実数値関数 $\delta$ が存在するとき(記号的に書けば $d\mu(g\cdot x)=\delta(g)^{-1}d\mu(x)$)，$\mu$ を $X$ 上の **$\delta$-不変測度**と呼ぶ．$\delta$ が恒等的に 1 のとき $\mu$ を **$G$-不変測度**と呼ぶ．$G$ の閉部分群 $H$ があって $X=G/H$ である場合が基本的である．そこで以下，$H$ の左 Haar 測度 $d_H(x)$ を一つ固定しておく．次の二つの定理が基本的である([5, Chap.III, 13.15] 参照)；

**定理 B.3.2**　$X=G/H$ が $\delta$-不変測度をもつならば
(1) $\delta$ は $G$ から乗法群 $\mathbb{R}^\times$ への連続な群の準同型写像である，
(2) 任意の $h\in H$ に対して $\Delta_G(h)=\delta(h)\cdot\Delta_H(h)$ である，
(3) $X=G/H$ 上の $\delta$-不変測度は定数倍を除いて一意的である．

**定理 B.3.3** $G$ から正の実数全体のなす乗法群への連続な群の準同型写像 $\delta$ が, 任意の $h \in H$ に対して $\Delta_G(h) = \delta(h) \cdot \Delta_H(h)$ を満たすならば

$$\int_{G/H} \left( \int_H \varphi(gh) d_H(h) \right) d\mu(\dot{g}) = \int_G \varphi(g) \delta(g)^{-1} d_G(g) \qquad (\varphi \in C_c(G))$$

なる $G/H$ 上の $\delta$-不変測度 $\mu$ が存在する.

ところで $G$ の任意の閉部分群 $H$ に対して, 定理 B.3.3 の条件を満たす $\delta$ が常に存在するとは限らない. そこで条件を少し弱めて, $G$ 上の正の実数値連続関数 $\rho$ が次の二条件を満たすとする(このとき $\rho$ を $H$ に関する $G$ 上の $\rho$-関数と呼ぶ);

(1) 任意の $g \in G, h \in H$ に対して $\rho(gh) = \rho(g)\rho(h)$,
(2) 任意の $h \in H$ に対して $\rho(h) = \Delta_H(h) \Delta_G(h)^{-1}$.

このとき $x \in G$ と $\xi = \dot{z} \in G/H$ に対して $J_\rho(x, \xi) = \rho(xz)/\rho(z)$ とおくと

$$J_\rho(xy, \xi) = J_\rho(x, y \cdot \xi) \cdot J_\rho(y, \xi) \qquad (x, y \in G, \ \xi \in G/H)$$

である. ここで $\varphi \in C_c(G)$ に対して $\widetilde{\varphi}(\dot{x}) = \int_H \varphi(xh) d_H(h)$ $(\dot{x} \in G/H)$ とおくと, $\varphi \mapsto \widetilde{\varphi}$ は $C_c(G)$ から $C_c(G/H)$ への全射複素線形写像である(問題 B.3.1)が, $\widetilde{\varphi} = 0$ ならば $\int_G \varphi(x) \rho(x) d_G(x) = 0$ となるから, 複素線形写像 $I_\rho : C_c(G/H) \to \mathbb{C}$ が $I_\rho(\widetilde{\varphi}) = \int_G \varphi(x) \rho(x) d_G(x)$ $(\varphi \in C_c(G/H))$ により定義されて $I_\rho(C_c^+(G/H)) \subset \mathbb{R}_{\geq 0}$ である. そこで $I_\rho$ に付随する $G/H$ 上の Radon 測度を $\mu_\rho$ とおくと, 任意の $\varphi \in C_c(G)$ に対して

$$\int_G \varphi(x) \rho(x) d_G(x) = \int_{G/H} \left( \int_H \varphi(xh) d_H(h) \right) d\mu_\rho(\dot{x}) \tag{B.1}$$

が成り立つ. また, 任意の $x \in G$ と $\varphi \in C_c(G/H)$ に対して

$$\int_{G/H} \varphi(x^{-1} \cdot \xi) d\mu_\rho(\xi) = \int_{G/H} \varphi(\xi) J_\rho(x, \xi) d\mu_\rho(\xi)$$

(記号的に書けば $d\mu_\rho(x \cdot \xi) = J_\rho(x, \xi) d\mu_\rho(\xi)$)である. ここで大切なことは次の命題が成り立つことである([2, Chap.VII, §2, no.5, Th.2], [5, Chap.III, 14.5] 参照);

**命題 B.3.4** $G$ の任意の閉部分群 $H$ に対して, $H$ に関する $G$ 上の $\rho$-関数が存在する.

**問題 B.3.1** $G$ の閉部分群 $H$ に対して, 次を示せ. $\varphi \in C_c(G)$ に対して $\widetilde{\varphi}(\dot{x}) = \int_H \varphi(xh) dh_H(h)$ $(\dot{x} \in G/H)$ とおくと $\widetilde{\varphi} \in C_c(G/H)$ である. $\varphi \mapsto \widetilde{\varphi}$ は $C_c(G)$ から $C_c(G/H)$ への全射複素線形写像である.

**問題 B.3.2** $G$ 上の複素数値関数 $\varphi, \psi$ をとって $\int_G |\varphi(xy)\psi(y^{-1})| d_G(y) < \infty$ なる $x \in G$ に対して

$$(\varphi * \psi)(x) = \int_G \varphi(xy)\psi(y^{-1}) d_G(y) = \int_G \varphi(y^{-1})\psi(yx) \Delta_G(y^{-1}) d_G(y)$$

により定義された関数 $\varphi * \psi$ を $\varphi$ と $\psi$ の畳込み積と呼ぶ. $\varphi \in C_c(G)$ と $f \in L_{\text{loc}}(G)$ に対して $\varphi * f$ は $G$ 上の連続関数であることを示せ. また, $G$ がユニモジュラーならば, $\varphi \in C_0(G)$ と $f \in L^1(G)$ に対して $\varphi * f$ は $G$ 上の連続関数であることを示せ.

**問題 B.3.3** $f \in L^p(G)$, $g \in L^q(G)$ ($0 < p, q < \infty$, $p^{-1} + q^{-1} = 1$) に対して, $G$ がユニモジュラーならば $f * g \in C_0(G)$ で $|f * g| \le |f|_p |g|_q$ であることを示せ.

**問題 B.3.4** $f \in L^1(G)$ と $g \in L^\infty(G)$ に対して $f * g$ は $G$ 上の一様連続関数であることを示せ.

**問題 B.3.5** $H, K$ は $G$ の閉部分群で, $G/K$ が $\delta$-不変測度をもち, かつ $G = KH$ であるとする. $H$ の左 Haar 測度を $d_H(h)$ とすると, 任意の $\varphi \in C_c(G)$ に対して

$$\int_G \varphi(g) d_G(g) = \int_H \int_K \varphi(hk) \delta(k) d_K(k) d_H(h)$$
$$= \int_K \int_H \varphi(kh) \Delta_G(h) \Delta_H(h)^{-1} d_H(h) d_K(k)$$

が成り立つように $K$ の左 Haar 測度 $d_K(k)$ を定めることができることを示せ.

**問題 B.3.6** 閉部分群 $H \subset G$ に関する $G$ 上の $\rho$-関数 $\rho_1, \rho_2$ に対して, $\sigma(\dot{x}) = \rho_1(x)/\rho_2(x)$ ($\dot{x} \in G/H$) とおくと, 次の積分公式が成り立つことを示せ;

$$\int_{G/H} \varphi(x) d\mu_{\rho_1}(x) = \int_{G/H} \varphi(x) \sigma(x) d\mu_{\rho_2}(x) \quad (\varphi \in C_c(G/H)).$$

# 問題の略解

**問題 0.1.1** $G=\bigsqcup_{i=1}^{r} g_i H$ とすると，$\varphi \mapsto (\varphi(g_1), \cdots, \varphi(g_r))$ により複素ベクトル空間の同型 $E \xrightarrow{\sim} V^r$ が与えられるから $\dim_{\mathbb{C}} E = (G:H) \cdot \dim_{\mathbb{C}} V$ である．

**問題 0.1.2** 定義から明らか．

**問題 0.2.1** $\langle X_1+X_2+X_3 \rangle_{\mathbb{C}}$ が $S_3$-不変な1次元部分空間であり，その補空間 $\{aX_1+bX_2+cX_3 | a+b+c=0\}$ は既約である．

**問題 0.3.1** 問題 0.5.2 から，$G=\bigsqcup_{g \in R} gH$ とおくと，$E=\mathbb{C}[G] \otimes_{\mathbb{C}[H]} V = \bigoplus_{g \in R} g \otimes V$ である．よって $x \in G, g \in R$ に対して $xg=g^x h_x \ (g^x \in R, h_x \in H)$ とおいて

$$\chi_\pi(x) = \sum_{g \in R, g^x = g} \mathrm{tr}[g \otimes V \ni u \mapsto xu \in g \otimes V]$$
$$= \sum_{g \in R, g^x = g} \mathrm{tr}[V \ni u \mapsto h_x u \in V] = \sum_{g \in R, g^{-1}xg \in H} \chi_\sigma(g^{-1}xg).$$

$(x,g) \mapsto (g^{-1}xg, g)$ は $\{(x,g) \in G \times R | g^{-1}xg \in H\}$ から $H \times R$ への全単射だから

$$\langle \chi_\pi, \chi_\tau \rangle_G = |G|^{-1} \sum_{x \in G} \sum_{g \in R, g^{-1}xg \in H} \chi_\sigma(g^{-1}xg) \chi_\tau(x^{-1})$$
$$= |G|^{-1} \sum_{h \in H, g \in R} \chi_\sigma(h) \chi_\tau(gh^{-1}g^{-1})$$
$$= |H|^{-1} \sum_{h \in H} \chi_\sigma(h) \chi_\tau(h^{-1}) = \langle \chi_\sigma, \chi_\tau|_H \rangle_H.$$

**問題 0.3.2** 問題 0.3.1 より $\mathbf{1}_H^G(x) = |H|^{-1} |Z_G(x)| \sharp(\{x\}_G \cap H)$ である．

**問題 0.3.3** $X$ 上の置換表現は $\Omega_i$ 上の置換表現の直和となり，$\Omega_i = G/H_i$ とみれば $\Omega_i$ 上の置換表現は $\mathbf{1}_{H_i}^G$ である．Frobenius 相互律から $\langle \mathbf{1}_{H_i}^G, \mathbf{1}_G \rangle = 1$ である．$G$ が $X$ 上に二重可移に作用する必要十分条件は，$G$ が $X$ 上に推移的に作用し（即ち，$\langle \chi_\pi, \mathbf{1}_G \rangle_H = 1$）かつ $x \in X$ の固定部分群 $H$ の作用による $X$ 上の軌道が2個となることである．後者の条件は $\langle \chi_\pi|_H, \mathbf{1}_H \rangle_H = 2$ と同値であ

るが，Frobenius 相互律から $\langle \chi_\pi|_H, \mathbf{1}_H\rangle_H = \langle \chi_\pi, \mathbf{1}_H^G\rangle_G$ で $\mathbf{1}_H^G = \chi_\pi$ である．

**問題 0.4.1** 自明な 1 次元表現と sign に関する指標は直ちにわかる．残り一つの既約表現 $\pi$ の指標は第二直交関係から決定される．

**問題 0.4.2** $\langle X_1 + X_2 + X_3 + X_4\rangle_\mathbb{C}$ が $S_4$ の自明な 1 次元表現に対応する $S_4$-不変な部分空間で，その $S_4$-不変な補空間上の 3 次元表現 $\pi_1$ と $\pi_{4,1}$ の指標表は

|        | A | B | C  | D | E  |
|--------|---|---|----|---|----|
| $\mathbf{1}$ | 1 | 1 | 1  | 1 | 1  |
| $\pi_{4,1}$ | 4 | 2 | 0  | 1 | 0  |
| $\pi_1$ | 3 | 1 | -1 | 0 | -1 |

となり，$\pi_1$ は既約．$\langle X_1^2, X_2^2, X_3^2, X_4^2\rangle_\mathbb{C}$ は $\pi_{4,1}$ と同型な $V_{4,2}$ の部分空間で，その $S_4$-不変な補空間上の 6 次元表現 $\pi'_{4,2}$ と $\pi_{4,2}$ の指標表は

|            | A  | B | C | D | E |
|------------|----|---|---|---|---|
| $\pi_{4,2}$  | 10 | 4 | 2 | 1 | 0 |
| $\pi'_{4,2}$ | 6  | 2 | 2 | 0 | 0 |

となり，$\pi'_{4,2}$ は自明な 1 次元表現 $\mathbf{1}$ と $\pi_1$ をそれぞれ重複度 1 で含む．残りの 2 次元表現を $\pi_2$ とすると，これは既約．最後の既約表現 $\pi_3$ の指標は第二直交関係から求められる．

**問題 0.5.1** $\alpha_g = \sum_{i=1}^r a_i \chi_i\, (a_i \in \mathbb{C})$ とおくと $a_i = \langle \alpha_g, \chi_i\rangle = |G|^{-1} \sharp\{g\}_G \cdot \chi_i(g^{-1}) = |Z_G(g)|^{-1}\chi_i(g^{-1})$ となる．

**問題 0.5.2** $\varphi \in L(G)$ と $h \in H \subset \mathbb{C}[H]$ に対して $(\varphi \cdot h^{-1})(x) = \varphi(xh)$ だから，$(\varphi \cdot h^{-1}) \otimes v = \varphi \otimes (\sigma^{-1}(h)v)$ となり，$\Phi_{\varphi,v} \in E$ である．$G = \bigsqcup_{g \in R} gH$ とおくと，$\mathbb{C}[G]$ は $R$ を基底とする自由右 $\mathbb{C}[H]$-加群だから $\varphi \otimes v \mapsto \Phi_{\varphi,v}$ は $\mathbb{C}[G] \otimes_{\mathbb{C}[H]} V$ から $E$ への単射となり，次元を比較すれば全射である．

**問題 0.7.1** $GL(H)$ の位相の定義から明らか．

**問題 0.7.2** Riesz の表現定理から，任意の $\alpha \in H'$ は $\alpha = (*, u)\, (u \in H)$ と書けるから，$\beta = (*, v) \in H'\, (v \in H)$ との内積を $(\alpha, \beta) = \overline{(u, v)}$ により定義すると，$H'$ は複素 Hilbert 空間となる．$\pi'(x)\alpha = (*, \pi(x)u)$ だから，$x \mapsto (\pi'(x)\alpha, \beta) = \overline{(\pi(x)u, v)}$ は連続である．

**問題 0.7.3** 代数的テンソル積 $H_1 \otimes_{\mathbb{C}} H_2$ は複素 Hilbert 空間 $H_1 \widehat{\otimes}_{\mathbb{C}} H_2$ の稠密な部分空間で，$u_i, v_i \in H_i$ に対して $(x,y) \mapsto (\pi_1(x)u_1, v_1)(\pi_2(y)u_2, v_2)$ は連続である．

**問題 0.7.4** 問題 0.7.3 から明らか．

**問題 0.7.5** $\mathfrak{g}$ の基底 $\{X_1, \cdots, X_n\}$ を $\{X_1, \cdots, X_r\}$ が $\mathfrak{a}$ の基底を成すようにとれば，$X \in \mathfrak{g}$ に対して，$\mathrm{ad}(X)$ の表現行列は $\begin{bmatrix} A(X) & B(X) \\ 0 & D(X) \end{bmatrix}$ ($A(X) \in M_r(\mathbb{R})$) となり，$X \in \mathfrak{a}$ ならば $D(X) = 0$ となるから，$B_{\mathfrak{g}}(X,Y) = \mathrm{tr}(A(X)A(Y)) = B_{\mathfrak{a}}(X,Y)$ となる．

**問題 0.7.6** (1) 任意の $X \in \mathfrak{g}, Y \in \mathfrak{a}$ に対して $B_{\mathfrak{g}}(X,Y) = B_{\mathfrak{a}}(X,Y) = 0$ となるから．(3) $\mathfrak{a} \cap \mathfrak{a}^{\perp} \subset \mathfrak{a}$ は $\mathfrak{g}$ のイデアルだから $\mathfrak{a} \cap \mathfrak{a}^{\perp} = \mathfrak{a}$ または $\mathfrak{a} \cap \mathfrak{a}^{\perp} = \{0\}$ である．$\mathfrak{a} \cap \mathfrak{a}^{\perp} = \mathfrak{a}$ と仮定すると，任意の $X, X' \in \mathfrak{a}, Y \in \mathfrak{g}$ に対して $B_{\mathfrak{g}}([X,X'], Y) = -B_{\mathfrak{g}}(X', [X,Y]) = 0$ となるから，$[\mathfrak{a}, \mathfrak{a}] = 0$ となり，$\mathfrak{a} = \{0\}$ となって矛盾する．よって $\mathfrak{a} \cap \mathfrak{a}^{\perp} = \{0\}$ である．よって $B_{\mathfrak{g}}$ の非退化性から $\mathfrak{g} = \mathfrak{a} \oplus \mathfrak{a}^{\perp}$ を得る．(4) $\mathfrak{g}$ の単純イデアル $\mathfrak{a}$ に対して，$X \in \mathfrak{a}, Y \in \mathfrak{a}^{\perp}$ ならば $[X,Y] = 0$ である．$\mathfrak{g} = \mathfrak{a} \oplus \mathfrak{a}^{\perp}$ より，$\mathfrak{a}^{\perp}$ は半単純 Lie 環で，$\mathfrak{a}^{\perp}$ のイデアルは $\mathfrak{g}$ のイデアルでもある．よって $\cdots$. (5) $\mathfrak{g}$ が単純イデアル $\mathfrak{a}_1, \cdots, \mathfrak{a}_r$ の直和とすると，$i \neq j$ ならば $[\mathfrak{a}_i, \mathfrak{a}_j] = 0$ であり，$[\mathfrak{a}_i, \mathfrak{a}_i] = \mathfrak{a}_i$ となるから，$[\mathfrak{g}, \mathfrak{g}] = \mathfrak{g}$ となる．

**問題 1.3.1** $\lambda \in \sigma_A(p(x))$ として $p(t) - \lambda = \gamma \prod_{i=1}^{n}(t - \lambda_i)$ とすると $p(x) - \lambda 1 = \gamma \prod_{i=1}^{n}(x - \lambda_i 1) \notin A_e^{\times}$ だから，$x - \lambda_i 1 \notin A_e^{\times}$ なる $i$ がある．よって $\lambda_i \in \sigma_A(x)$ で $\lambda = p(\lambda_i)$．逆に $\lambda \in \sigma_A(x)$ とすると $p(t) - p(\lambda)$ は $t - \lambda$ で割り切れて，$x - \lambda 1 \notin A_e^{\times}$ だから $p(x) - p(\lambda) \notin A_e^{\times}$，よって $p(\lambda) \in \sigma_A(p(x))$．

**問題 1.6.1** $\mathfrak{a} \in \mathfrak{I}$ として $v = (u, -1) \in \mathfrak{a} \setminus A$ とすると，任意の $x \in A$ に対して $xu - x, ux - x \in \mathfrak{b} = \mathfrak{a} \cap A$ となり，$\mathfrak{a} = \{(x, \lambda) \in A_e | x + \lambda u \in \mathfrak{b}\}$ となる．

**問題 1.6.2** (1) $x \notin \widetilde{M} \cup \widetilde{N}$ ならば $\varphi(x) \neq 0, \psi(x) \neq 0$ なる $\varphi \in \mathrm{rad}_A(M)$, $\psi \in \mathrm{rad}_A(N)$ がある．このとき $f = \varphi \cdot \psi \in \mathrm{rad}_A(M) \cap \mathrm{rad}_A(N) = \mathrm{rad}_A(M \cup N)$ で $f(x) \neq 0$ だから $x \notin \widetilde{M \cup N}$．よって $\widetilde{M} \cup \widetilde{N} \subset \widetilde{M \cup N} \subset \widetilde{M} \cup \widetilde{N}$. $M \subset \widetilde{M}$ より $\mathrm{rad}_A(M) \supset \mathrm{rad}_A(\widetilde{M})$ であるが，$\widetilde{M}$ の定義から $\mathrm{rad}_A(\widetilde{M}) \supset \mathrm{rad}_A(M)$ となり，$\mathrm{rad}_A(\widetilde{M}) = \mathrm{rad}_A(M)$，よって $\widetilde{\widetilde{M}} = \widetilde{M}$. (2) 任意の閉集合 $F \subset X$ に対して $\widetilde{F} = F$ となるには，$p \notin F$ に対して $p \notin \widetilde{F}$，即ち $f(p) \neq 0$ なる $f \in \mathrm{rad}_A(F)$ が存在す

ればよい．

**問題 1.6.3**　$x^*=x$ なる $x\in A$ で生成された $A$ の $C^*$-部分環は 1 をもつ可換な $C^*$-環だから，コンパクト空間 $X$ に対する $C(X)$ と同一視すれば(1)と(2)は明らか．$x^*=x\neq 0$ なる $x\in A$ に対して $y=|x|^{-1}x$ とおけば，$y\in A^+$ と $|y-1|\leq 1$ は同値．

**問題 1.6.4**　$x\in A^+\cap(-A^+)$ とすると $\sigma_A(x)=\{0\}$，よって $|x|=|x|_{sp}=0$．$A$ は 1 をもつとしてよい．$x,y\in A^+$ として，$M>\text{Max}\{|x|,|y|\}$ をとって $x'=M^{-1}x, y'=M^{-1}y$ とおけば，$|x'-1|\leq 1$, $|y'-1|\leq 1$, よって $|(x'+y')/2-1|\leq 1$ となり $(x'+y')/2\in A^+$, よって $x+y\in A^+$．

**問題 1.6.5**　まず $a^*=a$ なる $a\in A$ を考える．$A, B$ はともに 1 をもつと仮定してよい．$\mathbb{C}[a], \mathbb{C}[T(a)]$ の閉包を考えれば，$A, B$ は可換な $C^*$-環で $T(A)\subset B$ は稠密としてよい．$T': \Delta(B)\to\Delta(A)$ を $T'(\beta)=\beta\circ T$ により定義すると，$T'$ は連続かつ全射となる．よって $|a|=|\hat{a}|=|\widehat{T(a)}|=|T(a)|$ となる．一般の $x\in A$ に対しては $a=x^*x$ を考えればよい．

**問題 2.3.1**　定理 2.3.1 の記号を用いる．$(x, x_i)=0 \, (1\leq i<n)$ ならば $(Tx, x)\leq \lambda_n\cdot|x|^2$ となるから，$\lambda_n\geq \inf\limits_{\dim_{\mathbb{C}} M<n} \lambda_M$．逆に $M=\langle y_1,\cdots,y_{n-1}\rangle_{\mathbb{C}}\subset X$ に対して $0\neq x=\sum\limits_{i=1}^n \alpha_i x_i\in M^\perp$ がとれて $(Tx,x)\geq \lambda_n|x|^2$ となるから，$\lambda\leq \lambda_M$ となる．

**問題 2.3.2**　Hilbert-Schmidt 作用素 $T_K$ に定理 2.3.1 を用いればよい．$\varphi\in (\text{Ker}\, T_K)^\perp$ とできるから $\varphi=\sum\limits_{n\geq 1} c_n\psi_n$ と書いて $c_n=(\varphi,\psi_n)$ を計算すればよい．

**問題 3.1.1**　(1) $SU(2,\mathbb{C})$ の定義から，その元は $\begin{bmatrix} x & -\overline{y} \\ y & \overline{x} \end{bmatrix}$, $|x|^2+|y|^2=1$ である．(2) ベクトル $v=\begin{bmatrix} x \\ y \end{bmatrix}\in\mathbb{C}^2$ の長さを $|v|=(|x|^2+|y|^2)^{1/2}$ とすれば，$g\in SU(2,\mathbb{C})$ に対して $|gv|=|v|$ となるから，(3) $S^3$ 上においては，$x=x_1+\sqrt{-1}x_2, y=y_1+\sqrt{-1}y_2$ として $ds^2=dx_1^2+dx_2^2+dy_1^2+dy_2^2=d\theta^2+\sin^2\theta d\varphi^2+\sin^2\theta\sin^2\varphi d\psi^2$ となるから，$S^3$ 上の体積要素は $d_{S^3}(x,y)=\sin^2\theta\sin\varphi\cdot d\theta d\varphi d\psi$ となる．このとき $S^3$ の体積は $2\pi^2$ である．(4) $k=\begin{bmatrix} x & -\overline{y} \\ y & \overline{x} \end{bmatrix}$ の固有値は $e^{\pm\sqrt{-1}\theta}$ だから，$f(k)=f(k(\theta))$ となる．(5) この場合 $ds^2=d\gamma^2+\cos^2\gamma d\alpha^2+\sin^2\gamma d\beta^2$ となるから，$S^3$ 上の体積要素は $d_{S^3}(x,y)=\cos\gamma\sin\gamma\cdot$

問題の略解　　213

$d\gamma d\alpha d\beta$ となる．

**問題 3.1.2** (1) $S^3$ の第二のパラメータ表示によれば

$$\int_{S^3} P_k(x,y)\overline{P_l(x,x)}dS^3(x,y)$$
$$= \int_0^{2\pi} e^{\sqrt{-1}(l-k)\alpha}d\alpha \int_0^{2\pi} e^{\sqrt{-1}(k-l)\beta}d\beta \int_0^{\pi/2} \cos^{2n-k-l+1}\gamma \sin^{k+l+1}\gamma d\gamma$$

となる．(2) $S^3$ の体積は $K=SU(2,\mathbb{C})$ の作用で不変だから．(3) $\pi_n(k(\theta))P_k$
$=e^{-\sqrt{-1}(n-2k)\theta}P_k$ だから

$$\chi_n(k(\theta)) = \sum_{k=0}^n e^{\sqrt{-1}(n-2k)\theta} = \begin{cases} \dfrac{\sin(n+1)\theta}{\sin\theta} & : e^{2\sqrt{-1}\theta} \neq 1 \\ (-1)^n(n+1) & : e^{2\sqrt{-1}\theta} = 1 \end{cases}$$

公式 $U_n(\cos\theta)=\dfrac{\sin(n+1)\theta}{\sin\theta}$ より，$\chi_n(k(\theta))=U_n(\cos\theta)$ となる．一般に $k=\begin{bmatrix} x & -\overline{y} \\ y & \overline{y} \end{bmatrix} \in K$ に対して $\mathrm{Re}\,x=\cos\theta$ である．(4) 任意の $x,y\in K$ に対して $\chi_n(xyx^{-1})=\chi_n(y)$ だから $\int_K |\chi_n(k)|^2 d_K(k)=\dfrac{2}{\pi}\int_0^\pi \sin^2(n+1)\theta d\theta=1$ となる．(5) $t=e^{\sqrt{-1}\theta}$ とおくと $\chi_n(k(\theta))=\dfrac{t^{n+1}-t^{-(n+1)}}{t-t^{-1}}=\sum_{k=0}^n t^{n-2k}$ だから

$$\chi_n(k(\theta))\chi_m(k(\theta)) = (t-t^{-1})^{-1}\sum_{k=0}^m (t^{n+1+m-2k}-t^{-(n+1)+2k-m})$$
$$= \sum_{k=0}^m \chi_{n+m-2k}(k(\theta)).$$

**問題 3.2.1** (1) $K$ の左正則表現と右正則表現を組み合わせればよい．(2) $\pi\boxtimes\tilde\pi$ を $\mathrm{End}_\mathbb{C}(V)$ 上で書けば $(\pi\boxtimes\tilde\pi)(x,y)A=\pi(x)\circ A\circ\pi(y)^{-1}$ となるから，$\pi_A$ の定義から直接計算すればよい．(3) 定理 3.2.3 からよい．

**問題 3.2.2** $(\sigma,H)$ の既約成分の内 $\pi$ とユニタリ同値でない部分は $H(\pi)$ と直交する．

**問題 3.2.3** $\chi_n(\dot x)=e^{2\pi\sqrt{-1}nx}(\dot x=x(\mathrm{mod}\,\mathbb{Z})\in\mathbb{R}/\mathbb{Z})$ とおくと，コンパクト群 $\mathbb{R}/\mathbb{Z}$ の既約ユニタリ表現は $\{\chi_n\}_{n\in\mathbb{Z}}$ で尽くされるから，命題 3.2.5 より $\{\chi_n\}_{n\in\mathbb{Z}}$ は $L^2(\mathbb{R}/\mathbb{Z})$ の完全正規直交系である．よって $\varphi\in L^2(\mathbb{R}/\mathbb{Z})$ に対して $b_n=\displaystyle\int_0^1 \varphi'(x)e^{-2\pi\sqrt{-1}nx}dx\,(n\in\mathbb{Z})$ とおけば $\displaystyle\sum_{n\in\mathbb{Z}}|b_n|^2<\infty$ となる．一方，$\varphi(1)$

$=\varphi(0)$ だから部分積分により $0\neq n\in\mathbb{Z}$ に対して $a_n=(2\pi\sqrt{-1}n)^{-1}b_n$ となる．よって $|2b_n/n|\leq|b_n|^2+n^{-2}$ より $\sum_{n\in\mathbb{Z}}|a_n|<\infty$ を得る．即ち $\sum_{n\in\mathbb{Z}}a_n e^{2\pi\sqrt{-1}nx}$ は区間 $[0,1]$ で絶対かつ一様収束する．よって

$$\lim_{N\to\infty}\int_0^1\left|\varphi(x)-\sum_{|n|\leq N}a_n e^{2\pi\sqrt{-1}nx}\right|^2 dx=0$$

より $\varphi(x)=\sum_{n\in\mathbb{Z}}a_n e^{2\pi\sqrt{-1}nx}$ を得る．

**問題 3.2.4** 問題 3.1.1 の記号を用いる．$f\in L^2_{\text{cent}}(K)$ に対して $\varphi(\theta)=f(k(\theta))$ とおくと，$k=\begin{bmatrix} 0 & \sqrt{-1} \\ \sqrt{-1} & 0 \end{bmatrix}\in K$ に対して $kk(\theta)k^{-1}=k(-\theta)$ だから，$\varphi(\theta)$ は偶関数である．よって

$$\int_K f(k)\overline{\chi_n(k)}d_K(k)=\frac{2}{\pi}\int_0^\pi \varphi(\theta)\sin\theta\sin(n+1)\theta d\theta=0 \quad (n=0,1,2,\cdots)$$

とすると，$\varphi=0$ となる．よって $\{\chi_n\}_{n=0,1,2,\cdots}$ は $L^2_{\text{cent}}(K)$ の完全正規直交系となるから，命題 3.2.5 より $\{\pi_n\}_{n=0,1,2,\cdots}$ が $K$ の既約ユニタリ表現を尽くす．

**問題 3.3.1** $\theta$ が単射のとき，$K$ を $L$ の閉部分群と同一視すると，コンパクト群の Frobenius 相互律から，$K$ の全ての既約ユニタリ表現は $L$ の既約ユニタリ表現を $K$ に制限したときの既約成分として現れる．したがって $\widetilde{\theta}$ は全射となり，よって $\alpha\in\text{Ker}\,\theta_\mathbb{C}$ ならば $\alpha(\varphi\circ\theta)=\varphi\circ\theta(1)(\varphi\in\mathfrak{A}(L))$ より $\alpha=\varepsilon$ となる．

**問題 3.3.2** 一般にコンパクト群 $K,L$ に対して，自然に $(K\times L)_\mathbb{C}=K_\mathbb{C}\times L_\mathbb{C}$ とできる．よって $K$ が有限巡回群 $\mathbb{Z}/n\mathbb{Z}(1<n\in\mathbb{Z})$ の場合を考えれば十分．このとき $\mathfrak{A}(K)\tilde{\to}\mathbb{C}[X]/(X^n-1)$ となり，$K_\mathbb{C}=\{z\in\mathbb{C}|z^n=1\}$ となる．

**問題 3.3.3** 問題 3.1.2 より $\chi_n\cdot\chi_1=\chi_{n+1}+\chi_{n-1}(n=1,2,\cdots)$ だから，問題 3.2.4 より，$\mathfrak{A}(K)$ は $(\pi_1,V_1)$ の行列係数で生成される．即ち $k\in K$ に対して，その $(i,j)$-成分を対応させる関数を $\varphi_{ij}$ とおくと，$\{\varphi_{ij}\}_{i,j=1,2}$ が $\mathfrak{A}(K)$ を生成する．$X_{ij}(i,j=1,2)$ を変数とする $\mathbb{C}$ 上の多項式環から $\mathfrak{A}(K)$ への $\mathbb{C}$-代数準同型写像 $f$ を $f(X_{ij})=\varphi_{ij}$ により定義すると，$\text{Ker}(f)=(X_{11}X_{22}-X_{12}X_{21}-1)$ である．よって $\alpha\mapsto(\alpha(\varphi_{ij}))_{i,j=1,2}$ は $K_\mathbb{C}$ から $SL_2(\mathbb{C})$ への位相同型写像となる．一方

$$\Delta\varphi_{ij}=\sum_{k=1}^{2}\varphi_{ik}\otimes\varphi_{kj}, \quad \varepsilon\varphi_{ij}=\delta_{ij}, \quad S\varphi_{ij}=\psi_{ij}$$

($\psi_{11}=\varphi_{22}, \psi_{12}=-\varphi_{12}, \psi_{21}=-\varphi_{21}, \psi_{22}=\varphi_{11}$) となるから, 上の写像は位相群の同型 $K_{\mathbb{C}} \xrightarrow{\sim} SL_2(\mathbb{C})$ を与える. このとき $k\in K$ に対して $\widehat{k}\varphi_{ij}=\varphi_{ij}(k)$ は $k$ の $(i,j)$-成分だから, $k\mapsto\widehat{k}$ は包含写像 $K\hookrightarrow SL_2(\mathbb{C})$ に対応する.

**問題 3.3.4** $K\subset U_n(\mathbb{C})$ の元に対して, その $(i,j)$-成分を対応させる $K$ 上の関数を $\varphi_{ij}\in\mathfrak{A}$ とすれば, $\{\varphi_{ij}\}_{1\leq i,j\leq n}$ が $\mathfrak{A}(K)$ を生成するから, $\alpha\mapsto(\alpha(\varphi_{ij}))_{1\leq i,j\leq n}$ により $K_{\mathbb{C}}$ は $GL_n(\mathbb{C})$ の閉部分群と同一視される. このとき複素 Hopf 代数 $\mathfrak{A}(K)$ の自己同型写像 $\varphi\mapsto\overline{\varphi}$ は $K_{\mathbb{C}}$ 上の自己同型写像を誘導し, それは $GL_n(\mathbb{C})$ の自己同型写像 $g\mapsto {}^tg^{-1}$ に延長される. よって $K_{\mathbb{C}}$ の中で $\widetilde{K}$ の元は $\overline{g}={}^tg^{-1}$ により特徴付けられ, $\mathfrak{g}_{\mathbb{C}}$ の中で $\mathfrak{g}$ の元は $\overline{X}=-{}^tX$ により特徴付けられる. よって $X\in\mathfrak{g}_{\mathbb{C}}$ に対して $X_1=X-{}^t\overline{X}, X_2=(X+{}^t\overline{X})/\sqrt{-1}$ とおくと, $X_i\in\mathfrak{g}$ かつ $X=X_1+\sqrt{-1}X_2$ となる.

**問題 4.2.1** 任意の $x\in A$ に対して $\varphi^a(x^*x)=\varphi((xa)^*xa)\geq 0$, また $\varphi^a(x^*)=\varphi((xa)^*a)=\overline{\varphi(a^*xa)}=\overline{\varphi^a(x)}$ となるから, $\varphi^a$ は正値 Hermite 的. 更に $|\varphi^a(x)|^2=|\varphi^a(x^*)|^2=|\varphi((xa)^*a)|^2\leq \varphi((xa)^*xa)\varphi(a^*a)=\varphi(a^*a)\cdot\varphi^a(x^*x)$ となるから, $\varphi^a$ は有界変動で $v(\varphi^a)\leq\varphi(a^*a)$.

**問題 4.2.2** $M=\sup_{x\in A^+, |x|\leq 1}\varphi(x)<\infty$ である. 実際, そうでなければ点列 $x_n\in A^+$ で $|x_n|\leq 1$ かつ $\varphi(x_n)\geq n$ となるものがとれるから, 数列 $0\leq\lambda_n\in\mathbb{R}$ で $\sum_{n=1}^{\infty}\lambda_n<\infty$ かつ $\sum_{n=1}^{\infty}\lambda_n\varphi(x_n)=\infty$ なるものがとれる. 一方 $x=\sum_{n=1}^{\infty}\lambda_n x_n\in A$ かつ任意の $m$ に対して $\sum_{n>m}\lambda_n x_n\in A^+$ (問題 1.6.4) だから $\sum_{n=1}^{m}\lambda_n\varphi(x_n)\leq\varphi(x)$ となり矛盾する. そこで $x^*=x$ かつ $|x|\leq 1$ なる $x\in A$ に対して, $x=x^+-x^-$, $x^{\pm}\in A^+$ かつ $|x^{\pm}|\leq|x|\leq 1$ とおけば, $|\varphi(x)|\leq|\varphi(x^+)|+|\varphi(x^-)|\leq 2M$ となる. よって $|x|\leq 1$ なる $x\in A$ に対して, $y=(x+x^*)/2, z=(x-x^*)/2$ とおくと, $y^*=y$, $z^*=z$ かつ $|y|\leq 1, |z|\leq 1$, したがって $|\varphi(x)|\leq|\varphi(y)|+|\varphi(z)|\leq 4M$ となる.

**問題 4.3.1** 定理 4.3.1 を用いれば, $A$ は可換だから $\rho(A)\subset\mathcal{L}_{\rho}(H)=\mathbb{C}\cdot 1$. よって $\dim_{\mathbb{C}} H=1$ である.

**問題 4.4.1** (1) $\alpha\in\Delta_u(A)$ ならば $\alpha(xx^*)=|\alpha(x)|^2 (x\in A)$ だから $\alpha\in K(A)$ となる. (2) $\alpha(f)=\int_G f(x)d_G(x)(f\in L^1(G))$ とおくと $\alpha\in\Delta_u(L^1(G))$ である (例 1.6.2 参照).

**問題 4.4.2** 問題 4.3.1 より $\widehat{A}=\{0\}\cup\Delta_u(A)$ であり，$\Delta_u(A)\subset K(A)$ であるから，4.4 節の議論を書き直せばよい．最後の部分は Stone-Weierstrass の定理を用いて $\{\widehat{a}\in C_0(\Delta_u(A))|a\in A\}$ が $C_0(\Delta_u(A))$ の稠密な部分代数となる．

**問題 5.3.1** $G$ の巡回表現 $(\pi_i, H_i)\,(i=1,2)$ と巡回ベクトル $u_i\in H_i$ に対して，$\{\pi_i(x)u_i|x\in G\}$ で張られた部分空間を $M_i\subset H_i$ として，線形写像 $U\colon M_1\to M_2$ で $Uu_1=u_2$ なるものを作り…．

**問題 5.3.2** $\varphi$ を $G$ 上の正定値連続関数とする．$f(x)\neq 0$ なる $x\in G$ は有限であるような $G$ 上の複素数値関数 $f$ 全体を $V$ とし，$f,g\in V$ に対して $(f,g)=\sum_{x,y\in G}\varphi(y^{-1}x)f(x)\overline{g(y)}$ とおく．$N=\{f\in V|(f,f)=0\}$ とおくと，$V/N$ 上に内積が定義できて…．

**問題 5.3.3** $(\pi, H)$ を局所コンパクト群 $G$ のユニタリ表現として，$0\neq v\in H$ をとり $\langle\pi(x)v|x\in G\rangle_{\mathbb{C}}$ の閉包を $W$ とすると，$(\pi|_W, W)$ は $(\pi, H)$ の巡回部分表現である．そこで $(\pi, H)$ の巡回部分表現の族 $\{(\pi_\lambda, W_\lambda)\}_{\lambda\in\Lambda}$ で，$\lambda\neq\mu$ ならば $W_\lambda\perp W_\mu$ なるものの集合を $\mathcal{S}$ として，これを包含関係による順序集合とする．Zorn の補題を用いて $\mathcal{S}$ は極大元 $\{(\pi_\lambda, W_\lambda)\}_{\lambda\in\Lambda}$ をもつことがわかる．極大性から $(\pi, H)$ は巡回表現 $\{(\pi_\lambda, W_\lambda)\}_{\lambda\in\Lambda}$ の直交直和となる．

**問題 5.4.1** $\theta$ の全射性以外は明らか．$\{e_\gamma\}_{\gamma\in\Gamma}$ を $W$ の完全正規直交系とすると，任意の $x\in G$ に対して $\{\sigma(x^{-1})e_\gamma\}_{\gamma\in\Gamma}$ は $W$ の完全正規直交系となるから，$\psi\in E_{\rho,c}(G,H;\sigma|_H\otimes\chi)$ に対して $\psi(x)=\sum_{\gamma\in\Gamma}(\sigma(x^{-1})e_\gamma)\otimes\varphi_\gamma(x)\,(\varphi_\gamma(x)\in V)$ とおけば，$(\psi(x),(\sigma(x^{-1})e_\gamma)\otimes v)=(\varphi_\gamma(x),v)\,(v\in V)$ に注意して，$\varphi_\gamma\in E_{\rho,c}(G,H;\chi)$ となり，$u=\sum_{\gamma\in\Gamma}e_\gamma\otimes\varphi_\gamma\in W\widehat{\otimes}E_\rho(G,H;\chi)$ とおくと $\theta(u)=\psi$ となる．

**問題 5.4.2** $G$ がコンパクトだから，$v\in V^H$ に対して $G$ 上の定数関数 $\varphi(x)=v$ は $H^G$ の元である．

**問題 5.4.3** $(\sigma, W)$ の反傾表現 $(\widetilde{\sigma}, W')$ から自然な同型 $W'\widehat{\otimes}_{\mathbb{C}}E\xrightarrow{\sim}\mathcal{H}(W,E)$ か成り立つから，$\mathcal{H}(W,E)^G=\mathcal{H}_G(W,E)$ と問題 5.4.1，問題 5.4.2 を用いる．

**問題 5.4.4** 問題 5.4.3 で $\dim_{\mathbb{C}}W<\infty$ ならば $\mathcal{H}_G(W,E)=\mathcal{L}_G(W,E)$ であることを用いればよい．

**問題 5.5.1** $\int_G|(\pi(x)u,u)|dG(x)<\infty$ なる $0\neq u\in H$ をとって $\mathcal{D}=\{\pi(\varphi)u|\varphi$

$\in C_c(G)\}$ とおけばよい．

**問題 5.5.2** $H_\pi$ の完全正規直交基底 $\{u_i\}_{i\in I}$ に対して，$f_{ij}(x)=d_\pi^{1/2}(u_i,\pi(x)u_j)$ $(i,j\in I)$ が $M_\pi$ の完全正規直交基底となり

$$|E_\pi f|^2 = \sum_{i,j\in I}|(f,f_{ij})|^2 = \sum_{i,j\in I}d_\pi|(\pi(f)u_i,u_j)|^2 = d_\pi\sum_{i\in I}|\pi(f)u_i|^2.$$

**問題 5.5.3** 問題 5.5.2 の記号を用いると，任意の $f\in C_c(G)$ に対して

$$|f|^2 \geq \sum_\pi |P_\pi f|^2 = \sum_\pi d_\pi |\pi(f)|_{\mathcal{H}}^2.$$

特に

$$f(x) = \begin{cases} e_\delta(x) & : x\in K \text{ のとき} \\ 0 & : x\notin K \text{ のとき} \end{cases}$$

とおくと $\pi(f)=\pi|_K(e_\delta)$ となるから $|\pi(f)|_{\mathcal{H}}^2=m(\delta,\pi|_K)\cdot\dim\delta$. 一方 $|f|^2=\int_K |e_\delta(k)|^2 d_K(k)=(\dim\delta)^2$.

**問題 5.6.1** 右辺を計算して成分を比較すると $t-t^{-1}+\sqrt{-1}tx=2e^{-\sqrt{-1}\theta}\sqrt{-1}c$, $t+t^{-1}-\sqrt{-1}tx=2e^{-\sqrt{-1}\theta}d$ を得る．よって $t=e^{-\sqrt{-1}\theta}(\sqrt{-1}c+d)$ より，第二，第一の式を得る．そこから第三の式を得る．

**問題 5.6.2** $\psi\in C_c(\mathcal{D})$ に対して

$$\int_{G/K}\psi(g(0))d_{G/K}(\dot{g}) = \int_{\mathcal{D}}\psi(z)d_{\mathcal{D}}(z)$$
$$= 2\int_0^1 dr\int_0^{2\pi}d\theta\psi(e^{\sqrt{-1}\theta}r)(1-r^2)^{-2}r$$
$$= \int_{-1}^1 dr\int_0^{2\pi}d\theta\psi(e^{\sqrt{-1}\theta}\sqrt{-1}r)(1-r^2)^{-2}|r|.$$

$a_t(0)=\sqrt{-1}r$ $(r=(t^2-1)/(t^2+1))$ とおいて変数変換すれば

$$\int_{G/K}\psi(g(0))d_{G/K}(\dot{g}) = \frac{1}{4}\int_0^\infty \frac{dt}{t}\int_K d_K(k)\psi(ka_t(0))|t^2-t^{-2}|$$

を得るから $\psi(z)=\int_K \varphi(gk)d_K(k)$ $(z=g(0)\in\mathcal{D})$ とおけばよい．

**問題 6.1.1** $G$ 上のコンパクト台複素数値 $C^\infty$-関数全体 $C_c^\infty(G)$ は一様ノルムに関して $C_c(G)$ の稠密な部分空間だから，$\omega\in\Omega(G,K)$ に対して $\widehat{\omega}(\varphi)\neq 0$ なる $\varphi\in C_c^\infty(G//K)=C_c^\infty(G)\cap C_c(G//K)$ がとれる．よって $\omega=\breve{\omega}(\varphi)^{-1}\cdot\varphi*$

218                    問題の略解

$\omega$ より $\omega$ は $C^\infty$-関数である．

**問題 6.1.2** $G$ のコンパクト部分集合 $M$ に対して $M\subset Kg_1K\cup\cdots\cup Kg_rK$ として，$Kg_iK$ の $G$ における特性関数を $\varphi_i\in C_c(G//K)$ とおく．$C=$ Max$\{|\lambda(\varphi_1)|,\cdots,|\lambda(\varphi_r)|\}$ とおくと，任意の $\varphi\in C_c(G//K)\cap C_M(G)$ に対して $|\lambda(\varphi)|\leq C\cdot|\varphi|$ となる．

**問題 6.2.1** (1) Lie 群 $SL_2(\mathbb{C})$ の Lie 環が $\mathfrak{sl}_2(\mathbb{C})=\{X\in\mathfrak{gl}_2(\mathbb{C})|\operatorname{tr}X=0\}$ で指数写像が $\exp X=\sum_{n=0}^\infty \frac{1}{n!}X^n$ である．よって $g_t=\exp(tX)\in SL_2(\mathbb{C})$ ($X\in\mathfrak{sl}_2(\mathbb{C}), t\in\mathbb{R}$) に対して $g^{-1}=g^*$ と $-X=X^*$ は同値である．(2) 定義に基づいて計算すればよい．(3) $g\in G$ ならば $\operatorname{Ad}(g)$ は $B_\mathfrak{g}(X,Y)$ を不変に保ち，$G=SU(2,\mathbb{C})$ は連結だから $\operatorname{Ad}(g)\in SO(\mathfrak{g},-B_\mathfrak{g})$ となり，$\operatorname{Ker}(\operatorname{Ad})=\{\pm 1_2\}$ は直接確かめられる．ここで $\dim SU(2,\mathbb{C})=\dim SO(\mathfrak{g},-B_\mathfrak{g})=3$ だから Ad は全射である．よって命題 B.1.2 より位相同型 $G/K\tilde{\to}SO(\mathfrak{g},-B_\mathfrak{g})$ を得る．(4) $SO(\mathfrak{g},-B_\mathfrak{g})$ は $S^2\subset\mathfrak{g}$ 上に推移的に作用することからわかる．(5) $\operatorname{Ad}(\begin{bmatrix}x&0\\0&\overline{x}\end{bmatrix})\begin{bmatrix}a&-\overline{c}\\c&-a\end{bmatrix}=\begin{bmatrix}a&-x^2\overline{c}\\\overline{x}^2c&-a\end{bmatrix}$ だから．

**問題 6.2.2** (1) $k=\begin{bmatrix}x&0\\0&\overline{x}\end{bmatrix}\in K$ に対して $\pi_n(k)P_l=x^{2l-n}P_l$ だから．(3) $G$ の任意の既約ユニタリ表現 $\pi$ に対して $m(\mathbf{1}_K,\pi|_K)\leq 1$ だから，定理 6.2.3 から $L^1(G//K)$ は可換である．(4) $(x^2-1)^l=(x+1)^l(x-1)^l$ と書いて Leibniz の公式を用いればよい．(5) 直接計算して $\omega_{\pi_n}(g)=(\pi_n(g)P_l,P_l)|P_l|^{-2}=\sum_{i=0}^l\binom{l}{i}^2|x|^{2(l-i)}(|x|^2-1)^i$ である．$P_l(2x-1)=\sum_{i=0}^l\binom{l}{i}^2 x^{l-i}(x-1)^i$ となるから，$\omega_{\pi_n}(g)=P_l(2|x|^2-1)$ となる．$|x|=\cos\theta, |y|=\sin\theta$ ($0\leq\theta\leq\pi/2$) とおくと $|x|^2-|y|^2=\cos(2\theta)$ となり，Murphy の公式 ([36, p.312])

$$P_l(x)=F(l+1,-l;1;(1-x)/2)=(-1)^l F(l+1,-l;1;(1+x)/2)$$

を用いればよい．(6) $\begin{bmatrix}\alpha&0\\0&\overline{\alpha}\end{bmatrix}\begin{bmatrix}x&-\overline{y}\\y&\overline{x}\end{bmatrix}\begin{bmatrix}\beta&0\\0&\overline{\beta}\end{bmatrix}=\begin{bmatrix}\alpha\beta x&-\alpha\overline{\beta}\overline{y}\\\overline{\alpha}\beta y&\overline{\alpha\beta x}\end{bmatrix}$ だから，$\omega\in\Omega(G,K)$ は $g=\begin{bmatrix}x&-\overline{y}\\y&\overline{x}\end{bmatrix}\in G$ に対して $|x|=\cos\theta,|y|=\sin\theta$ ($0\leq\theta\leq\pi/2$) のみ

の関数，したがって $|x|^2-|y|^2=\cos 2\theta$ のみの関数である．Legendre の多項式系 $\{P_l\}_{l=0,1,2,\cdots}$ が閉区間 $[0,1]$ 上の $L^2$-空間の完備直交系であることから，$\omega=\sum_{l=0}^{\infty}a_l\omega_{\pi_{2l}}$ $(a_l\in\mathbb{C})$ と書ける．一方，帯球関数の積分公式(命題 6.1.1) $\int_K \omega(xky)dk(k)=\omega(x)\omega(y)$ から $\sum_{l=0}^{\infty}\omega_{\pi_{2l}}(x)\omega_{\pi_{2l}}(y)=\sum_{l,m=0}^{\infty}a_l a_m \omega_{\pi_{2l}}(x)\omega_{\pi_{2m}}(y)$ となるから，$l\neq m$ ならば $a_l a_m=0$ となり，$\omega=\omega_{\pi_{2l}}$ を得る．

**問題 6.2.3**　(1) $dx^2+dy^2+dz^2=d\theta^2+\sin^2\theta d\varphi$ だから，$S^2$ 上の面積要素は $\sin\theta d\theta d\varphi$ となり，$S^2$ 上の積分は表面積 $4\pi$ である．$K$ の作用は原点を中心とした回転だから，$K$-不変測度となる．(2) $f\in\mathcal{H}_l$ を $f=\sum_{i=0}^{l}\dfrac{x^i}{i!}\cdot f_i$ ($f_i$ は $y,z$ の同次 $l-i$ 次式)と書くと，$\Delta f=0$ より $f_{i+2}=\Delta' f_i$ ($\Delta'=\dfrac{\partial^2}{\partial y^2}+\dfrac{\partial^2}{\partial z^2}$, $0\leq i\leq l-2$) となるから，$f\mapsto(f_0,f_1)$ は単射となり，$\dim_{\mathbb{C}}\mathcal{H}_l=l+1+l=2l+1$ となる．(3) $g\in GL_3(\mathbb{R})$ に対して $(x',y',z')=(x,y,z)g$ とおくと，$\left(\dfrac{\partial}{\partial x},\dfrac{\partial}{\partial y},\dfrac{\partial}{\partial z}\right)=\left(\dfrac{\partial}{\partial x'},\dfrac{\partial}{\partial y'},\dfrac{\partial}{\partial z'}\right){}^t g$ となるから，$k\in K$ と $f\in\mathcal{H}_l$ に対して $\sigma_l(k)f\in\mathcal{H}_l$ である．明らかに $(\sigma_l(k)f,\sigma_l(k)g)=(f,g)$ $(k\in K)$ であり，任意の $f\in\mathcal{H}_l$ に対して $k\mapsto(\sigma_l(k)f,f)$ は $K$ から $\mathbb{C}$ への連続関数である．問題 6.2.1 により，$\sigma_l$ を $SU(2,\mathbb{C})$ のユニタリ表現とみると，$f_l=(y+\sqrt{-1}z)^l\in\mathcal{H}_l$ で，$k=\begin{bmatrix}x&0\\0&\overline{x}\end{bmatrix}\in SU(2,\mathbb{C})$ に対して $\sigma_l(k)f_l=x^{-2l}f_l$ となる．一方，$\sigma_l$ が $\pi_{2m}$ を部分表現として含むとすると，$2m\geq 2l$．次元を比較して $m=l$ かつ $\sigma_l=\pi_{2l}$ となる．(4) $SU(2,\mathbb{C})$ からみれば，$K$ の既約ユニタリ表現は $\{\pi_{2l}\}_{l=0,1,2,\cdots}$ により尽くされるから．

**問題 6.3.1**　問題 4.4.2 を用いればよい．

**問題 6.3.2**　問題 3.2.1 より $L^2(G)=\overline{\bigoplus_{\pi} V_\pi\otimes_{\mathbb{C}}V_\pi^*}$．$\pi\in\widehat{G}(K)$ に対して $V_\pi$ の長さ 1 の $K$-不変ベクトルを $v_\pi$ として $\alpha_\pi=(*,v_\pi)\in V_\pi^*$ とおくと，$\pi_{v_\pi\otimes\alpha_\pi}(x)=\mathrm{tr}(\pi(x)^{-1}\circ v_\pi\otimes\alpha_\pi)=(\pi(x^{-1})v_\pi,v_\pi)=\overline{\omega_\pi(x)}$ となるから，$\{\overline{\omega_\pi}\}_{\pi\in\widehat{G}(K)}$ は $L^2(G/\!/K)$ の完全直交系である．更に

$$\int_G|\omega_\pi(x)|^2 dc_G(x)=\int_G|(\pi(x)v_\pi,v_\pi)|^2 dc_G(x)=(\dim\pi)^{-1}.$$

**問題 6.4.1**　(1) 命題 B.1.2 を用いればよい．(2) $L^2(K)$ から $V_\lambda$ への写像 $\psi\mapsto\psi^\lambda$ が $(\psi^\lambda)(x)=\Delta_P(b(x))^{1/2}\lambda(g(x))^{-1}\psi(\kappa(x))$ $(x\in G)$ により定義され，こ

れが $\varphi \mapsto \varphi|_K$ の逆写像である．(3) $C(g) = \mathrm{Max}_{k \in K} |\lambda(b(g^{-1}k))|^{-2}$ $(g \in G)$ とおくと

$$\int_K |(\pi_\lambda(g)\psi)(k)|^2 d_K(k) \leq C(g) \cdot \int_K \Delta_P(b(g^{-1}k))^{1/2} |\psi(\kappa(g^{-1}k))|^2 d_K(k)$$
$$= C(g) \cdot \int_K |\psi^1(g^{-1}k)|^2 d_K(k) = C(g) \cdot \int_{G/P} |\psi^1(g^{-1}x)|^2 d_{G/P}(\dot{x})$$
$$= C(g) \cdot \int_{G/P} |\psi^1(x)|^2 d_{G/P}(\dot{x}) = C(g) \cdot \int_K |\psi(k)|^2 d_K(k) < \infty.$$

ここで $\psi \in L^2(K)$ は $K$ 上の連続関数であるとし

$$f(g, k) = \Delta_P(b(g^{-1}k))^{1/2} \lambda(b(g^{-1}k))^{-1} \psi(\kappa(b^{-1}k)) \qquad (g \in G, \ k \in K)$$

とおくと，これは $g, k$ の連続関数である．任意の $g \in G$ と $\varepsilon > 0$ をとる．任意の $l \in K$ に対して，$g \in G$ の開近傍 $V_l \subset G$ と $l$ の開近傍 $U_l \subset K$ があって，任意の $g' \in V_l, k \in U_l$ に対して $|f(g, k) - f(g', k)| < \varepsilon$ となるようにできる．$K = \cup_{i=1}^r U_{l_i}$ として $V = \cap_{i=1}^r V_{l_i}$ とおくと，任意の $g' \in V$ に対して $\mathrm{Max}_{k \in K}|f(g, k) - f(g', k)| < \varepsilon$ となる．よって $g \mapsto \pi_\lambda(g)\psi$ は $G$ から $L^2(K)$ への連続写像となるから，命題 0.7.3 を用いればよい．(4) $(\pi_\lambda(g)\mathbf{1}, \mathbf{1}) = \int_K \varphi_\lambda(g^{-1}k) d_K(k) = \omega_\lambda(g)$．

**問題 6.5.1** 問題 6.3.1 の特殊な場合である．

**問題 6.5.2** $g, h \in L^2(\widehat{G})$ に対して $g = \widehat{\varphi}, h = \widehat{\psi}$ なる $\varphi, \psi \in L^2(G)$ があって，$g * h = \widehat{\varphi \cdot \psi}$ かつ $\varphi \cdot \psi \in L^1(G)$ である．逆に $f \in L^1(G)$ とすると，$f = \psi^2$ なる $\psi \in L^2(G)$ がとれて，$\widehat{f} = \widehat{\psi} * \widehat{\psi}$ かつ $\widehat{\psi} \in L^2(\widehat{G})$ となる．

**問題 6.5.3** $\overline{U} \subset V$ かつ $\overline{U}$ がコンパクトなる開集合 $U \subset \widehat{G}$ をとる．$\mathrm{vol}(M) > 0$ なるコンパクト集合 $M \subset U$ をとり，$M + W \subset U$ なる開集合 $W \subset \widehat{G}$ をとる．$\widehat{G}$ における $M, W$ の特性関数 $\chi_M, \chi_W$ は $L^2(\widehat{G})$ の元だから，$\widehat{f} = \chi_M * \chi_W$ なる $f \in L^1(G)$ が存在する(問題 6.5.2)．$f$ が求める関数である．

**問題 6.5.4** 定理 6.5.1 と定理 6.5.5 より明らか．

**問題 6.5.5** (1) $\varphi$ が単射群準同型写像であることは明らか．任意のコンパクト部分集合 $M \subset G$ と $\varepsilon > 0$ をとる．$x \in M$ に対して，$x$ の開近傍 $U_x$ と $0 \in H$ の開近傍 $V_x$ があって，任意の $g \in U_x, h \in V_x$ に対して $|\langle g, h \rangle - 1| < \varepsilon$ とできる．$M$ はコンパクトだから $M \subset U_{x_1} \cup \cdots \cup U_{x_r}$，$V = V_{x_1} \cap \cdots \cap V_{x_r}$ とおけば，任意の

$g\in M, h\in V$ に対して $|\langle g,h\rangle-1|<\varepsilon$ とできる．即ち，$\varphi(V)\subset U(M,V_\varepsilon)$ となるから，$\varphi\colon H\to\widehat{G}$ は連続である．$\overline{\varphi(H)}\subsetneqq\widehat{G}$ とすると，任意の $\alpha\in\varphi(H)$ に対して $\alpha(g)=1$ なる $0\neq g\in G$ が存在するが，これは条件に反する．(2) $\langle\,,\,\rangle'\colon G/K\times L\to\mathbb{C}^1$ ($\langle\dot g,h\rangle'=\langle g,h\rangle$) は条件(a), (b)を満たして $L$ はコンパクトだから，$h\mapsto\langle *,h\rangle'$ は位相群の同型 $L\xrightarrow{\sim}\widehat{G/K}$ を与える．よって定理 6.5.7 から $\varphi(L)=K^\perp$ となり，$K^\perp$ はコンパクト，したがって $G/K$ は離散群となり $K$ は $G$ の開部分群となる．一方，$\widehat{G}/\varphi(L)\xrightarrow{\sim}\widehat{K}$ は離散群だから，$\varphi(L)\subset\widehat{G}$ は開部分群，したがって $\varphi(H)$ は $\widehat{G}$ の開部分群となり $\varphi(H)=\widehat{G}$ となるから，$\varphi$ は位相群の同型 $H\xrightarrow{\sim}\widehat{G}$ を与える．よって $L\subset H$ は開部分群となる．(3) $\langle\,,\,\rangle'\colon G/K\times L\to\mathbb{C}^1$ ($\langle\dot g,h\rangle'=\langle g,h\rangle$) は条件(a), (b)を満たして $G/K$ はコンパクトだから，$\dot g\mapsto\langle\dot g,*\rangle'$ は位相群の同型 $G/K\xrightarrow{\sim}\widehat{L}$ を与える．したがって $L$ は離散群となる．一方，位相群の自然な同型 $L\xrightarrow{\sim}L^{\wedge\wedge}\xrightarrow{\sim}\widehat{G/K}\xrightarrow{\sim}K^\perp$ より $\varphi(L)=K^\perp$ となるから，$\varphi(L)$ は $G$ の閉部分群となる．$H/L$ はコンパクトだから $\varphi$ が誘導する連続な群の準同型写像 $H/L\to\widehat{G}/\varphi(L)$ は全射となり，$\varphi\colon H\to\widehat{G}$ は全射となるから，位相群の同型 $\varphi\colon H\xrightarrow{\sim}\widehat{G}$ を得る．また，$\widehat{G}/\varphi(L)\xrightarrow{\sim}\widehat{K}$ がコンパクトだから $K$ は離散群となる．

**問題 6.5.6** $G$ が完全非連結として，$1\in\mathbb{C}^1$ の近傍 $V$ は非自明な部分群を含まないとすると，任意の $\alpha\in\widehat{G}$ に対して $\alpha^{-1}(V)$ に含まれる $G$ の開部分群 $K$ が存在して $\alpha(K)=1$ となる．このとき $G/K$ は有限群だから $\alpha$ は位数有限である．逆に $\widehat{G}$ の元が全て位数有限とすると，1 の $n$ 乗根全体を $\mu_n\subset\mathbb{C}^1$ として，$G\simeq G^{\wedge\wedge}$ は直積空間 $\prod_{\alpha\in\widehat{G}}\mu_{\operatorname{ord}\alpha}$ の閉部分空間と位相同型であるが，この直積空間は完全非連結である．

**問題 6.5.7** $\mathbb{Z}$ は $\mathbb{R}$ の閉部分群で $\mathbb{R}/\mathbb{Z}$ はコンパクト，かつ任意の $y\in\mathbb{Z}$ に対して $\langle x,y\rangle=1$ なる $x\in\mathbb{R}$ の全体は $\mathbb{Z}$ だから，問題 6.5.5 より求める同型を得る．$y=\langle *,y\rangle$ による同一視 $\mathbb{R}=\widehat{\mathbb{R}}$ の下で，$f(x)=e^{-\pi x^2}$ とおくと $\widehat{f}(y)=e^{-\pi y^2}$ だから，$\mathbb{R}$ 上の Lebesgue 測度の双対測度は再び $\mathbb{R}$ 上の Lebesgue 測度となる．

**問題 6.5.8** $\mathbb{Z}_p$ は $\mathbb{Q}_p$ のコンパクト部分群で，任意の $y\in\mathbb{Z}_p$ に対して $\langle x,y\rangle=1$ なる $x\in\mathbb{Q}_p$ の全体は $\mathbb{Z}_p$ であるから，問題 6.5.5 より求める同型を得る．$\mathbb{Q}_p$ における $\mathbb{Z}_p$ の特性関数を $f$ とすると，$y=\langle *,y\rangle$ による同一視 $\mathbb{Q}_p=\widehat{\mathbb{Q}}_p$ の

下で, $\widehat{f}(y)=f(y)$ となる. よって $d_{\mathbb{Q}_p}(x)$ の双対測度は $d_{\mathbb{Q}_p}(y)$ となる.

**問題 6.6.1** $\omega_\lambda \in \Omega_u(G,K)$ とすると, $\omega_\lambda(a_t)=\omega_\lambda(a_t^{-1})=\overline{\omega_\lambda(a_t)}$ だから $\Omega\omega_\lambda(a_t)=\overline{\Omega\omega_\lambda(a_t)}$, したがって $s^2-1\in\mathbb{R}$ となり, $\mathrm{Re}\,s=0$ または $s\in\mathbb{R}$ を得る. $0<s\in\mathbb{R}$ とすると $x=(t-t^{-1})^2/(t+t^{-1})^2$ とおいて

$$\omega_\lambda(a_t) = (1-x)^{(s+1)/2} F((s+1)/2, (s+1)/2; 1; x)$$
$$\sim \frac{\Gamma(s)}{\Gamma((s+1)/2)^2}(1-x)^{(1-s)/2} \quad x\to 1-0 \text{ のとき}$$

だから ([36, p.299]), $t\to\infty$ のときに $\omega_\lambda(a_t)$ が有界であるには $s\leq 1$ が必要十分である. $\mathrm{Im}\,s=0$ ならば $\omega_\lambda$ は $G$ のユニタリ表現 $\mathrm{Im}_P^G \lambda$ に付随する帯球関数となるから $G$ 上の正値関数, したがって $\omega_\lambda\in\Omega_u(G,K)$ となる.

**問題 6.7.1** $\overline{\omega_\lambda(x)}=\omega_\lambda(x^{-1})=\omega_{\lambda^{-1}}(x)=\omega_\lambda(x)$ だから $\omega_\lambda(x)\in\mathbb{R}$. よって $\widehat{\omega}_\lambda(\varphi_1-\varphi_0)=p(\widetilde{\lambda}(X)+\widetilde{\lambda}(X)^{-1})$ は実数となり, $0\neq\widetilde{\lambda}(X)\in\mathbb{R}$ または $|\widetilde{\lambda}(X)|=1$ が必要である. また $|\omega_\lambda(x)|\leq 1$ で $\lambda_0=\Delta_P^{1/2}$ に対して $\omega_{\lambda_0}=1$ は $G$ 上の定数関数で $\widetilde{\lambda}_0(X)=p$ である. よって $|\omega_\lambda(x)|\leq 1$ $(x\in G)$ だから

$$|\widehat{\omega}_\lambda(\varphi_1-\varphi_0)|\leq \widehat{\mathbf{1}}(\varphi_1-\varphi_0) = p(p+p^{-1}),$$

したがって $|\widetilde{\lambda}(X)|=1$ または $p^{-1}\leq|\widetilde{\lambda}(X)|\leq p$ となる.

**問題 A.1.1** $Y^X$ における $\mathrm{Hom}_{\mathbb{C}}(X,Y)$ の閉包の元 $f$ をとり, 任意の $x_1$, $x_2\in X$ と $0\in Y$ の開近傍 $V$ をとる. $0\in Y$ の開近傍 $W$ で $W+W+W\subset V$ かつ $-W=W$ なるものをとり, $Y^X$ における $f$ の近傍

$$\widetilde{W} = (f(x_1)+W)\times(f(x_2)+W)\times(f(x_1+x_2)+W)\times\prod_{x\neq x_1,x_2,x_1+x_2} Y$$

に対して $\varphi\in\widetilde{W}\cap\mathrm{Hom}_{\mathbb{C}}(X,Y)$ がとれて, $f(x_1+x_2)-f(x_1)-f(x_2)\in W+W+W\subset V$ を得る.

**問題 A.1.2** $0\in X$ の開近傍 $W'$ で $\{\lambda\in\mathbb{C}||\lambda|\leq 1\}\cdot W'\subset V$ なるものをとり $W=\bigcup_{|\lambda|\leq 1}\lambda\cdot W'$ とおけば, $W$ は円形かつ $W\subset V$ となる. 任意の $0\neq x\in X$ に対して $x\in\alpha W$ なる $0<\alpha\in\mathbb{R}$ がとれるから, $0\leq\varepsilon\leq\mathrm{Min}\{1,\alpha^{-1}\}$ に対して $\varepsilon x\in\varepsilon\alpha W\subset W\subset V$ となるから, $V$ は放射的である. $V$ が凸のとき $U=\bigcap_{|\lambda|=1}\lambda V$ は円形かつ凸なる $0\in X$ の近傍で $U\subset V$ となる.

問題 **A.1.3**　距離空間は第一可算公理を満たすことから条件の必要性がでる．逆に複素局所凸 Hausdorff 空間 $X$ が可算個の半ノルム $\{p_n\}_{n=1,2,\ldots}$ による半ノルム空間とすると，$|x|=\sum_{n=1}^{\infty}\left(\dfrac{1}{2}\right)^n \dfrac{p_n(x)}{1+p_n(x)}$ とおいて，$d(x,y)=|x-y|$ により距離空間となる．

問題 **A.2.1**　$x\notin M$ なる $x\in X$ をとって $r=\inf\{|x-y||y\in M\}>0$ とおく．任意の $\varepsilon>0$ に対して $r\leq|x-z|\leq r+\varepsilon$ なる $z\in M$ が存在するから，$x'=(x-z)/|x-z|\in X$ とおくと $|x'|=1$．一方，任意の $y\in M$ に対して $y'=z+|x-z|y\in M$ だから $|x'-y|=|x-z|^{-1}|x-y'|\geq r/(r+\varepsilon)=1-\varepsilon/(r+\varepsilon)$ となる．

問題 **A.2.2**　$M$ が閉部分空間だから，$\dot{x}\in X/M$ に対して $|\dot{x}|=0$ ならば $x\in M$ である．$\{\dot{x}_n\}\subset X/M$ を Cauchy 列とすると，適当な部分列をとって $|\dot{x}_n-\dot{x}_{n+1}|\leq 2^{-n}$ とできる．更に適当な代表元をとれば $|x_n-x_{n+1}|\leq 2^{-n}$ とできる．このとき $\{x_n\}\subset X$ は Cauchy 列となり，$x=\lim_{n\to\infty}x_n\in X$ とおくと，$\lim_{n\to\infty}\dot{x}_n=\dot{x}\in X/M$ となる．

問題 **A.2.3**　(1) $|\hat{x}|\leq|x|$ は明らか．$0\neq x\in X$ として，$X$ の部分空間 $Y=\langle x\rangle_{\mathbb{C}}$ 及び $Y$ 上の線形形式 $\alpha(\lambda x)=|x|\lambda$ に対して，Hahn-Banach の定理 A.1.4 から $\beta\in X'$ で $|\beta|=|\alpha|=1$ かつ $\beta(x)=\alpha(x)=|x|$ なるものが存在する．よって $|\hat{x}|\geq|\beta(x)|/|\beta|=|x|$ より $|\hat{x}|=|x|$ を得る．(2) $|T^*(\beta)|=|\beta\circ T|\leq|\beta||T|\,(\beta\in Y')$ より $T^*\in\mathcal{L}(Y',X')$ かつ $|T^*|\leq|T|$ はよい．

$$|T^*|=\sup_{\beta\in Y',|\beta|=1}|T^*(\beta)|=\sup_{\beta\in Y',|\beta|=1}\sup_{x\in X,|x|=1}|\beta\circ T(x)|$$
$$=\sup_{x\in X,|x|=1}\left|\widehat{T(x)}\right|=\sup_{x\in X,|x|=1}|T(x)|=|T|$$

より $|T^*|=|T|$．$\beta\in\operatorname{Ker}T^*$ とすると $\beta\circ T=T^*(\beta)=0$ だから $\beta|_{\overline{\operatorname{Im}T}}=0$．逆に $y\in Y\notin\overline{\operatorname{Im}T}$ とすると，Hahn-Banach の定理から $\beta(y)=1$ かつ $\beta|_{\overline{\operatorname{Im}T}}=0$ なる $\beta\in Y'$ が存在する．

問題 **A.2.4**　任意の $u\in X$ に対して $T(u)=\lim_{n\to\infty}T_n(u)\in Y$ とおくと，$T:X\to Y$ は複素線形写像である．任意の $u\in X$ に対して $\{T_n(u)\}\subset Y$ は有界だから，Banach-Steinhaus の定理 0.7.1 から $C=\sup_n|T_n|<\infty$ である．任意の $u\in X$ に対して，$|T_n(u)|\leq C\cdot|u|$ だから，$|T(u)|\leq C\cdot|u|$ となり，$T$ は連続である．

問題 **B.1.1**　(1) まず $M\subset V$ なる任意の開集合 $V\subset X$ に対して $M\subset W\subset\overline{W}$

$\subset V$ かつ $\overline{W}$ がコンパクトとなる開集合 $W \subset X$ が存在する．この事実から $X$ 上の実数値連続関数 $\varphi$ であって，任意の $x \in X$ に対して $0 \leq \varphi(x) \leq 1$ かつ，$x \in M$ ならば $\varphi(x)=1$, $x \notin U$ ならば $\varphi(x)=0$ なるものの存在が示される．さて $f$ は実数値で $0 \leq f(x) \leq 1 (x \in M)$ であると仮定してよい．$M$ 上の連続関数の列 $f_k(k=0,1,2,\cdots)$ と $X$ 上の連続関数の列 $\varphi_k(k=1,2,3,\cdots)$ を次のように定める．まず $f_0=f$ とする．$f_k(k \geq 0)$ が定まったら

$$A = \left\{ x \in M \mid f_k(x) \leq \frac{1}{3}\left(\frac{2}{3}\right)^k \right\}, \quad B = \left\{ x \in M \mid f_k(x) \geq \frac{2}{3}\left(\frac{2}{3}\right)^k \right\}$$

とおいて，$X$ 上の実数値連続関数 $\varphi_{k+1}$ であって，任意の $x \in X$ に対して $0 \leq \varphi_{k+1}(x) \leq 1$ かつ，$x \in A \cup U^c$ ならば $\varphi_{k+1}(x)=0$, $x \in B$ ならば $\varphi_{k+1}(x)=1$ なるものをとり，$f_{k+1}(x)=f_k(x)-\frac{1}{3}\left(\frac{2}{3}\right)^k \varphi_{k+1}(x) (x \in M)$ とおく．

$$g(x) = \sum_{k=1}^{\infty} \frac{1}{3}\left(\frac{2}{3}\right)^{k-1} \varphi_k(x) \quad (x \in X)$$

が求める関数である．(2) $\psi \in C_c(Y)$ に対して $M=\operatorname{supp}\psi$ とおいて，$M \subset V$ かつ $\overline{V}$ がコンパクトなる開集合 $V \subset X$ をとる．$f|_{\overline{V} \cap Y}=\psi|_{\overline{V} \cap Y}$ なる $f \in C_c(X)$ がある．$g \in C_c(X)$ で $x \in M$ なら $g(x)=1$, $x \notin V$ なら $g(x)=0$ なるものがある．$\varphi=f \cdot g \in C_c(X)$ とおくと，$y \in Y$ に対して $y \in M$ ならば $\varphi(y)=f(y)=\psi(y)$, $y \in V \notin M$ ならば $f(y)=\psi(y)=0$ だから $\varphi(y)=\psi(y)$, $y \notin V$ ならば $g(y)=0$ だから $\varphi(y)=0=\psi(y)$.

**問題 B.1.2** 開集合 $V_i \subset X$ であって，$\overline{V_i}$ はコンパクトかつ $f(V_1) \cup \cdots \cup f(V_r) \supset M$ なるものがとれる．$L=(\overline{V_1} \cup \cdots \cup \overline{V_r}) \cap f^{-1}(M)$ は $X$ のコンパクト部分集合で $f(L)=M$ となる．

**問題 B.1.3** $g \in G$ の近傍系を $\{gV|V \in \mathfrak{a}\}=\{Vg|V \in \mathfrak{a}\}$ であると定義して $G$ の位相を定めればよい．

**問題 B.1.4** 前半は問題 B.1.2 より明らか．$H$ がコンパクトならば $\pi^{-1}(M)=L \cdot H$ は $G$ のコンパクト部分集合である．

**問題 B.1.5** 必要性は明らか．$H$ の開集合 $V$ に対して $x \in f^{-1}(V)$ とすると，$H$ の単位元の近傍 $W$ があって $f(x)W \subset V$ となり，$U=f^{-1}(W)$ が $G$ の単位

元の近傍とすれば，$xU \subset f^{-1}(V)$ となるから，$f^{-1}(V)$ は $G$ の開集合となる．

**問題 B.1.6**　(1) $U(M,V) \cap U(M',V') \supset U(M \cup M', V \cap V')$，$-U(M,V) = U(-M,V) = U(M,V^{-1})$，$U(M,V) + U(M',V') \subset U(M \cap M', V \cdot V')$ が成り立つから，$U(M,V) \subset W$ なるコンパクト部分集合 $M \subset G$ 及び $1 \in V$ なる開集合 $V \subset \mathbb{C}^1$ がとれるような部分集合 $W \subset G$ の全体を $\mathfrak{a}$ とおくと，$\mathfrak{a}$ は $G$ 上のフィルターで，(i) $\mathfrak{a}$ の全ての元は $G$ の単位元を含む，(ii) 任意の $V \in \mathfrak{a}$ に対して $W+W \subset V$ なる $W \in \mathfrak{a}$ が存在し，$-V \in \mathfrak{a}$，(iii) $\bigcap_{W \in \mathfrak{a}} W = \{0\}$ を満たす．よって問題 B.1.3 から $\widehat{G}$ は Hausdorff 位相群となる．(2) $G$ の可算開被覆 $\{W_n\}_{n=1,2,\cdots}$ で $\overline{W_n}$ がコンパクトとなるものがとれる．$m=1,2,\cdots$ に対して $V_m = \{z \in \mathbb{C}^1 \mid |z-1| < m^{-1}\}$ とおくと，$\{U(\overline{W_n}, V_m)\}_{m,n=1,2,\cdots}$ が単位元の基本近傍系となる．

**問題 B.1.7**　直積群 $K \times H$ は $G$ に $((k,h),x) \mapsto kxh^{-1}$ により連続かつ推移的に作用するから，命題 B.1.2 を用いる．

**問題 B.2.1**　任意の $\varepsilon > 0$ に対して $A \subset V$ かつ $\mu(V) < \mu(A) + \varepsilon$ なる開集合 $V \subset X$ があり，$K \subset V$ かつ $\mu(K) > \mu(V) - \varepsilon$ なるコンパクト部分集合 $K \subset X$ がある．$\mu(V \setminus A) < \varepsilon$ だから $V \setminus A \subset W$ かつ $\mu(W) < \varepsilon$ なる開集合 $W \subset X$ がある．$L = K \cap W^c$ は $A$ のコンパクト部分集合で $\mu(A \setminus L) = \mu((A \setminus K) \cup (A \cap W)) \leq \mu(A \setminus K) + \mu(W) < 2\varepsilon$．よって $\mu(L) > \mu(A) - 2\varepsilon$ となる．

**問題 B.3.1**　連続の一様性(命題 B.1.1)から $\widetilde{\varphi} \in C_c(G/H)$ であることはよい．任意の $\psi \in C_c(G/H)$ に対して，$\mathrm{supp}\,\psi = \pi(M)$ なるコンパクト部分集合 $M \subset G$ がある(問題 B.1.4，$\pi: G \to G/H$ は自然な全射)．$M$ 上で値 1 をとる $\chi \in C_c^+(G)$ をとって $V = \{x \in G \mid \chi(x) > 0\}H$ とおくと，$\widetilde{\chi}(\dot{x}) \neq 0$ は $x \in V$ と同値．$\varphi \in C_c(G)$ を，$x \in V$ ならば $\varphi(x) = \psi(\dot{x})\chi(x)/\widetilde{\chi}(\dot{x})$，$x \notin V$ ならば $\varphi(x) = 0$ により定義すると $\widetilde{\varphi} = \psi$ となる．

**問題 B.3.2**　連続の一様性(命題 B.1.1)による．

**問題 B.3.3**　$|(f*g)(x)| \leq |f|_p \cdot |g|_q$ $(x \in G)$ に注意する．$|\varphi|_u = \sup_{x \in G} |\varphi(x)|$ とおく．$f_n, g_n \in C_c(G)$ を $|f - f_n|_p \to 0$，$|g - g_n|_q \to 0$ $(n \to \infty)$ ととれば，$|f*g - f_n * g_n|_u \leq |f - f_n|_p |g|_q + |f_n|_p |g - g_n|_q$ で，$f_n * g_n \in C_c(G) \subset C_0(G)$ だから $f*g \in C_0(G)$ となる．

**問題 B.3.4**　$C_c(G)$ が $L^1(G)$ で稠密であることと，$C_c(G)$ の元は $G$ 上一様

連続である（命題 B.1.1）ことから，任意の $f \in L^1(G)$ に対して $x \mapsto x \cdot f ((x \cdot f)(y)$
$= f(x^{-1}y))$ は $G$ から $L^1(G)$ への連続写像であることを用いればよい．

**問題 B.3.5** $K$ の左 Haar 測度 $d_K(k)$ 及び $G/K$ 上の $\delta$-不変測度 $\mu$ をとって

$$\int_G \varphi(x) \delta(x)^{-1} d_G(x) = \int_{G/K} \left( \int_K \varphi(xk) d_K(k) \right) d\mu(\dot{x}) \qquad (\varphi \in C_c(G))$$

が成り立つようにする．$L = K \cap H$ とおくと，位相同型写像 $H/L \xrightarrow{\sim} G/K$ ($hL \mapsto hK$) より，$H/L$ は $\delta'$-不変測度をもつ．ここで任意の $h \in H$ に対して $\delta'(h) = \delta(h)$ である．$H/L$ 上の $\delta'$-不変測度を $\nu$ として，$L$ 上の一つの Haar 測度 $d_L(l)$ を選んで

$$\int_H \psi(y) \delta(y)^{-1} d_H(y) = \int_{H/L} \left( \int_L \psi(yl) d_L(l) \right) d\nu(\dot{y}) \qquad (\psi \in C_c(H))$$

が成り立つ．$\mu = c \cdot \nu$ なる定数 $0 < c \in \mathbb{R}$ が定まるから，任意の $\varphi \in C_c(G)$ に対して

$$\begin{aligned}
\int_G \varphi(x) \delta(x)^{-1} d_G(x) &= \int_{G/K} \left( \int_K \varphi(xk) d_K(k) \right) d\mu(\dot{x}) \\
&= c \cdot \int_{H/L} \left( \int_L \int_K \varphi(ylk) d_K(k) d_L(l) \right) d\nu(\dot{y}) \\
&= c \cdot \int_H \left( \int_K \varphi(yk) d_K(k) \right) \delta(y)^{-1} d_H(y)
\end{aligned}$$

となる．よって $\varphi$ を $\varphi \cdot \delta^{-1}$ に替えて第一の等式を得る．$\varphi$ を $\varphi \cdot \Delta_G^{-1}$ に替えて，$\Delta_G(x)^{-1} d_G(x) = d_G(x^{-1})$ 及び $\Delta_G(k) = \delta(k) \Delta_K(k)$ ($k \in K$) に注意すれば求める第二の等式を得る．

**問題 B.3.6** $\mu_\rho$ と $\mu_{\rho'}$ に関する (B.1) を比較すればよい．

# 参考文献

　コンパクト Lie 群の既約ユニタリ表現は複素数体上の簡約可能な代数群の有限次元有理表現から得られる(問題 3.3.4). [8] では古典群についてその対応を詳しく解説してある. 特に複素ユニタリ群 $K=U(n)$ の場合には $K_{\mathbb{C}}=GL_n(\mathbb{C})$ となるが, $GL_n(\mathbb{C})$ の有限次元既約有理表現は $n$ 次対称群の既約ユニタリ表現と対応している. [12] でその部分の詳しい解説を読むことができる. [18] は回転群 $SO(3)$ の有限部分群の決定から始まって, 具体的な群の表現論が丁寧に解説されている.

　Banach 環の表現論の応用としての局所コンパクト群の表現論については [4] が標準的な教科書である. Lie 群の表現論は, 冪零 Lie 群と半単純 Lie 群の場合に特に詳しい理論が構築されている. 冪零 Lie 群の表現論については [20] に解説がある. 少し一般化した指数型可解 Lie 群の表現論については [6] を見よ. 一般の半単純 Lie 群の表現論は膨大な内容があって, それを一冊で網羅した教科書は見当たらない. [14], [15], [33], [34] などが良く知られた教科書だが, 書物自体が膨大である. 局所コンパクト群上の帯球関数は Godement により $K$-タイプ付きの球関数に一般化されて, [7] に解説がある. [26] には $SL_2(\mathbb{R})$ の既約ユニタリ表現を全て決定する過程が丁寧に解説されている.

[1] A.Borel, W.Casselman ed.: Automorphic forms, representations, and $L$-functions(P.S.P.M. vol.33, Amer. Math. Soc., 1979)
[2] N.Bourbaki: Intégration(Hermann, 1963)
[3] N.Bourbaki: Algèbre Commutative(Masson, 1985)
[4] J.Dixmier: $C^*$-Algebras(North-Holland, 1982)
[5] J.M.G.Fell, R.S.Doran: Representations of ∗-algebras, locally compact groups, and Banach ∗-algebraic bundles, Vol. I, Vol. II(Academic Press, 1988)
[6] 藤原英徳：指数型可解リー群のユニタリ表現(数学書房, 2010)

[7] S.A.Gaal: Linear analysis and representation theory(Grundlehren der math. Wiss. in Einz. 198, Springer-Verlag, 1973)

[8] R.Goodman, N.R.Wallach: Symmetry, Representations, and Invariants(Graduate Texts in Math. 255, Springer-Verlag, 2009)

[9] Harish-Chandra: Harmonic Analysis on Reductive $p$-adic Groups(Notes by G.van Dijk, Lecture Notes in Math. 162, Springer-Verlag, 1970)

[10] E. Hewitt, K.A.Ross: *The Tannaka-Kreĭn duality theorem*(Jahresbericht der Deutschen Math.-Vereinigung 71(1969)61-83)

[11] G.Hochschild: The Structure of Lie Groups(Holden-Day, 1965)

[12] 岩堀長慶：対称群と一般線型群の表現論(岩波講座基礎数学，岩波書店，1978)

[13] J.L.Kelley, I.Namioka: Linear topological spaces(Graduate Texts in Math. 36, Springer-Verlag, 1963)

[14] A.Knapp: Representation Theory of Semisimple Groups(Princeton Univ. Press, 1986)

[15] A.Knapp: Lie Groups, Beyond an Introduction, Second ed.(Birkhauser, 2002)

[16] L.H.Loomis: An Introduction to Abstract Harmonic Analysis(V.Van Nostrand Company, 1953)

[17] I.G.Macdonald: Spherical Functions on a Group of $p$-Adic Type(Univ. Madras Publ., 1971)

[18] W.M.Miller: Symmetry groups and thir applications(Academic Press, 1972)

[19] 岡本清郷：等質空間上の解析学(紀伊國屋書店，1980)

[20] L.Pukanszky: Leçons sur les représentations des groupes(Monographes de la Société Math. de France 2, Dunod, 1967)

[21] A.Robert: Introduction to the Representation Theory of Compact and Locally Compact Groups(London Math. Soc. Lecture Note Series 80, Cambridge Univ. Press, 1983)

[22] I.Satake: *Theory of spherical functions on reductive algebraic groups over $\mathfrak{p}$-adic fields*(Inst. Hautes Etudes Sci. Publ. Math. 18(1963)1-69)

[23] J.-P.Serre: Linear Representations of Finite Groups(Graduate Texts in Math. 42, Springer-Verlag, 1977)

[24] J.-P.Serre: Lie Algebras and Lie Groups(Lecture Notes in Math. 1500, Springer-Verlag, 1992)

[25] 杉浦光夫：ユニタリ表現入門(上智大学数学講究録 No.8(1980)，No.13(1982))

[26] M.Sugiura: Unitary representations and harmonic analysis, Second ed. (North-Holland Math. Library 44, North-Holland, Kodansha, 1990)

[27] 高木貞治：解析概論，改訂第三版(岩波書店，1983)

[28] 竹之内脩：トポロジー(廣川書店，1962)

[29] 竹内勝：現代の球関数(岩波書店, 1975)
[30] T.Tannaka: *Über den Dualitätssatz der nichtkommutativen topologischen Gruppen*(Tohoku Math. J. 45(1938)1-12)
[31] 辰馬伸彦：位相群の双対定理(紀伊國屋数学叢書 32, 紀伊國屋書店, 1994)
[32] F.Treves: Topological Vector Spaces, Distributions and Kernels(Pure and Applied Math. 25, Academic Press, 1967)
[33] N.Wallach: Real Reductive Groups, I, II(Academic Press, 1988, 1992)
[34] G.Warner: Harmonic Analysis on Semi-Simple Lie Groups, I, II(Grundlehren der math. Wiss. in Einz. 188, 189, Springer-Verlag, 1972)
[35] A.Weil: L'intégration dans les groupes topologiques et ses applications(Hermann, 1953)
[36] E.T.Whittaker, G.N.Watson: A Course of Modern Analysis, Fourth ed. (Cambridge Univ. Press, 1927)

# 索引

### 英数字

∗-表現
  Banach ∗-環の―― 96
$A$-位相
  位相空間上の―― 52
Alaoglu-Bourbaki の定理 189
Banach ∗-環 38
Banach-Steinhaus の定理 23
Banach 表現
  局所コンパクト群の―― 23
Bochner の定理
  群上の正定値関数に関する―― 166
  正値線形形式に関する―― 107
$C^*$-環 38
$\mathbb{C}$-余代数 83
Cartan 分解 138, 177
Casimir 作用素 28
$\delta$-不変測度
  局所コンパクト空間上の―― 206
$F$-代数 15
Fourier 変換
  局所コンパクト加法群上の―― 166
  帯球関数による―― 157
Frobenius 相互律
  コンパクト群の―― 132
  有限群の―― 11
$G$-部分空間 5
Gelfand-Raikov の定理 121
Gelfand 変換
  複素 Banach 環の―― 49
Haar 測度 205
Hahn-Banach の定理 186
Hermite 的
  複素線形形式が―― 94

Hermite 内積 22
Hilbert-Schmidt 作用素 63
Hilbert-Schmidt ノルム 63
$K$-中心的 144
$K$-有限ベクトル 80
Killing 形式
  Lie 環の―― 28
Kreĭn-Mil'man の定理 190
Lefschetz 原理 183
Minkowski 関数 185
$n$ 次対称群 2
$\pi$-成分 71, 125
Plancherel の定理
  抽象的―― 107
Pontryagin の双対定理 168
Radon 測度
  位相空間上の―― 198
  正の―― 199
$\rho$-関数 207
Schur の直交関係
  コンパクト群の表現の―― 72
Schur の補題 124
  有限群の表現論の―― 8
Stone-Weierstrass の近似定理 196
u.c.c. 位相 201
von Neumann 環 91
  $\mathcal{S}$ で生成された―― 92
von Neumann の稠密性定理 92

### ア 行

アーベル群 2
位相群 3
位相的零因子 45
一様位相

線形有界作用素の空間の―― 91
イデアル
　　Lie 環の―― 36
岩澤分解 137
円形
　　線形空間の部分集合が―― 185

カ 行

開写像定理 190
外部テンソル積表現 36
可換群 2
可逆元
　　複素 Banach 環の―― 40
可積分表現 136
既約
　　Banach 表現が―― 25
　　ユニタリ表現が―― 25
既約 ∗-表現
　　Banach ∗-環の―― 97
逆元
　　群の元の―― 2
既約表現
　　群の―― 6
強位相
　　連続線形写像の空間上の―― 184
共役類 12
行列係数
　　ユニタリ表現の―― 24
局所コンパクト
　　位相空間が―― 195
極分解
　　有界線形写像の―― 55
近似的 1
　　Banach 環の―― 41
クラス-1 表現 148
群 1
群環
　　有限群の―― 16
形式的次数
　　二乗可積分表現の―― 134
係数的に可積分 203
繋絡作用素

Banach ∗-環の表現の―― 96
　　位相群の表現の―― 122
コンパクト作用素 58

サ 行

最小分解
　　複素測度の―― 200
次元
　　表現の―― 3
二乗可積分表現 133
指標
　　コンパクト群の表現の―― 73
　　有限群の表現の―― 7
自明な
　　$G$-部分空間が―― 5
自明な ∗-部分表現 97
自明な分解
　　正値 Hermite 的かつ有界変動の線形形式
　　の―― 96
弱位相
　　線形有界作用素の空間の―― 91
巡回 ∗-表現
　　Banach ∗-環の―― 98
巡回ベクトル
　　Banach ∗-環の表現の―― 98
純粋状態 96
準同型写像
　　$F$-代数の―― 15
　　群の―― 1, 2
乗法群
　　複素 Banach 環の―― 40
スペクトラム
　　複素 Banach 環の元の―― 42
スペクトル・ノルム
　　複素 Banach 環の元の―― 43
正元
　　$C^*$-環の―― 52
正則イデアル
　　$\mathbb{C}$-代数の―― 47
正則離散系列表現 141
正値
　　複素線形形式が―― 94

正定値関数
　　局所コンパクト群上の—— 125
跡
　　トレース族作用素の—— 69
全変動
　　複素線形形式の—— 94
相対不変測度
　　局所コンパクト空間上の—— 206
双対群
　　局所コンパクト可換群の—— 166
双対測度
　　局所コンパクト可換群の—— 167

## タ　行

帯球関数　144
第二直交関係
　　有限群の既約指標の—— 13
畳込み積
　　有界複素測度の—— 115
単位元
　　群の—— 1
単純イデアル
　　Lie 環の—— 36
端点　190
端部分集合　190
置換表現
　　有限群の—— 5
中心化環　91
稠密に定義されている
　　非有界作用素が—— 192
重複度
　　ユニタリ表現の—— 72, 125
直交関係
　　有限群の既約指標の—— 9
対合　38
対合的 ℂ-代数　38
強い意味で近似的 1 をもつ
　　複素 Banach 環が—— 41
テンソル積表現　36
同程度連続
　　線形作用素が—— 184
凸
　　線形空間の部分集合が—— 185
凸包
　　線形空間の部分集合の—— 185
トレース族
　　コンパクト作用素が—— 67

## ナ　行

ノルム　22

## ハ　行

反傾表現
　　ユニタリ表現の—— 35
半単純
　　Lie 環が—— 28
半ノルム　186
半ノルム空間　186
反複素線形写像　38
左 Haar 測度
　　局所コンパクト群の—— 25
左正則表現
　　局所コンパクト群の—— 31
　　有限群の—— 4
微分写像　27
非有界作用素
　　Hilbert 空間の—— 192
表現
　　群の—— 3
表現空間
　　Banach *-環の表現の—— 96
　　群の表現の—— 3
フィルター　197
複素 Banach 環　37
複素 Banach 空間　22
複素 Hilbert 空間　22
複素 Hopf 代数　83
複素位相線形空間　184
複素位相ベクトル空間　184
複素測度
　　位相空間上の—— 199
　　コンパクト台の—— 202
　　有界—— 201

複素ノルム空間　22
部分的等長写像　55
部分表現
　　Banach 表現の——　25
　　群の表現の——　5
分解
　　正値 Hermite 的かつ有界変動の線形形式の——　96
閉グラフ定理　190
閉作用素
　　非有界作用素が——　192
放射的
　　線形空間の部分集合が——　185

## マ　行

右正則表現
　　局所コンパクト群の——　31
無限遠で 0
　　連続関数が——　195
モジュラー関数
　　局所コンパクト群の——　26, 206

## ヤ　行

有界
　　Banach 表現が——　117

有界変動
　　複素線形形式が——　94
有向集合　41
有向点列　41
誘導表現　128
　　有限群の——　4
ユニタリ同型
　　局所コンパクト群の Banach 表現が——　25
ユニタリ同値
　　Banach *-環の表現が——　97
ユニタリ同値写像　25
ユニタリ表現　24
ユニモジュラー
　　局所コンパクト群が——　206
ユニモジュラー群　26
弱い意味で近似的 1 をもつ
　　複素 Banach 環が——　41

## ラ　行

離散系列表現　133
レゾルベント
　　複素 Banach 環の元の——　42
連続的に作用
　　位相群が位相空間に——　196

高瀬幸一

1956 年生まれ
1979 年　東京工業大学理学部数学科卒業
現在　宮城教育大学教育学部教授
専門　整数論，保型形式論，表現論

---

群の表現論序説

---

2013 年 5 月 30 日　第 1 刷発行

著　者　髙瀬幸一
発行者　山口昭男
発行所　株式会社　岩波書店
　　　　〒101-8002 東京都千代田区一ツ橋 2-5-5
　　　　電話案内 03-5210-4000
　　　　http://www.iwanami.co.jp/

印刷・法令印刷　カバー・半七印刷　製本・松岳社

© Koichi Takase 2013
ISBN 978-4-00-005271-9　　Printed in Japan

R〈日本複製権センター委託出版物〉　本書を無断で複写複製（コピー）することは，著作権法上の例外を除き，禁じられています．本書をコピーされる場合は，事前に日本複製権センター（JRRC）の許諾を受けてください．
JRRC　Tel 03-3401-2382　http://www.jrrc.or.jp/　E-mail jrrc_info@jrrc.or.jp

|  |  |  |
|---|---|---|
| 定本 解析概論 | 高木貞治 | B5判変型540頁 定価3360円 |
| 【数学、この大きな流れ】群の発見 | 原田耕一郎 | A5判262頁 定価3780円 |
| 【数学、この大きな流れ】現代幾何学への道 ——ユークリッドの蒔いた種—— | 砂田利一 | A5判350頁 定価4200円 |
| 【数学、この大きな流れ】リーマン予想の150年 | 黒川信重 | A5判148頁 定価2835円 |
| 作用素環入門 I・II | 生西明夫 中神祥臣 | A5判平均284頁 定価3990円 |
| 数論 I ——Fermatの夢と数体論—— | 加藤和也 黒川信重 斎藤毅 | A5判426頁 定価4830円 |
| 数論 II ——岩澤理論と保型形式—— | 黒川信重 栗原将人 斎藤毅 | A5判254頁 定価3360円 |
| フェルマー予想 | 斎藤毅 | A5判454頁 定価5040円 |
| パンルヴェ方程式 | 岡本和夫 | A5判302頁 定価3990円 |
| 岩波 数学入門辞典 | 青本和彦他編著 | 菊判738頁 定価6720円 |

———— 岩波書店刊 ————

定価は消費税5％込です
2013年5月現在